C·H·Beck
PAPERBACK

Adam Fletcher

Wir können auch anders

Wie man falsche Jobs gegen echtes Glück eintauscht

Aus dem Englischen
von Christoph Bausum

C.H.Beck

Originalausgabe

Satz: Druckerei C.H.Beck, Nördlingen
Druck und Bindung: Pustet, Regensburg
Umschlagabbildung und -gestaltung: Robert M. Schöne
Printed in Germany
ISBN 978 3 406 68321 3

www.beck.de

Inhalt

Teil 3 – Handeln

Teil 1 – Verstehen

Fortschritt war niemals ein Gelegenheitskauf. Er muss teuer bezahlt werden.
Manchmal scheint's mir damit so zu sein, als säße ein Mann hinter einem Schalter und sagte: «Ja, natürlich, Sie können ein Telefon haben. Aber Sie verlieren damit ein Stück Privatleben und den Zauber der Distanz. Madame, Sie können das Wahlrecht erhalten, aber um einen Preis. Sie verlieren damit das Recht, sich hinter Puderquaste und Petticoat zu verstecken.
Und Sie, Herr, Sie dürfen die Lüfte erobern, aber der Vogelflug wird dann kein Wunder mehr sein und die Wolken werden nach Benzin stinken.»

Henry Drummond in dem Film Wer den Wind sät *(1960)*

Kapitel 1
Alles ist ganz toll, oder?

Willkommen, lieber Leser. Sie haben sich eine wirklich großartige Epoche der Menschheitsgeschichte ausgesucht, um zu uns zu stoßen. Sehr raffiniert von Ihnen, wenn ich das so sagen darf. Sie haben sich Dinge wie *Mammuts*, das *Tragen von Tuniken*, die *Pest*, *Trepanation*, *mehrere Weltkriege* und *Außenklos* erspart und sind am Ende einer seit 50 Jahren anhaltenden, außerordentlich friedlichen Periode des technologischen und gesellschaftlichen Fortschritts auf der Bildfläche erschienen.

Ja, wir leben tatsächlich in einer wunderbaren Zeit. Fleißige Menschen haben unermüdlich daran gearbeitet, unsere Wissenschaft voranzutreiben, unsere Straßen zu pflastern, unsere Häuser zu isolieren, unsere Jacken wasserabweisend zu machen, unsere Jobs gewerkschaftlich zu organisieren und unsere Polizei zu bewaffnen. Fast alle unsere Nachbarn sind zivilisierte Menschen. Mittlerweile sind so viele Grundbedürfnisse des Lebens befriedigt, dass wir sogar noch Zeit für ein paar «Nice-to-Haves» haben – weitgehend unnötige Luxusgüter, die zum Spaß da sind. Luxusgüter wie die *Zitronenhaube* (die Zitronenhälften frisch hält), den *Zweipersonen-Regenschirm* (der breiter ist und einen Knick in der Mitte besitzt, damit ein Pärchen darunter Zuflucht suchen kann), die *E-Zigarette* (wie eine herkömmliche Zigarette, nur ohne den unangenehmen Gestank und selbst im Flugzeug benutzbar) und, last but not least, den *beheizten Handtuchbügel* (eine warme Metallstange, die Ihr Handtuch in Rekordzeit trocknen lässt).

Dank all dieser hart erkämpften Innovationen (und ganz besonders dank der Zitronenhaube) werden wir statistisch gesehen länger leben als alle unsere Vorgänger in der Geschichte der Menschheit – nämlich bis ins hohe Alter von 78 Jahren, wenn wir ein deutscher Mann, oder 83 Jahren, wenn wir eine deutsche Frau sind. Durch die staatlich finanzierten Bildungsangebote werden wir klüger sterben als jede Generation vor uns, wir werden erfahrener sein und mehr von unserem glücklichen kleinen Planeten bereist haben, als jeder unserer Vorfahren sich auch nur zu erträumen gewagt hätte. Die Technologie, die wir in unserem Alltag nutzen, hätte vor drei oder vier Generationen ausgereicht, unsere Vorväter davon zu überzeugen, dass wir so etwas wie Götter sind – jemand, der ein kleines Plastikrechteck in die Luft halten und direkt mit dem Himmel kommunizieren kann. Wir nennen es *googeln* und finden absolut nichts dabei. Unsere Vorfahren hätten uns dafür wahrscheinlich auf dem Scheiterhaufen verbrannt. Sie waren in dieser Hinsicht ziemlich empfindlich.

Im Interesse unserer Wanderlust und der interkulturellen Entwicklung haben wir Nationen wie Legosteine zu leicht handhabbaren Blöcken zusammengefügt und ein Gebilde geschaffen, das wir *Europa* nennen. Mit unserem europäischen Pass steht uns ein nie dagewesenes Angebot von «26 Ländern zum Preis von einem» zur Verfügung. Und keine Angst: Wir können ohne Bedenken reisen, schließlich leben wir mitten in der sichersten Epoche der Menschheitsgeschichte. Die Todesursache Nummer eins in unserer Zeit? Das Alter. Es bekommt uns irgendwann alle in die Finger – obwohl auch an diesem Problem gearbeitet wird. Vielleicht gibt es eine Kur dagegen, bevor wir selbst alt geworden sind.

Nicht zuletzt sind wir mächtig stolz auf die jüngsten Fortschritte auf dem Gebiet der Telekommunikation. Unsere größte Erfolgsgeschichte bis dato ist das *Internet* – eine Art magisches Rolodex des gesamten Menschheitswissens. Nicht, dass sich heutzutage noch viele daran erinnern könnten, was ein Rolodex ist. Wir könnten unsere Väter fragen, am besten per E-Mail. Die Ironie würde ihnen gefallen. Das Internet ist ein egalitäres Informationsorakel, das das geballte Wissen von sieben Milliarden Menschen handlich bündelt und es Leuten wie uns erlaubt, unsere brillanten Ideen einem globalen Publikum bekannt zu machen – ob es sich dabei nun um ein Foto unseres Mittagessens oder um eine grandiose These zur Verbesserung der menschlichen Existenz handelt. Das Internet nimmt alles auf und verteilt es gleichmäßig in Form eines globalen Gerangels um Aufmerksamkeit, das sich *soziale Medien* nennt. *Everybody #lovesit.*

Wir können von überall auf dieses Wissen zugreifen, dank eines Geräts, das man *Smartphone* nennt. Ein Kommunikations-Ninja im Taschenformat, den wir jederzeit hervorziehen, gen Himmel richten und mit sachdienlichen Fragen löchern können – oder der uns einfach lustige Katzenvideos zeigt. Wonach immer uns der Sinn steht, welche Ablenkung unser Herz begehren mag, es gibt jemanden, der gerade eine 99-Cent-App dafür programmiert. Schon jetzt verbirgt sich in unserem Smartphone mehr Rechenleistung, als die NASA im Jahr 1969 brauchte, um einen Menschen auf den Mond und wieder zurück fliegen zu lassen. Hatte ich bereits erwähnt, dass wir sogar schon den Mond besucht haben? Ja, und wahrscheinlich werden wir bald dorthin fliegen, um Urlaub zu machen. Wir dürfen nur nicht vergessen, unsere Zitronenhauben einzupacken.

Da wir jedoch nach wie vor auch ein paar grundlegende physische Bedürfnisse etwa nach Liebe und Fortpflanzung haben, mühen wir uns nach Kräften, den Pool der möglichen Partner auszuweiten. Bei Vertretern früherer Generationen war es oft so, dass sie zur Welt kamen, aufwuchsen, jemanden kennenlernten, heirateten, Kinder zur Welt brachten und starben, ohne sich jemals weiter als 100 Kilometer von ihrem Geburtsort zu entfernen. Sie entschieden sich für einen einzigen Partner, der dann ein ganzes Leben lang vorhalten musste, wie bei den Schwänen. *Idioten.*

Und heute? Nun, wir können den Apfel unserer Wahl aus einem weitaus größeren Obstgarten pflücken. Es gibt für jede vorstellbare Nische eine Kontaktbörse im Internet. Heiraten war noch nie so unbeliebt. *Heute* ist das neue *für immer*. Experimentieren Sie. Lassen Sie sich keine Chance entgehen. Machen Sie Fehler. Wischen Sie nach links für nein, nach rechts für ja. «*You have a match.*» Wenn wir wollen, können wir mit vielen Fröschen

~~Küsschen tauschen~~ Sex haben auf der Suche nach ~~unserem Prinzen/unserer Prinzessin~~ dem nächsten Lebensabschnittspartner.

Heute, da drei Milliarden von uns über das Internet verbunden sind, können wir alle möglichen interessanten Tauschgeschäfte machen. *Zugang* ist der neue *Besitz*. Wir können zu Geld machen, was wir schon besitzen – und was wir nicht besitzen, können wir einfach mieten. Wir nennen das *Share Economy*. Dank ihr können wir bei fremden Menschen auf der Couch schlafen. Wir können mit ihnen Carsharing betreiben. Wir können uns ihre Bohrmaschine ausleihen. Wir können in ihrer Wohnung wohnen, wenn sie nicht da sind. Ein Monatsbeitrag liefert uns so viel Musik, wie wir hören können, alle Filme, die wir schauen können, oder so viel Zeit im Fitnessstudio, wie wir aufbringen können. Mussten sich unsere Vorfahren noch darüber ärgern, dass sie im Lebensmittelgeschäft nur zwischen einigen wenigen Sorten Joghurt wählen konnten, hat unser örtlicher Supermarkt heute 137 verschiedene Sorten auf Lager. Der Pecan-Passionsfrucht-Soja-Mix-Bio-Joghurt nach Mutters Art ist sehr empfehlenswert, wie ich höre. *#Wirsindeswert*.

Auch unsere beruflichen Optionen haben sich weiterentwickelt. Wir haben diesen ganzen Unsinn aus der Rubrik «Mit harten Gegenständen auf andere Gegenstände draufschlagen» entweder hinter uns gelassen oder outgesourct. Stattdessen steht uns nun eine ganze Palette *geistiger Tätigkeiten* zur Auswahl, vorausgesetzt, dass wir uns dafür ausbilden lassen. In vielen Fällen können wir uns dafür sogar von Weitem einloggen – aus der vertrauten Wärme unseres Zuhauses. Oder wir gründen einfach ein Internetbusiness und werden unser eigener Chef, indem wir unsere Dienste jedem Erdenbewohner offerieren, der eine Verwendung dafür hat. Es macht heutzutage kaum noch einen Unterschied, ob man ein internationales Unternehmen gründet oder eines, das nur lokal operiert, da das Internet Grenzen weder respektiert noch zur Kenntnis nimmt.

Und wenn wir trotz dieser ganzen Fülle gelangweilt sind von dem, was wir geschaffen haben, was wir sind und was wir genießen, dann steht es uns frei, alles hinter uns zu lassen, ins nächste Flugzeug zu steigen und schon morgen irgendwo, wo es wärmer ist, ein völlig neues Leben zu beginnen und uns dabei ganz neu zu erfinden. Wie ich höre, soll Thailand zu dieser Jahreszeit sehr schön sein.

Ja, heute zu leben ist, als würde man mitten in eine tolle Party hineinplatzen. Ein nie endendes Flatrate-Feuerwerk von technologischer Hexerei und menschlichem Erfindungsgeist … oder? KLAR!

Wer könnte angesichts all dieser Tatsachen so unverfroren, dumm und streitsüchtig sein, dass er es *wagte,* unserem ganzen Plug-and-Play-Fortschritt ins Gesicht zu schauen und Kritik daran zu üben? Wer käme auf den Gedanken, dass es unter der glänzenden Oberfläche eine Reihe von ernsten Problemen mit der Struktur unserer Gesellschaft gibt? Mit sozialer Ungleichheit? Mit der Verteilung von Ressourcen? Mit dem Generationenvertrag? Und dass all diese Probleme durch die Geschwindigkeit des technischen Fortschritts verschärft werden? Dass es für die jüngeren Generationen am Ende doch keine goldene Zeit des Wohlstands sein könnte? Dass das Leben heute, wenn man es denn mit einer Party vergleichen will, eher einer Party entspricht, die ihren Höhepunkt überschritten hat?

Kapitel 2

Nein, es ist nicht alles toll

Ein reicher Mann wird von einem jungen Bewunderer gefragt, wie er zu seinem Reichtum gekommen ist. Der ältere Herr streicht mit der Hand über seinen teuren Tweedmantel und sagt:

«Nun, junger Freund, es war das Jahr 1931. Mitten in der Weltwirtschaftskrise. Ich hatte nichts mehr als meinen allerletzten Penny. Diesen Penny investierte ich in einen Apfel. Ich brachte den ganzen Tag damit zu, diesen Apfel zu polieren, und am Ende des Tages verkaufte ich ihn für zwei Pennys.

Am nächsten Morgen investierte ich diese beiden Pennys in zwei Äpfel. Wieder brachte ich den ganzen Tag damit zu, sie zu polieren, und dann verkaufte ich sie für vier Pence. Dieses System des Polierens und Verkaufens setzte ich fort, und jedes Mal investierte ich meinen Profit, um mehr Äpfel zu kaufen.»

«Wow!», sagt der junge Mann beeindruckt, «und so haben Sie Ihr Vermögen gemacht?»

«Nö», gibt der Alte zurück, «mein Schwiegervater ist gestorben und hat uns eine Million Pfund hinterlassen.»

Unbekannt

Wenn wir heute auf der digitalen Party ankommen, dann fällt uns als Erstes auf, dass dort inzwischen ein ziemliches Gedränge herrscht. Wir ziehen die Schuhe aus, treten ein und schauen uns nervös nach bekannten Gesichtern um. Da wir niemanden entdecken, zwängen wir uns auf der Suche nach etwas zu trinken in die Küche durch, wobei wir feststellen, dass es auch dort ziemlich überlaufen ist. Beim Blick über die Schultern von mehreren Millionen Fremden sehen wir, dass das Büfett geplündert ist, leere Wodkaflaschen herumliegen und die Stimmung langsam zu kippen beginnt. Wir suchen ein Plätzchen, um uns hinzusetzen und ein wenig zur Ruhe zu kommen, doch wie es aussieht, sind uns auch dabei mehrere Milliarden Menschen zuvorgekommen. Nach einem erbittert ausgetragenen globalen Bäumchen-wechsel-dich-Spiel sind alle Sitzgelegenheiten mittlerweile vergeben. Die wenigen noch übrigen Stühle sind inzwischen sehr teuer, und es hat sich eine lange Schlange von Interessenten gebildet, die Hypotheken für einen davon aufnehmen wollen – und offensichtlich stehen wir selbst am mittellosen Ende dieser Schlange. *Verflixt!*

Im Flur erblicken wir jemanden, der aussieht, als hätte er das Sagen, also setzen wir die Miene eines bemitleidenswerten Neuankömmlings auf, in der Hoffnung, er möge uns unter seine Fittiche nehmen und uns zeigen, wie die Dinge hier laufen. Er aber murmelt lediglich etwas von «harten Zeiten» und «Sparzwang» und präsentiert uns stattdessen eine gesalzene Rechnung über unseren Anteil an den Kosten für die Party, die sich offenbar auf mehrere Milliarden Euro belaufen. Das muss ein Irrtum sein! Wir erinnern ihn höflich daran, dass wir gerade erst angekommen sind und folglich auch noch nichts konsumiert haben, doch er schenkt uns lediglich einen Blick, der sagt: «Tja, da kann man nichts machen», zuckt mit den Schultern und dreht sich um, um eine Gruppe von in der Nähe stehenden Investmentbankern mit Champagner zu übergießen. In einiger Distanz ist plötzlich das Geräusch von Explosionen zu hören – eine weit entfernte Ecke der Party, wo relativ viele Gäste mit Bärten herumstehen, wird offenbar bombardiert. Wir schauen nach unten, dabei fällt unser Blick auf die Rechnung in unserer Hand und wir stellen fest, dass der Betrag inzwischen um eine weitere Null ergänzt wurde.

Wir stolpern verwirrt durch die Räume und landen schließlich dort, wo sich die meisten Menschen drängen, im Zentrum des Geschehens. Dort erblicken wir in einer dunklen Ecke einen Mann mittleren Alters, der mehrere Stühle ganz für sich allein hat, obwohl er augenscheinlich nur über ein Hinterteil verfügt. Wir gehen auf ihn zu und nicken in Richtung eines seiner leeren Stühle: «Wäre es vielleicht möglich, dass wir uns dahin setzen?»

«Das ist meiner», ist seine Antwort.

«Ja, aber Sie sitzen ja gerade nicht darauf, oder?»

«Das ist mein Zweitstuhl», sagt er stolz.

«Sie brauchen einen Zweitstuhl?»

«Ja.»

«Warum?»

«Dieser hier», sagt er und nickt in Richtung des leeren Stuhls, «ist mit Parkblick.» Und als wolle er diesen Vorzug praktisch demonstrieren, setzt er sich darauf und reckt seinen Hals in Richtung eines in der Nähe befindlichen Fensters, das tatsächlich einen nicht sonderlich erhebenden Ausblick auf einen einzelnen Baum freigibt. «Hier sitze ich manchmal am Wochenende, wenn ich einmal dem ganzen Partytrubel entfliehen will. Das ist sehr entspannend.»

«OK, und was ist mit diesem Stuhl?», fragen wir und deuten auf einen etwas wackligen dritten Stuhl, der etwa einen Meter neben seinem zweiten Stuhl steht. Dieser Stuhl blickt weder auf den Park noch auf die Party, sondern ist lediglich in Richtung einer kahlen weißen Wand gedreht.

«Meinen Sie meinen Drittstuhl?», fragt der Mann.

«Ja. Können wir darauf sitzen?»

«Leider nein. Diesen Stuhl habe ich als Kapitalanlage gekauft. Wissen Sie, die Stuhlgegend hier ist gerade wahnsinnig angesagt. Ich werde ihn vermieten.»

«Wir würden uns einfach gerne kurz hinsetzen, nur ein Weilchen. Ist das OK? Wenn jemand anders ihn haben will, können wir jederzeit aufstehen.»

Mister Dreistuhl verdreht die Augen. «Ich habe für alle meine Stühle hart gearbeitet. Warum glaubt ihr jungen Leute immer, dass ihr alles umsonst bekommen müsst? Ihr hängt bloß herum, macht Selfies mit euren Handys und wartet darauf, dass euch alles hinten reingeblasen wird. Sie können den Stuhl mieten, wenn Sie wollen. Für gerade einmal 600 Euro im Monat plus drei Monatsmieten als Kaution, 45 Euro Sicherheitsgebühr und 65 Euro für die Kreditauskunft.»

«Das hört sich aber ziemlich teuer an», sagen wir und greifen in unsere Taschen, wobei wir feststellen, dass sie vollkommen leer sind.

«Wie gesagt – es ist eine aufstrebende Stuhlgegend. Ich könnte ihn noch nicht einmal meiner Mutter billiger überlassen. Nicht, dass sie noch einen Stuhl bräuchte. Ehrlich gesagt habe ich diesen Stuhl von ihr.»

«Das verstehen wir, guter Herr. Aber das Problem ist, dass wir gerade erst angekommen sind, deswegen haben wir noch kein Geld.»

«Dann suchen Sie sich einen Job. Haben Sie irgendwelche Qualifikationen? Reden Sie mal mit den Leuten, die in weißen Smokingjacketts herumlaufen. Vielleicht haben die einen Job für Sie», sagt der Mann und deutet über unsere Schulter hinweg.

Wir drehen uns um und erblicken eine Frau in weißem Jackett, die ein Tablett mit Getränken in der Hand trägt. Sie wirkt nicht gerade glücklich, aber beschäftigt und voll darauf konzentriert, den Raum zu durchqueren, ohne etwas zu verschütten. Wir nähern uns und schenken ihr ein Lächeln: «Hallo, meine Dame. Haben Sie vielleicht einen Job für uns?»

Die Dame mustert uns eingehend, als wolle sie uns auf offensichtliche Defekte prüfen. «Einen Job, sagen Sie? Tja. Sucht den nicht jeder? Kein Wunder, angesichts der wirtschaftlichen Lage. Ja, die Zeiten sind hart, nicht wahr? Da tut sich nicht viel, befürchte ich. Sie wissen schon, so wie die wirtschaftliche Situation eben ist und so weiter.» Sie schüttelt den Kopf und schaut auf ihre Füße hinunter. «Ja, schwierig. Haben Sie einschlägige Erfahrung?»

«Nein. Aber wir lernen schnell. Und wir haben einen Abschluss. Gerade frisch gemacht, um genau zu sein.»

Die Frau zieht ein Gesicht, als sei sie von tausend unsichtbaren Wespen gestochen worden. «Glückwunsch, aber hat das nicht jeder? Sie haben also keine Erfahrung.» Sie macht eine Pause, denkt nach. «Ich könnte Ihnen einen Job als *Apprentice-Trainee-Junior-Getränkeausschank-Koordinierungs-Supervisionsassistent* anbieten. Es ist ein Praktikum. Ohne Bezahlung, aber nach sechs Monaten haben Sie Erfahrung, Kontakte und eine sehr gute Chance auf eine bezahlte Festanstellung als *Apprentice-Trainee-Junior-Getränkeausschank-Koordinierungs-Supervisionsassistent.*»

Volltreffer! «OK, und wie wäre die Bezahlung?»

«Mindestlohn», antwortet sie, ohne eine Miene zu verziehen.

Wir wissen nicht genau, welchen Marktwert wir haben, aber wir sind ganz sicher, dass es mehr als das ist. Also gehen wir zurück in Richtung Ausgang, quetschen uns vorsichtig zwischen Menschenleibern hindurch, nicht ohne uns nach rechts und links dafür zu entschuldigen, dass wir ständig im Weg sind. Wir erreichen die Stelle, wo sich nach unserer Erinnerung die Tür befindet. Wir sind ganz sicher. Aber als wir nach der Klinke Ausschau halten, ist da nichts. Keine Klinke. Keine Tür. Nur eine Wand. Wir drehen uns ein paarmal im Kreis, das Herz schlägt uns bis zum Hals. Vielleicht haben wir uns geirrt? «Hallo, weiß jemand, wie man hier rauskommt?», rufen wir. «Wo ist hier der Ausgang?!»

«HALLO?», rufen wir noch einmal, lauter und mit aufsteigender Panik in der Stimme. Niemand antwortet. Die Musik pulsiert weiter. Eine weitere Null erscheint auf unserer Rechnung.

Die Millenials – technologisch gesegnet, materiell beschränkt

Kommt Ihnen das irgendwie bekannt vor? Wenn ja, dann gehören auch Sie wahrscheinlich zu einem nicht sehr elitären Club, der *Millenials* genannt wird. Es ist vermutlich der am wenigsten erfolgreiche Club seit *Blockbuster Video.* Es gibt eine ganze Menge trendige Bezeichnungen für diese Generation, zu der auch ich gehöre – *Generation Y, Bumerang-Generation, verlorene Generation, Selfie-Generation.* Wir sind die Generation, die um die Jahrtausendwende herum erwachsen wurde. Wir sind bestens ausgebildet, beinahe «Digital Natives», und so ging man allgemein davon aus, dass wir als Erwachsene von einem Erfolg zum nächsten eilen würden. Dass wir die globale Party ohne Mühe finden, dort reüssieren und schließlich dort den Ton angeben würden. Stattdessen fühlen wir uns, wie die Protagonisten unserer kleinen Party-Story, die meiste Zeit über einfach nur fehl am Platz und verwirrt. Wir suchen unsere Rolle und fragen uns, wie es geschehen konnte, dass alles so teuer geworden ist.

«Die Millenials sind die erste Generation der Moderne, die mit höheren Schulden durch Studienkredite, größerer Armut und Arbeitslosigkeit und weniger Wohlstand und Einkommen lebt als die beiden unmittelbar vorhergehenden Generationen im gleichen Alter»,[1] sagt ein kürzlich veröffentlichter Bericht des Pew-Forschungszentrums.

Minijob und Maxi-Ausbeutung

Wie konnte uns das passieren? Nun, dafür gibt es mehrere denkbare Gründe. Einer, auf den ich in diesem Buch immer wieder zu sprechen komme, ist, dass der rasante technische Fortschritt die Lebensdauer von Unternehmen und ganzen Branchen schrumpfen lässt. Weil deren Zeithorizont kürzer wird, müssen sie beweglich bleiben, damit sie auf alle Veränderungen in ihrem Bereich reagieren können. Und so verändert sich auch ihre Einstellung zum Thema Beschäftigungsverhältnisse. Aus dem «Job auf Lebenszeit» ist eher ein «Job für den Moment» geworden. In Deutschland zeigt sich das an den Rekordzahlen von Minijobbern und befristet Beschäftigten: Mehr als 7,3 Millionen Menschen fallen in diese Rubriken, zwei Drittel davon sind Frauen.[2] Jeder fünfte neue Job in Deutschland ist ein Minijob, der lediglich steuerfreie 400 Euro im Monat einbringt.[3] «Normale Vollzeitjobs werden häufig in mehrere Minijobs aufgeteilt»,[4] sagt Holger Bonin vom Zentrum für Europäische Wirtschaftsforschung.

Ich kann das aus eigener Anschauung bestätigen, nachdem ich vor Kurzem in Berlin einen staatlich geförderten Integrationskurs besucht habe. Außer mir nahmen daran Immigranten aus mehr als 15 europäischen Ländern teil, viele von ihnen arbeiteten in der Gastronomie, während sie sich gleichzeitig bemühten, höher qualifizierte Jobs zu ergattern. Im Verlauf des Kurses setzte die Regierung die Höhe des Mindestlohns auf 8,50 Euro pro Stunde fest. Diese Nachricht wurde von meinen Kurskollegen zunächst freudig aufgenommen, bis sich ein paar Tage später herausstellte, dass dreien von ihnen gekündigt worden war. Offenbar sahen ihre Arbeitgeber sich außerstande, die höheren Löhne zu zahlen, und hatten sie davon in Kenntnis gesetzt, dass man sie rauswerfen und durch zwei oder drei Minijobber ersetzen würde. Wer wollte, konnte gern in seinem alten Job weiterarbeiten – dann allerdings als Minijobber, mit weniger Stunden und weniger Lohn. Streng genommen ist so etwas zwar illegal, doch Immigranten, die die Sprache kaum beherrschen und wenig anspruchsvolle Arbeiten verrichten, sind in einer prekären Situation. Man kann sie leichter ausbeuten, und es ist unwahrscheinlich, dass sie sich beschweren.

Die Deregulierung des deutschen Arbeitsmarktes durch die Hartz-Reformen hat den Anteil der Zeitarbeit seit 2003 stark ansteigen lassen. Die drei Arbeitgeber, die in den Jahren 2006 und 2007 am meisten gewachsen sind, waren die Zeitarbeitsfirmen Manpower, Adecco und Randstad.[5] 1991 gab es 14% Teilzeitangestellte, 2009 war ihr Anteil auf 26,7% gestiegen.[6] Zeitarbeiter verdienen im Durchschnitt 17% weniger als ihre festangestellten Pendants.[7] Weitere Deregulierungsmaßnahmen werden ihre Zahl wahrscheinlich nur noch weiter ansteigen lassen. In Großbritannien zum Beispiel hat heute etwa jeder Zwölfte einen Gelegenheitsjob. Dort ist seit 2008 nur jeder 40. neu geschaffene Job eine Vollzeitstelle.[8] Die restlichen Briten verdienen ihr Geld in einer Mischung aus Teilzeitbeschäftigung, Zeitverträgen, Gelegenheitsarbeit, Nullstundenverträgen und Selbstständigkeit. So wie es nach einer kürzlich veröffentlichten Schätzung auch 43% der Deutschen tun.[9]

Ich will aber kein übermäßig negatives Bild zeichnen, schließlich ist Deutschlands Party nach wie vor deutlich vergnügter und besser finanziert als die meisten anderen Partys, die zurzeit in Europa steigen. Doch viele der zukünftigen Probleme, die in diesem Buch dargestellt werden, machen weder vor Landesgrenzen noch vor nationalem Arbeitsrecht Halt. Deshalb will ich mich im Folgenden auch nicht ausschließlich auf ein bestimmtes Land konzentrieren. Wenn Luxemburg eine Steueroase schafft, in der deutsche oder britische Unternehmen ihren Sitz anmelden, um Steuern zu sparen, dann verlieren Länder wie Deutschland und Großbritannien, selbst wenn sie sich an die Regeln halten. Das strenge Arbeitsrecht in Deutschland schützt vielleicht die Bürger innerhalb seiner Grenzen, doch das Ergebnis ist, dass das Land für Unternehmer weniger attraktiv ist und daher auf lange Sicht hier weniger Jobs im Hochtechnologiebereich geschaffen werden. Das wird in Zukunft noch zu einem großen Problem werden, weil – wie ich zeigen will – global betrachtet immer mehr traditionelle Jobs durch immer weniger hochtechnologische Jobs ersetzt werden.

In einer globalisierten Welt betreffen diese Probleme uns alle, wenn auch mit unterschiedlicher Dringlichkeit. Denn, in den Worten von William Gibson: «Die Zukunft ist bereits da. Sie ist nur nicht gleichmäßig verteilt.»

Der Generationenvertrag

Was können wir Millenials tun? Wir sind die Minderheit, eine viel kleinere Generation als die Babyboomer, die uns zur Welt gebracht haben. Das macht es nicht gerade leichter, politische Reformen durchzusetzen oder auch nur Gehör für unsere Probleme zu finden. Wenn man es emotionslos betrachtet: Welchen Anreiz hätten die Regierungen unserer Länder denn, sich mit uns zu befassen, statt sich um die zahlenmäßig stärkeren älteren Generationen zu kümmern? Die Älteren gehen öfter zur Wahlurne als die Jungen. Doch selbst wenn wir fleißigere Wähler wären – wir sind und bleiben zahlenmäßig im Nachteil. Im Zweifelsfall erscheint es sinnvoller, hier ein Arbeitsbeschaffungsprogramm zu streichen, dort ein Jugendzentrum zu schließen und die Finanzhilfen für Aus- und Weiterbildung zu kürzen, als die Unterstützung für ältere Menschen anzugreifen. Es ist wie bei einem Einbrecher, der immer wieder in das Haus eines Menschen einsteigt, von dem er weiß, dass er immer auf der Arbeit ist, keinen Hund hat und nicht die Polizei rufen wird. Mit dem Ergebnis, dass viele Millenials sich von ihrer Regierung im Stich gelassen und von der älteren Generation missverstanden fühlen, die sie massenweise abschreibt – als verzogen, egoistisch und nicht bereit zu der harten Arbeit, die früheren Generationen ihren Wohlstand beschert hat.

Und nun?

Der rasante technologische Fortschritt wirkt sich auf alle Bereiche unseres Lebens aus. Dank dem *Law of Accelerating Returns* (mehr darüber in Kapitel 4) verändert sich die Welt häufiger und dramatischer als jemals zuvor in der Geschichte der Menschheit. Während unsere Vorfahren im Laufe ihres Lebens vielleicht *eine* lebensverändernde Technologie erlebt haben, sind wir bereits Zeugen der Einführung von PC, Internet und Mobiltelefon geworden. Jede dieser Neuerungen umfasst weitere, kleinere Revolutionen des Arbeitslebens – wie etwa E-Mail oder Kalkulationstabellen –, die von uns verlangen, neue Fertigkeiten zu erlernen, oder die die alten Fähigkeiten überflüssig machen, welche bisher auf dem Arbeitsmarkt gefragt waren. Einem Arbeitsmarkt, der immer weniger Dauerbeschäftigung und immer mehr befristete Stellen bietet.

Unterm Strich kann man sagen, dass Unsicherheit der einzige sichere Faktor unseres Lebens sein wird. Doch entweder lassen wir die Technologie für uns arbeiten und machen uns zu ihren Nutznießern, oder andere verwenden die Technologie gegen uns und wir enden als ihr Opfer. Dann werden wir immer geringere Einkommen in immer kürzer befristeten Jobs erhalten, abgesichert von immer löchrigeren Sozialsystemen, die von einer immer älter werdenden Bevölkerung an ihre Grenzen geführt werden – und die wir finanzieren müssen, ohne dass sie uns ein Gefühl der Sicherheit vermitteln.

In vielen Bereichen des Lebens, besonders im sozialen Bereich, sorgen technologische Innovationen dafür, dass *aus Mangel Überfluss* wird. In einigen Bereichen dagegen – etwa bei der Jobsicherheit und der Einkommensgleichheit – führen sie dazu, dass *aus Überfluss ein Mangel* wird. Wir müssen jetzt handeln, wenn wir unser Leben, unseren Wohlstand und unsere *Zitronenhauben* zukunftssicher machen wollen. Der Rest dieses Buches wird sich der Frage widmen, wie wir das schaffen können.

Kapitel 3
Die Lösung

Ich glaube, wir stehen an einer Art Scheideweg. Wir können am alten System festhalten, das uns immer weniger zu geben hat, und dabei zuschauen, wie die Technologie die repetitiven und standardisierbaren Aspekte unserer Arbeit übernimmt – wenn wir denn überhaupt so glücklich sind, einen Job zu haben. Wir können auch hoffen, dass es irgendeine unvorhergesehene Innovation geben wird, die für massenweise neue Jobs sorgt, um für uns all die Arbeitsplätze zu ersetzen, die entweder bereits verlorengegangen sind oder von den zahlenmäßig stärkeren Generationen über uns bis zum Erreichen eines immer höheren Rentenalters besetzt werden. Wir können jammern, dass wir eine kleine Generation sind, auf die niemand hört und mit der niemand wählt. Wir können zu Hause sitzen und Bewerbungen verschicken und das Beste hoffen – weil es das ist, was die Leute uns empfehlen, die schon einen Job haben. Vielleicht wird uns irgendwann doch jemand eine Chance geben.

Oder ...

Oder wir können die gleichen Technologien, die gegen uns eingesetzt werden, für uns nutzen. Wenn Unternehmen und Regierungen nach neuen Regeln spielen, können wir das auch. Jeden Tag ergeben sich unzählige neue Chancen für uns, mit denen wir uns wieder zurück auf Wohlstandskurs bringen können – vorausgesetzt, dass wir flexibel und mutig genug sind. Ja, die Welt wird immer schwieriger für diejenigen Menschen, die darauf warten, dass man ihnen sagt, was sie tun sollen, und die dabei beaufsichtigt werden wollen, wenn sie es tun. Aber wenn jemand bereit ist, mit den Konventionen zu brechen, kann er sich sicher sein, dass ihm eine Fülle von Möglichkeiten offensteht. Wenn wir dazu bereit sind, können wir den Sprung wagen, lange bevor jemand kommt und uns stößt.

Es stimmt nicht, dass das digitale Zeitalter *weniger* Chancen bietet, es bietet einfach *ganz andere* Chancen. Im weiteren Verlauf dieses Buches soll erklärt werden, wie sie aussehen und wie man sie am besten ergreifen kann, um Zukunftssicherheit für ein Leben in größerer Freiheit zu gewinnen; wie wir die Herausforderungen überwinden können, denen wir als eine kleine, junge Generation gegenüberstehen. Es geht um die Freiheit …

1. … unabhängiger zu leben

Wenn die Party, in die wir hineingeboren werden, ihren Höhepunkt überschritten hat, dann können wir unsere eigene Party starten. Wenn wir das Gefühl haben, uns nicht darauf verlassen zu können, dass der Staat oder unser Arbeitgeber um unsere langfristigen Interessen bemüht sind, dann ist es ein logischer Schritt, die Abhängigkeit von ihnen zu reduzieren. Zum Glück ist das heute leichter als je zuvor. Wie auch das Reisen. Und das Arbeiten von zu Hause oder einem anderen Ort aus. Wenn wir wollen, können wir uns sogar ein nicht ortsgebundenes Einkommen schaffen, das es uns erlaubt, unserer Arbeit von wo auch immer nachzugehen. Auf diese Weise gewinnen wir die Freiheit, in einem Land mit starker Währung Geld zu verdienen, während wir in einem Land mit schwacher Währung leben und gleichzeitig so viel oder so wenig reisen, wie wir möchten.

2. … ein abenteuerlicheres Leben zu führen

Wir können nicht exakt kontrollieren, welche Chancen sich uns in dieser chaotischen und unfairen Welt bieten, doch wir können sehr wohl beeinflussen, wie viele Chancen es sind. Wir müssen nur dafür sorgen, dass die Zahl der Menschen, die von unseren Talenten wissen, möglichst groß ist. Das Internet erlaubt es, uns selbst zu vermarkten, unsere Fähigkeiten bekanntzumachen und spannende Jobmöglichkeiten zu finden. Wir können eine Fülle von Erfahrungen sammeln, ohne dass Probleme wie Geografie oder Dienstalter uns dabei im Weg stehen.

3. … Selbstständigkeit auszuprobieren

Der rasante Wandel und die Unsicherheit des digitalen Zeitalters bedeuten, dass es zunehmend riskant ist, alle unsere finanzielle Verantwortung an ein einziges Unternehmen outzusourcen. Selbstständige Arbeit war in vielen Epochen der Menschheitsgeschichte der Normalfall, und für viele von uns dreht sich das Rad langsam wieder dorthin zurück. Es ist kein leichter Weg und er verlangt oft Opfer, doch wir können lernen, unsere Einkommensquellen zu streuen und die Risiken zu minimieren. Wir können ein festes Einkommen eintauschen gegen einen variablen Mix unterschiedlicher Einkommen, und wir können passiv Dinge verkaufen, damit wir Geld verdienen, egal, wo wir gerade sind.

4. … einen Job zu suchen, der uns wirklich interessiert

Wenn wir keinen Chef haben, der uns sagt, was wir tun sollen, können wir an exakt den Dingen arbeiten, die uns interessieren. Wir können der Welt Produkte und Dienstleistungen anbieten, die es nur bei uns gibt und deren Entwicklung und Support uns Spaß machen. Wir arbeiten dann nicht, weil wir es müssen, um unsere Existenz zu sichern, sondern weil es die schönste Beschäftigung ist, mit der wir unseren Tag verbringen können. Wenn wir selbst der Chef sind, fühlt es sich nicht immer und unbedingt wie Arbeit an. Vielleicht können wir diese Arbeit am Anfang sogar neben unserem normalen Job herlaufen lassen. Es war noch nie leichter, es hat noch nie weniger finanziellen Einsatz erfordert und weniger Risiko mit sich gebracht, ein Online-Projekt auszuprobieren. Finanzieller Gewinn und Freiheit in der Lebensgestaltung sind die direkten Folgen, wenn wir einen traditionellen Angestelltenjob gegen Stundenlohn durch das Führen unseres eigenen Unternehmens ersetzen, in dem Wertschöpfung und Einkommen beliebig steigen können.

5. … weniger zu arbeiten und mehr zu leben

Im Verlauf dieses Buches werden Sie meine Geschichte und die vieler anderer Menschen kennen lernen, die ihr eigenes kleines Internetunternehmen gegründet oder mit ihren Arbeitgebern flexible Arbeitsbedingungen ausgehandelt haben, um sich selbst ortsunabhängig zu machen. Wenn wir unser Leben intelligent finanzieren und strukturieren, dann können wir es so gestalten, dass wir weniger arbeiten müssen und dafür mehr leben können.

Niemand kann die Zukunft kontrollieren, aber wir haben es in der Hand, wie wir auf sie reagieren. Wir können die Wahrscheinlichkeit erhöhen, dass wir bekommen, was wir wollen, die Chancen, dass unser Talent entdeckt wird. Wir können nicht entscheiden, welche Bälle das Schicksal uns zuwirft, aber wir können das Fangen üben. Anstatt plattfüßig auf dem Spielfeld herumzustehen, können wir uns eine neue Haltung zulegen, können auf den Fersen vor- und zurückwippen, den Horizont absuchen und darauf gefasst sein, jede Chance zu ergreifen, die sich uns zeigt. Wenn wir das tun, dann sind wir schon jetzt besser vorbereitet als 99% der Menschheit.

Kapitel 4

Die wachsende Unsicherheit

> Ist es nicht verrückt, wie sich Tag für Tag nichts verändert, doch wenn man zurückschaut, ist trotzdem alles anders …
>
> *C. S. Lewis*

> Die Fabrik der Zukunft wird nur noch zwei Angestellte haben: einen Mann und einen Hund. Der Mann hat die Aufgabe, den Hund zu füttern. Und der Hund hat die Aufgabe, den Mann daran zu hindern, die Maschinen anzufassen.
>
> *Warren G. Bennis*

Viele Menschen sind der Meinung, dass unsere aktuellen Probleme – der Verlust von Arbeitsplätzen im Mittelstand, die Jugendarbeitslosigkeit, die wachsende Ungleichheit im Inland, die Rezession der vergangenen Jahre – nur einen Ausreißer darstellen. Diese Probleme seien die Folge der jüngsten Wirtschaftskrise, ausgelöst durch das An- und Verkaufen von toxischen Schulden, die lange verschleiert wurden. Ja, die Mittelschicht mag im Moment Probleme haben, doch sobald die Wirtschaft sich wieder erholt, wird sie erneut damit beginnen, Vans zu kaufen, Urlaub im Ausland zu machen, sich fortzupflanzen und mit aller Macht zu konsumieren, wie sie es vor der Krise getan hat.

Das System? Das System ist in Ordnung. Wir müssen nichts verändern an der Art und Weise, wie wir leben. Wir können genau das Gleiche tun, was unsere Eltern getan haben. Alles wird gut werden.

Ich glaube allerdings nicht, dass die Unsicherheit und Ungleichheit der heutigen Arbeitswelt, dass die Vergeblichkeit, mit der die Jungen versuchen, darin Fuß zu fassen, eine *Ausnahme* sind, eine *einmalige Erscheinung*, ein *Zufallsprodukt*. Sie sind vielmehr eine unausweichliche Folge der Art und Weise, wie unsere Wirtschaft gegenwärtig funktioniert. Der Endpunkt einer Geschichte, die vor langer Zeit geschrieben wurde und die zurückreicht bis zur Industriellen Revolution.

Deshalb müssen wir die grundlegenden Probleme dieses Systems verstehen, wenn wir begreifen wollen, wo wir heute stehen, wohin sich Gesellschaft und Arbeitswelt aller Voraussicht nach entwickeln werden und warum es wichtig ist, dass wir unser Leben anders gestalten, um weniger abhängig von Staat und Arbeitgebern zu sein.

Ich arbeite für ~~mich~~ dich

Vor der Industriellen Revolution war das Leben wirklich hart. Einfache Dinge wie eine Erkältung, Fieber oder ein Schnitt an einem Blatt Papier konnten schnell schlimme Folgen haben und einen umbringen. *Tot.* Wer es schaffte, 40 Jahre alt zu werden, konnte sich glücklich schätzen, besonders dann, wenn er es noch dazu schaffte, im Verlauf dieser 40 Jahre mit einer gewissen Regelmäßigkeit solchen vergnüglichen Beschäftigungen wie Essen oder Sich-Waschen nachzugehen. Damals war das Leben einfacher. Die meisten Menschen waren Bauern und hatten ein Stück Land. Sie arbeiteten für sich selbst und bauten Nahrungsmittel an oder züchteten Tiere. Wer das nicht tat, übte in den meisten Fällen ein spezielles Handwerk aus, war Zimmermann oder Schmied und arbeitete Tag für Tag in einer kleinen Werkstatt, wo er sägte oder Dinge mit dem Hammer in eine nützliche Form brachte.

Mit den technologischen Quantensprüngen der Industriellen Revolution ersannen die Menschen weitaus effizientere Methoden, *viele Dinge auf einmal* anzubauen, zu verarbeiten und in Form zu hämmern, indem sie Maschinen einsetzten. Maschinen waren wie Menschen, aber weniger launisch, weshalb sie nicht ständig schwatzen oder Teepausen machen mussten. So kam es schließlich dazu, dass den Menschen auf den Bauernhöfen und in den Werkstätten angeboten wurde, in Fabriken zu arbeiten, wo sie Maschinen bedienten oder Maschinen überwachten. Diese Fabriken waren im Endeffekt nichts anderes als riesige Werkzeugschuppen, die von ihren Besitzern morgens auf- und abends wieder abgeschlossen wurden. Die Arbeiter kamen in diese Werkzeugschuppen, um darin mit den Werkzeugen und Maschinen der Besitzer bestimmte Tätigkeiten zu verrichten, wofür sie von diesen pro Stunde bezahlt wurden. Die Arbeitgeber verkauften die dabei hergestellten Dinge weiter und machten Gewinn dabei.

Das nannten die Menschen einen *Job*. Es war eine ausgezeichnete Möglichkeit, den Tag zu füllen.

Angesichts des verführerischen Angebots von regelmäßigem Lohn und regelmäßigen Arbeitszeiten entschieden sich immer mehr Menschen dagegen, für sich selbst zu arbeiten, und wurden stattdessen zu Angestellten. Es begann die größte Beschäftigungsmigration in der Geschichte der Menschheit. Die Leute stellten den Unternehmen ihre Zeit, ihre Arbeitsbereitschaft und ihre Fachkenntnisse zur Verfügung. Im Gegenzug versprach man ihnen eine respektable Karriere, ein Einkommen, das sie aus der Armut führte, und die Chance auf ein eigenes Heim. Darin konnten sie eine Familie gründen, die sie jeden Abend liebevoll begrüßte, wenn sie zum Abendessen hereinkamen, schmutzig und müde von der harten Arbeit des Tages.

Das rechnete sich für die Unternehmen, denn nun hatten sie einen verlässlichen Pool von Arbeitskräften, die zu den festgelegten Zeiten in die Fabriken strömten (vielleicht etwas früher, als sie es wünschten). Dieser Pool von Arbeitskräften bot den Unternehmen mehr Sicherheit, was bedeutete, dass sie für die Produkte, die sie herstellten, immer größere Aufträge erfüllen konnten. Was wiederum bedeutete, dass sie größere und teurere Maschinen kaufen, mehr Einheiten für weniger Geld in weniger Zeit produzieren und sie anschließend an mehr Menschen verkaufen konnten – dank den Einsparungen, die sich durch Steigerungen ergaben. Groß war gut. Größer war besser. Die Produktivität nahm drastisch zu.

«1912 waren 4664 Arbeiterstunden nötig, um ein Auto zu bauen. Mitte der 20er Jahre konnte man eines in weniger als 813 Arbeiterstunden bauen … Zwischen 1920 und 1927 stieg die Produktivität in der amerikanischen Industrie um 40%. In der Fertigungsindustrie stieg der Output pro Mannstunde zwischen 1919 und 1929 jährlich um erstaunliche 5,6%»,[10] schreibt Jeremy Rifkin in seinem Buch *Das Ende der Arbeit*.

Die alten Handwerksberufe wie das Zimmern, Backen, Schmieden, die jeweils eine Vielzahl miteinander zusammenhängender Fertigkeiten in sich vereinten und die traditionell innerhalb einer Familie von Generation zu Generation weitergegeben wurden, waren hochspezialisiert und erforderten oft eine jahrelange Ausbildung. Unter der Stoppuhr des Taylorismus und seiner Jünger erfuhren sie eine systematische Vereinfachung. Berufe und Arbeitsabläufe konnten immer weiter zergliedert werden und waren auf diese Weise für jeden, der körperlich gesund und bereit dazu war, schnell und problemlos zu erlernen. Wir tauschten die Spezialisierung, die Tiefe des Wissens in demjenigen Handwerk, das wir von unseren Eltern übernommen hatten, gegen Breite aus. *Einfach. Reproduzierbar. Messbar.*

Vom Job zur Karriere

Natürlich arbeiteten die Fabriken nicht isoliert. Sie brauchten andere Unternehmen wie Großhändler und Zwischenhändler, um ihre Produkte aus der Fabrik hinaus in die wartenden Hände ihrer Kunden zu befördern. Eine Glühbirnenfabrik hatte oft die Rohstofflieferanten für ihre Glaskolben oder einen Zwischenhändler für ihre fertigen Produkte in unmittelbarer Nähe. Es war ökonomisch sinnvoll, dass die Unternehmen sich mit verwandten Unternehmen, der nötigen Infrastruktur und potenziellen Angestellten zusammengruppierten. Und zum Klang von Hämmern, Wohlstand und einem beinahe makellosen Wachstum des Bruttoinlandsprodukts (sofern man ein paar kriegsbedingte Dellen außer Acht lässt) wuchsen auf diese Weise kleine Städte zu Großstädten heran.

Doch der ganze Kommerz und Kapitalismus brauchte einen strengen Schiedsrichter und einen fleißigen Steuereintreiber – mit anderen Worten, eine *Regierung*. Die Regierung überwachte die Unternehmen und gab ihnen die Regeln vor (zumindest theoretisch); sie stellte sicher, dass die Gesellschaft sich besser und fairer entwickelte. Sie sorgte für die Schulbildung der Bürger, die einmal zu Angestellten werden sollten. Wenn die Unternehmen uns schlecht behandelten (oder spätestens wenn wir laut genug dagegen protestierten), blies die Regierung in ihre Trillerpfeife, verhängte Strafen und erließ strengere Gesetze. Sie war ein bürokratischer Superheld, der versprach, uns vor den Härten der freien Marktwirtschaft zu schützen. Weil sie die Spielregeln festlegte und wir im Grunde genommen von Geburt an zum Mitspielen gezwungen waren, tat sie uns zumindest den Gefallen, das Spiel so fair wie möglich zu gestalten, damit wir eine Chance hatten zu gewinnen. Für diese Überwachungstätigkeit bezahlten wir sie mit einem kleinen Anteil unseres Lohns in Gestalt von Steuern. Ein weiterer Grund, weswegen wir Steuern zahlten, war die Tatsache, dass die Regierung uns ansonsten ins Gefängnis geworfen hätte.

Im Gegenzug gab uns die Regierung eine Reihe von Zusagen. Die Ersparnisse auf unserem Bankkonto? Sie waren sicher. Das garantierte sie uns. Wenn wir Schwierigkeiten hatten, einen Job zu finden, nahm sie ein wenig Geld aus dem kollektiven Sparschwein der Gesellschaft und unterstützte uns, bis wir wieder auf die Beine kamen. Was liegt da auf der Straße – Müll? Her damit. Du wirst langsam alt, Bürger? Keine Sorge – die Regierung ermöglicht dir ein paar entspannte Jahre, die du mit leichter Gartenarbeit und Sportübertragungen im Fernsehen verbringen kannst, da sie dir etwas auszahlt, das sich *Rente* nennt. Die Regierung versprach uns, über die langweiligen administrativen Aspekte unserer Existenz zu wachen, damit wir die Zeit hatten, uns den Dingen zu widmen, die uns wirklich interessierten, wie beispielsweise Whisky trinken, Zeitung lesen und die Frau unseres Nächsten begehren.

Die ökonomische Sicherheit, die Angestellte ebenso wie Arbeitgeber nun genossen, stieß eine positive Entwicklung an. Plötzlich gab es breite Bevölkerungsschichten, die regelmäßig arbeiteten und Geld verdienten, Tag für Tag, Monat für Monat, Jahr für Jahr. So gab es für die Fabriken auch mehr Menschen, denen sie all die Dinge verkaufen konnten, die sie den lieben langen Tag produzierten. Aus dem Stundenlohn wurde ein Jahresgehalt. Auf dessen Grundlage hatten wir Angestellten die nötige Planungssicherheit, um auch größere finanzielle Wetten abzuschließen. Es gab keinen Grund anzunehmen, dass das Leben schlechter oder wir ärmer werden könnten. Weder morgen noch in zehn Jahren. So fühlten wir uns sicher genug, um Hypotheken aufzunehmen, damit wir Häuser kaufen konnten, oder um Schulden zu machen, damit wir unsere Kinder auf die Universität schicken konnten.

Ein Universitätsstudium war nötig, weil die Maschinen immer komplexer wurden. Ebenso wie die Gruppen von Menschen, die man *Teams* und *Gewerkschaften* nennt und für deren immer anspruchsvoller werdende Führung man – Sie haben es sich schon gedacht – noch mehr Menschen brauchte. An den Universitäten konnte man die Fähigkeiten erwerben, die nötig waren, um all die neuen und höher qualifizierten Jobs auszuüben. Dafür mussten wir vielleicht ein wenig in die Tasche greifen, doch das war eine *Investition*. Eine Investition in unsere Zukunft. Und die Zukunft war von immer größerer Dauer dank der Fortschritte in der Hygiene, der Gesundheit und der medizinischen Versorgung, die die Lebenserwartung dramatisch ansteigen ließen. Die Beschäftigungsquote war weiterhin hoch, und wir konnten praktisch sicher sein, dass wir mit unserem Uniabschluss in der Tasche schnell den Einstieg in eine respektable Karriere finden würden. Ja – nicht in einen *Job*, sondern in eine *Karriere*.

Es war anzunehmen, dass die Art unserer Tätigkeit sich im Laufe der Zeit ändern würde, doch es war vollkommen normal, dass wir uns für ein

Unternehmen entschieden und dort dann unser gesamtes Berufsleben verbrachten – bis zu jenem Tag, an dem wir vor den Kollegen eine nervöse Rede hielten und mit einem kleinen Umtrunk sowie einer Uhr mit eingravierter Widmung in den Ruhestand verabschiedet wurden.

Der Motor beginnt zu stottern

In all diesem wunderbaren Fortschritt waren zwei wichtige Variablen am Werk – *Beschäftigung* und *Produktivität.*

«Produktivität ist die Menge des ökonomischen Werts, der mit einer gegebenen Input-Einheit, beispielsweise einer Arbeitsstunde, geschaffen wird – sie ist ein entscheidender Indikator für Wachstum und Wertschöpfung.»[11] Beschäftigung ist die Menge von Menschen, die man braucht, um diese Produktivität zu erreichen.

Beschäftigung ist wichtig, weil am Ende der ganzen Produktivität in aller Regel ein Produkt oder eine Dienstleistung steht, die an jemanden verkauft werden müssen, um die Kosten für sie wieder hereinzubekommen. Menschen mit einer Anstellung haben in der Regel das nötige Geld, um Dinge zu kaufen, die produziert werden. Sie sind also nicht nur *Produzenten,* sondern auch *Konsumenten.* Ihr Konsum sorgt für neue Nachfrage und damit logischerweise auch für weitere Produktion und weitere Beschäftigung – und so weiter. Wenn das eine steigt, dann sollte auch das andere steigen. Genau das ist fast das ganze 20. Jahrhundert hindurch passiert. Hier sehen Sie eine Grafik des Outputs der US-amerikanischen Fertigungsindustrie seit 1918, die für die vergangenen 100 Jahre eine bemerkenswerte Steigerung der Produktivität zeigt:[12]

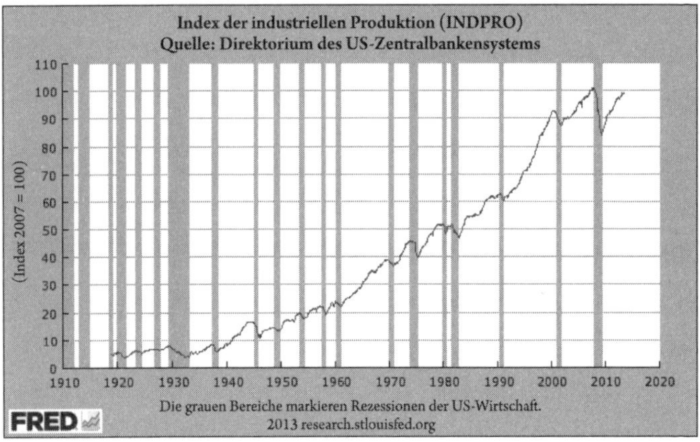

Schauen wir uns jetzt einmal an, wie viele Menschen gebraucht wurden, um dieses Maß an Produktivität zu erreichen, in derselben Zeitspanne und wieder in den USA.[13]

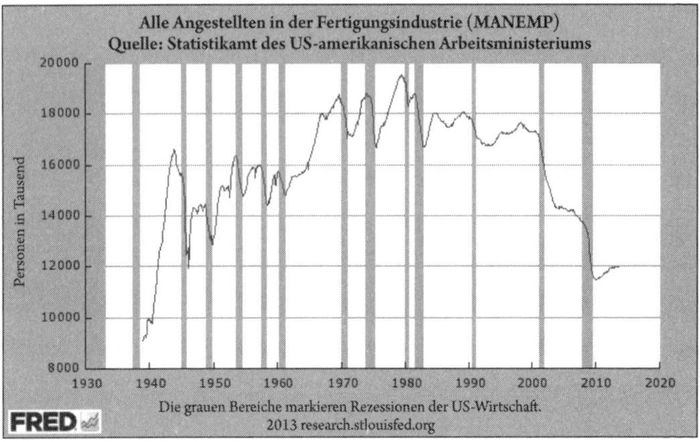

Oh, das war nicht ganz, was wir erwartet hätten, oder?

Die Beschäftigung in der US-amerikanischen Fertigungsindustrie erreichte 1980 ihren Höhepunkt und ist seitdem rapide zurückgegangen. Und die USA sind hier kein Ausnahmefall. «Weltweit verschwanden zwischen 1995 und 2002 über 22 Millionen Jobs in der Fertigung, während die industrielle Produktion um 30% zunahm.»[14] Wir produzieren mehr, aber wir brauchen viel weniger Menschen dafür. «Die Beschäftigung in der Fertigungsindustrie ist seit 1978 um rund 40% zurückgegangen. Im selben Zeitraum ist die Bevölkerung der USA um etwa 40% gewachsen. Bezogen auf eine viel größer gewordene arbeitende Bevölkerung ist der Anteil der amerikanischen Arbeiter im Produktionssektor um mehr als die Hälfte zurückgegangen.»[15]

Ein solcher Rückgang ist kein Problem, wenn die Menschen etwas anderes haben, worauf sie ausweichen können, und genügend Zeit, um auszuweichen. In diesem Fall wechselten die meisten Betroffenen in den Dienstleistungsbereich, einen Sektor, der mittlerweile ebenfalls mit zunehmender Geschwindigkeit automatisiert wird. An dieser Verdrängung von Menschen durch Technologie ist nichts Neues. Solche Vorgänge hat es seit der Industriellen Revolution und wahrscheinlich sogar schon früher immer wieder gegeben. Neu ist allerdings die Geschwindigkeit, mit der die Verdrängung vonstatten geht. Das hat mit einem Phänomen zu tun, das *Law of Accelerating Returns* (Gesetz des sich beschleunigenden Nutzens) genannt wird.

Mehr und häufigere Veränderungen

Das *Law of Accelerating Returns* postuliert, dass die Dinge sich nicht nur immer schneller verändern, sondern dass die Zeit zwischen solchen signifikanten Veränderungen auch kürzer wird. Einfach gesagt: Es gibt mehr und häufigere Veränderungen. Der Begriff wurde von Ray Kurzweil geprägt, der glaubt: «Wir werden im 21. Jahrhundert nicht 100 Jahre Fortschritt erleben – es wird (bei heutiger Geschwindigkeit) eher wie 20 000 Jahre Fortschritt sein ... Sogar bei der Geschwindigkeit von exponentiellem Wachstum gibt es exponentielles Wachstum.»[16]

Der Grund liegt darin, dass jede bahnbrechende Entdeckung von allen vorangegangenen bahnbrechenden Entdeckungen profitiert. Das erklärt, warum die menschliche Lebenserwartung in den letzten 50 Jahren stärker angestiegen ist als in den 200 000 Jahren der menschlichen Geschichte zuvor. Jede neue Technologie baut auf den kombinierten Möglichkeiten aller Technologien, die sie ersetzt, auf. Das Flugzeug kann nur existieren, weil jemand den Verbrennungsmotor erfunden hat. Der Verbrennungsmotor kann nur existieren, weil ein heller Kopf die Möglichkeit fand, Eisenerz abzubauen und nach Öl zu bohren. Es dauerte Tausende von Jahren, bis selbst die einfachsten Erfindungen wie Feuer oder das Rad sich flächendeckend ausbreiteten, während der primitive Mensch all seine Energie dafür aufwenden musste, genug Nahrung für sein nacktes Überleben zu finden. So wie es ihm schwerfiel, das Rad oder ein einfaches Steinwerkzeug zu verstehen, fällt es uns heute schwer, etwas so wenig Greifbares wie exponentielles Wachstum zu verstehen, auch wenn uns der Wandel in genau dieser Form begegnet.

Man kann Technologie einfach als die Möglichkeit betrachten, alte Dinge auf neue, zunehmend raffinierte und digitalisierte Weise zu tun. Zumindest sieht das Ganze von außen betrachtet so aus. Es ist ein gradueller Prozess, der aus Enzyklopädien Wikis, aus Taschenrechnern Excel-Tabellen, aus Tagebüchern Blogs, aus einem Verein ein soziales Netzwerk, aus Vinyl-Schallplatten Spotify-Abonnements und aus Briefen E-Mails werden lässt, oder? Technologischer Fortschritt mag *fast* immer eine positive Kraft sein, etwas, das man begrüßen sollte, doch zweifellos ist er *immer* eine Kraft der Veränderung. Und diese Veränderung beschleunigt sich.

Die heutige Welt ist so stark vernetzt, dass eine neue Erfindung den Weg von der Idee zu einem konkreten Ding, von einem *Ding, das nur wenigen bekannt ist,* über ein *Ding, das jeder kennt,* bis hin zu einem *Ding, das jeder nutzt,* in einer Zeitspanne durchlaufen kann, die einem nicht länger als ein Wimpernschlag vorkommt. In den 80er Jahren wuchs das Internet inner-

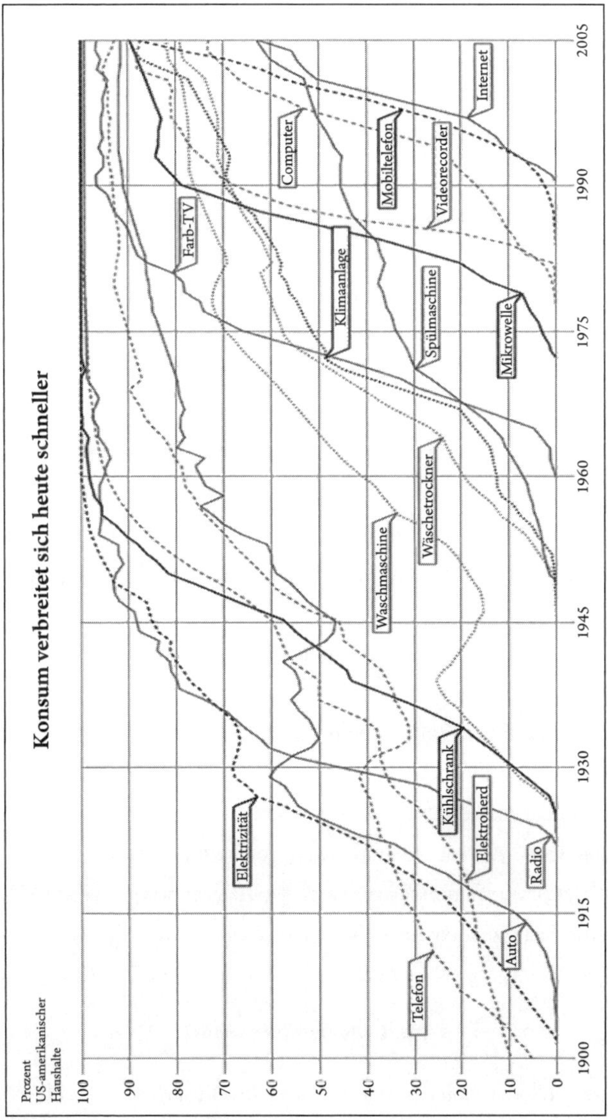

Quelle: Derek Thompson, *The 100-Year March of Technology in 1 Graph*, The Atlantic, 7.4.2012 (http://www.theatlantic.com/technology/archive/2012/04/the-100-year-march-of-technology-in-1-graph/255573/)

halb von zwei Jahren von 20 000 auf 80 000 Nodes (Nodes kann man sich vereinfachend als User vorstellen). Eine phänomenale Zunahme um das Dreifache. Doch in den 90er Jahren wuchs es – ebenfalls in einem Zeitraum von zwei Jahren – nicht, wie man in Anbetracht des vorangegangenen Wachstums annehmen könnte, um weitere 60 000 Nodes an, sondern um 60 Millionen Nodes![17] Von 20 Millionen auf 80 Millionen. 60 Millionen weitere Menschen gingen online. Das sind 109 589 an jedem einzelnen Tag. 4566 Menschen in jeder Stunde. Zwei Jahre lang. Damit wurde das Internet rasch von einer Rand-Technologie zu einem grundlegenden Gebrauchsgut, zu dem heute mehr als drei Milliarden Menschen[18] täglich Zugang haben. Je mehr Menschen im Netz unterwegs waren, desto nützlicher wurde es, desto wichtiger war es, selbst dort vertreten zu sein, und desto mehr Menschen loggten sich ein. Sein Wachstum verlief exponentiell, nicht linear. «Jeder Aspekt von Information und Informationstechnologie wächst in exponentieller Geschwindigkeit», glaubt Ray Kurzweil.[19]

Heute sind so viele Menschen online, dass eine neue Idee wie *Godwin's Law*, eine neue Technologie wie Bitcoin, eine neue Dienstleistung wie Twitter, eine neue Handy-App wie Instagram oder ein virales Video wie *Gangnam Style* (mehr darüber später) in Rekordzeit kreiert, akzeptiert, bekannt gemacht und genutzt werden – und auch wieder in Vergessenheit geraten kann. Wir haben ein Netzwerk geschaffen, in dem es beinahe genauso leicht ist, etwas mit *einem* Menschen zu teilen wie mit all den Milliarden von Menschen, die einen Zugang besitzen.

Was bedeutet das für uns?

Menschen lösen Probleme und verkaufen ihre Lösungen für Geld. So war es immer und so wird es immer sein. Es ist nervig, dass man aufstehen muss, um beim Fernsehen den Sender zu wechseln, also erfand jemand die Fernbedienung. Die Feststellung «Es ist heiß» führte zur Klimaanlage. Wir mögen Massagen, wir sitzen gerne, also erfanden wir den Massagestuhl. Doch dann ist es nur logisch anzunehmen, dass es einen Punkt gibt, an dem *wir* das Problem sind, gegen das unsere Lösungen helfen sollen. Dass irgendwo in einem abgeschiedenen Büro mit einer Glasscheibe, die den Blick auf ein Fließband, ein Restaurant mit emsig hin und her eilenden Kellnern oder eine Redaktion voller Journalisten und Redaktionsassistenten freigibt, sich eine revolutionäre neue Technologie an ihren Schöpfer wendet und sagt: «*Siehst du diese Menschen da draußen, die du jeden Monat bezahlen musst, Chef? Mit ihren Stimmungsschwankungen, ihren Urlaubsanträgen, Problemchen und politischen Überzeugungen. Mit ihrer Elternzeit. Darf ich dir eine Lösung anbieten? Wir brauchen diese Menschen eigentlich nicht. Deine Aktionäre werden dir dankbar sein.*»

Horst Neumann, Personalvorstand beim größten deutschen Automobilkonzern, Volkswagen, erklärte die Kostenersparnis durch das Einführen solcher neuer Technologien anstelle von menschlichen Arbeitskräften so: «In der deutschen Automobilindustrie liegen die Arbeitskosten bei mehr als 40 Euro pro Stunde, in Osteuropa kostet die Arbeitszeit 11 Euro die Stunde, in China liegt der Preis immer noch unter 10 Euro die Stunde … Ein Roboter, der einen Fließbandarbeiter ersetzt, kostet derzeit rund 5 Euro die Stunde. Es ist abzusehen, dass die Roboter der nächsten Generation noch billiger sein werden. Wir müssen diesen Preisvorteil so gut wie möglich ausnutzen.»[20]

Und James Hughes, ein Soziologe am Trinity College in Connecticut, glaubt: «Wir stehen am Beginn einer Ära, in der die Technologie Beschäftigung schneller vernichtet, als sie Beschäftigung schafft. Der Fortschritt von Informationstechnologie, künstlicher Intelligenz und Robotertechnik wird irgendwann die Nachfrage nach allen Arten von menschlicher Arbeitskraft verringern.»[21]

Dies ist keine Science Fiction, es ist schon heute ein alltäglicher Aspekt unsres Lebens. «Software sucht in medizinischen Scans nach verdächtigen Stellen, lässt Züge ohne Lokführer fahren, steuert Autos ohne Fahrer, erkennt innerhalb von Millisekunden Profite im Aktienhandel, analysiert den Nachrichtenverkehr auf Twitter, um zu erkennen, wo man bestimmte Snacks verkaufen kann, durchforstet für Gerichtsverfahren Dokumente nach Indizien, zeichnet den Energieverbrauch von Millionen von Privathaushalten auf, der von digitalen Stromzählern gemessen wird, und sortiert in der Bibliothek zurückgegebene Leihbücher.»[22]

Den Verlust menschlicher Arbeitsplätze an künstliche Intelligenz (KI) oder Roboter nennt man *technologische Arbeitslosigkeit*. Über die Frage, wie gravierend dieses Phänomen ist, sind die Ansichten derzeit noch stark geteilt. Viele Menschen glauben, dass es überhaupt kein Problem gibt. Sie sind der Meinung, dass dieser Vorgang schon immer ein Teil des Lebens war, dass es ein Irrglaube ist, es müsse ein bestimmtes feststehendes Maß von Arbeit geben, dass neue Technologien nach und nach die einfachsten und billigsten Jobs übernehmen und dass die betroffenen Arbeiter in bessere und anspruchsvollere Jobs nach oben rutschen werden, in denen sie neue Tätigkeiten ausüben, die durch diese neuen Technologien möglich geworden sind. In der Vergangenheit mag das zutreffend gewesen sein: Es gibt heute weniger Menschen, die auf den Feldern schuften, als noch vor 100 Jahren, und das ist zweifellos für uns alle eine Verbesserung. Doch es ist durchaus möglich, dass die digitale Revolution nicht so ablaufen wird wie die Industrielle Revolution. Dass KI und Maschinen diesmal nicht nur die niedrig qualifizierten Jobs im Blick haben, sondern Mittelstandsjobs, die sie entweder vollkommen ersetzen oder in weniger qualifizierte Jobs aufteilen werden.

Ein Buch zu schreiben, das technologische Innovationen kritisiert, war schon immer ein gewagtes und schwieriges Unterfangen, zumindest wenn man nicht riskieren wollte, als Maschinenstürmer abgetan zu werden. Als jemand, der Angst vor dem Fortschritt hat und entschlossen ist, den Webstuhl der Gesellschaft mit einer 200 Seiten starken Axt zu attackieren. «Es hat politisch gesehen wenig Zugkraft zu sagen, die Ursache unseres Problems liege darin, dass wir technologisch so erfolgreich sind», stellt Joseph

Stiglitz, Nobelpreisträger und Wirtschaftswissenschaftler an der Columbia University, fest. «Es gibt dabei keinen Feind.»[23]

Ich will versuchen, Sie auf den nächsten rund 200 Seiten davon zu überzeugen, dass es dabei *vielleicht doch einen Feind gibt.* Nicht in Form der Technologie an sich, sondern in der Weise, wie sie ungerecht angewendet und wie der erwirtschaftete Profit verteilt wird.

«Die KI-Revolution macht mit den Angestelltenjobs das, was die Robotertechnik mit der manuellen Arbeit gemacht hat»,[24] glauben Brynjolfsson und McAfee, die Autoren des Buches *Race Against the Machine.* Die Auswirkungen sind auf dem Arbeitsmarkt bereits sichtbar. «In den 17 europäischen Ländern, die den Euro als Währung haben, ... gibt es seit Mitte 2009 4,3 Millionen neue Niedriglohnjobs, aber der Verlust von Jobs in den mittleren Gehaltsklassen hat nie nachgelassen. Insgesamt 7,6 Millionen sind von Januar 2008 bis letzten Juni verschwunden», konnte man im Januar 2013 lesen.[25] In Deutschland ist zwischen 2005 und 2010 die Zahl der Vollbeschäftigten im Niedriglohnbereich um 13,5% auf 4,3 Millionen gestiegen, ein dreimal schnellerer Anstieg als bei anderen Beschäftigungsformen, wie die deutsche Arbeitsagentur feststellt.[26] Wer noch einen Job hat, findet sich in einer immer schlechteren Verhandlungsposition wieder – einer der Gründe dafür, dass der Reallohnzuwachs in Deutschland von 1992 bis 2012 bei lediglich 0,6% lag.[27]

Die wachsende Unsicherheit

Jede neue Technologie, die wir entwickeln, sei es das Internet, der Drucker, die E-Mail, das Mobiltelefon oder Facebook, stürmt geradewegs gegen die gesellschaftlichen *Grenzen des Möglichen* an. Gegen jene Barrieren, die uns bis zu diesem Punkt zurückgehalten haben, seien sie juristischer, moralischer, technischer oder einfach logistischer Natur. Sie rennt gegen diese Grenzen an, eine nach der anderen, und sucht nach einer Schwachstelle. Das Internet und alle seine Folgetechnologien haben sich als so mächtig erwiesen, dass sie ohne Rücksicht auf Verluste undurchdringliche Mauern einreißen, die Institutionen wie Universitäten, Arbeit, Ehe, ja selbst die Demokratie und den Staat als das elastische Gummiband, das alle diese Institutionen zusammenhält, bisher geschützt haben.

«Jede neue Technologie schafft beinahe so viele Probleme, wie sie löst», sagt Kevin Kelly, der Autor von *What Technology Wants*. «Man kann die Sache so betrachten, dass man sich das erste Werkzeug der Welt vorstellt, sagen wir einen Steinhammer. Mit diesem Steinhammer kann man jemanden umbringen oder etwas erbauen. Doch bevor dieser Steinhammer zu einem Werkzeug wurde, war es nicht möglich, diese Entscheidung zu treffen. Technologie gibt uns ständig neue Möglichkeiten, Schaden anzurichten oder Gutes zu tun; sie verstärkt beides.»[28]

Neue Technologien können eine Kraft des Guten oder des Bösen sein. Luftfahrtpionier Alberto Santos-Dumont war davon überzeugt, dass das Flugzeug das Ende aller Kriege bedeuten würde. Man kann sich nur schwer vorstellen, was er von der Kriegführung unserer Tage mit Drohnen halten würde. Der Wirtschaftswissenschaftler John Maynard Keynes prophezeite 1930, dass wir im Jahr 2000 nur noch 15 Stunden pro Woche arbeiten würden. Das Unternehmen Briggs and Maverick hatte 1858 gerade das erste transatlantische Telefonkabel verlegt, als es verkündete: «Es ist unmöglich, dass alte Vorurteile und Feindseligkeiten noch weiter bestehen, nachdem ein solches Instrument für den Gedankenaustausch zwischen allen Nationen der Erde geschaffen wurde.»[29] Der Radiopionier Guglielmo Marconi wird mit dem Spruch zitiert: «Die Ankunft des Radiozeitalters wird Krieg unmöglich machen, weil es Krieg lächerlich machen wird.»[30] Und der Fernseh-Erfinder Philo T. Farnsworth soll gesagt haben: «Wenn wir in der Lage wären, Menschen in anderen Ländern zu sehen und etwas über die Unterschiede zwischen uns zu erfahren, warum sollte es dann noch zu Missverständnissen kommen? Krieg würde der Vergangenheit angehören.»[31]

Es ist wohl nicht übertrieben, wenn wir feststellen, dass wir als Gesellschaft unsere Fähigkeit zu *guten* Entscheidungen oft überschätzen. Dass wir uns regelmäßig einreden, eine neue Technologie werde einen größeren gesellschaftlichen Nutzen haben, als es dann tatsächlich der Fall ist.

Technologie ist keine silberne Kugel. Sie wird nicht auf magische Weise den Werwolf töten und das Leben besser machen. Auf den ersten Blick könnte man denken, dass grenzenloser technischer Fortschritt uns befreit und neue Möglichkeiten eröffnet – und in vielen Fällen trifft das auch zu. Doch Technologie existiert nicht in einem Vakuum. Ihre konkrete Anwendung erfolgt in einem komplizierten Kuddelmuddel ineffizienter sozialer Strukturen. Sozialer Strukturen voller eingefahrener Bürokratie, ungerechter Ressourcenverteilung und generationsübergreifender Konflikte, die wir liebevoll als *Gesellschaft* bezeichnen. Sozialer Strukturen, die neue Technologien oft weder verstehen noch zum Zeitpunkt ihrer Einführung schon über die entsprechenden Gesetze verfügen, um sie so zu kontrollieren, dass sie für alle nutzbringend sein können.

Das ist ein Grund dafür, dass uns heute, obwohl es so viele neue Technologien gibt und so viele intelligente Menschen, die sie benutzen, manchmal regelrecht schwindlig wird bei dem Versuch, mit all den Veränderungen Schritt zu halten. Wir müssen darauf reagieren, so gut wir können – wie Sportler, die sich abstrampeln, um nicht den Anschluss zu verlieren in einem Spiel, dessen Regeln ständig neu geschrieben werden.

Für die Unternehmen, die uns beschäftigen, ist der technische Fortschritt eine ebenso große Herausforderung. Positiv ist, dass sie ihre Kunden leichter erreichen können als je zuvor. Allerdings gilt das auch für ihre Konkurrenten. Dafür werden die großen und teuren Maschinen, die früher so entscheidend für ihren Wettbewerbsvorteil waren, immer kleiner und immer billiger. Dadurch werden sie für immer mehr Menschen erschwinglich. Das führt zu mehr Konkurrenz, und diese kann überall angesiedelt sein. Es ist unmöglich, wirklich langfristige Prognosen über die Entwicklung der Nachfrage anzustellen, weshalb die Unternehmen gezwungen sind, diese Unsicherheit an uns, ihre Angestellten, weiterzugeben. Das Ergebnis: Aus Dauerstellen werden befristete Verträge. Aus befristeten Anstellungsverhältnissen werden Verträge mit Zeitarbeitsfirmen. Aus Verträgen mit Zeitarbeitsfirmen werden Nullstundenverträge. Aus Vollzeitjobs werden Minijobs. Es gibt eine zunehmende Diskrepanz zwischen dem, was wir wollen – nämlich Sicherheit –, und dem, was die Unternehmen von uns verlangen – nämlich Flexibilität.

Heute hat die Vorstellung eines «Jobs auf Lebenszeit» etwas schrecklich Altmodisches, wie eine Pferdekutsche oder ein Gänsekiel.

Regierung gegen Konzernmanagement

Eine weitere beunruhigende Entwicklung liegt in der Tatsache, dass die neue Generation von Technologieunternehmen wie Facebook und Google anders ist als die Unternehmen der Vergangenheit. Man kann diese Unternehmen nicht physisch lokalisieren, sie existieren nur online. Warum also sollten sie irgendeinem bestimmten Land gegenüber Loyalität empfinden? Sie können überall hingehen, wo sie gute Arbeitskräfte und die richtigen Bedingungen für ihren wirtschaftlichen Erfolg vorfinden. Genau wie die Loyalität zwischen Arbeitgeber und Arbeitnehmer zusammenbricht, so beginnen auch die Beziehungen zwischen Unternehmen und Regierungen zu bröckeln. Eine Reihe von Regierungen fühlt sich digital ausgegrenzt und kratzt sich ratlos am Kopf, während sie die Frage umtreibt, was diese Unternehmen eigentlich genau verkaufen und – wichtiger noch – *wie sie zumindest ein kleines Stück davon besteuern könnten.*

Weil sie wissen, dass diese Unternehmen geografisch nicht gebunden und durchaus auch zu einem Umzug bereit sind, wenn die wirtschaftlichen Rahmenbedingungen stimmen, versuchen verschiedene Regierungen unter dem Druck ihrer Bürger, neue Arbeitsplätze zu schaffen, indem sie einander darin ausstechen, diese Unternehmen in ihr Land zu locken. Couragierte kleine Nationen wie Irland bieten massive Steuererleichterungen und kostenlose Baugrundstücke, um Technologieunternehmen wie Google, HP oder Intel zu motivieren, ihren Sitz dorthin zu verlegen. Doch je mehr die Regierungen sich um die Ansiedlung von Unternehmen streiten, desto weniger Anreiz haben diese umgekehrt, loyal ihnen gegenüber zu sein – oder gegenüber uns, ihren Angestellten. Sie wissen: Sobald die ganzen Vorzugsregelungen auslaufen, gibt es irgendwo anders eine andere Regierung, die ein attraktives Willkommenspaket zusammenstellt, um ihnen einen Wechsel schmackhaft zu machen.

Doch auch wenn sie sich nach dem Auslaufen der ursprünglichen Steuererleichterungen zum Bleiben entscheiden, können sie jederzeit andere internationale Schlupflöcher nutzen, in die sie ihr Geld verschieben können. Wo es schwerer zu besteuern ist. Schließlich existiert Geld heutzutage größtenteils digital – nicht als verkrumpeltes Papier, das irgendwo in einem Bankschließfach liegt, sondern als Einsen und Nullen in einer Datenbank. Also haben Unternehmen begonnen, abgelegene Steueroasen wie Luxemburg als Firmensitz zu wählen, um das Zahlen von Körperschaftssteuern zu umgehen. Sie spielen ihr eigenes Steuervermeidungs-Hütchenspiel und lassen ihr Geld in unterschiedlichen Verstecken verschwinden, um es vor den Blicken der Steuereintreiber zu verbergen.

Es gibt Berichte, nach denen Apple den größten *Notgroschen* der Welt angespart und in Gestalt von rund zehn Milliarden Dollar in einer Steueroase gebunkert hat, wo sie von keinem der souveränen Staaten, in denen sie verdient wurden, besteuert werden können. «*Apple Inc. hat die Offshore-Tochtergesellschaft Apple Operations International gegründet, die zwischen 2009 und 2012 ein Nettoeinkommen von 30 Milliarden Dollar ausgewiesen, aber keinen Steuerwohnsitz angemeldet, keine Körperschaftssteuererklärung abgegeben und fünf Jahre lang keine Körperschaftssteuern an irgendeine nationale Regierung gezahlt hat*»,[32] stellte ein kürzlich veröffentlichter Bericht des US-Senats über Apples Steuergebaren fest. Google hat angeblich 33 Milliarden Dollar in dem winzigen Steuerparadies Bermuda zusammengetragen.[33] Das Bermudadreieck existiert wirklich, allerdings verschwinden dort keine Flugzeuge, sondern die Steuereinnahmen anderer Länder.

Während ich diesen Satz schreibe, ist in den englischen Abendnachrichten ein verlegen dreinblickender Google-Manager zu sehen, der in einem Gerichtssaal versucht, die britische Regierung davon zu überzeugen, dass die Mitarbeiter der in England angesiedelten Verkaufsabteilung von Google «nicht das Recht haben zu verkaufen».[34] Hätten sie dieses, würde das bedeuten, dass das Unternehmen in Großbritannien Körperschaftssteuern auf diese Verkäufe entrichten müsste. Die britische Regierung bezeichnete die Argumentation des Unternehmens, die obendrein auch der Darstellung eines Whistleblowers aus den eigenen Reihen widerspricht, als «ausgesprochen fragwürdig».[35]

Ebenfalls in Großbritannien hat Starbucks nach wochenlangen Kundenprotesten in seinen Filialen und massiver negativer Berichterstattung über seine Steuersparmodelle gerade *freiwillig* 20 Millionen Pfund zusätzliche Körperschaftssteuern an die britische Regierung gezahlt.[36] *Freiwillig!* Offenbar sind unsere Regierungen nicht mehr in der Lage, das Finanzgebaren von Unternehmen zu überprüfen und dann Steuern von ihnen zu verlangen. Die Gesetze in ihrer derzeitigen Form sind so wenig geeignet, die Steuerflucht multinationaler Konzerne im digitalen Zeitalter zu unterbinden, dass es nun an uns, den Bürgern, liegt, diese Unternehmen so lange zu drangsalieren, bis sie das Geld *freiwillig* an uns bezahlen.

Man kann natürlich mit den Schultern zucken und sagen, dass diese Steuereinnahmen ohnehin niemals uns zustanden, sondern lediglich unseren unfähigen Regierungen, die nicht dazu in der Lage sind einzufordern, was ihnen zusteht. Doch das Geld gehört uns. Es ist – indirekt, über unsere Regierungen – uns geschuldet. Es bedeutet neue Superkrankenhäuser, die wir nicht bauen können. Es ist das Geld für Schulen, die wir nicht eröffnen können. Es ist das Geld für Sozialwohnungen, das wir nicht ausgeben können. Es ist die Sozialhilfe, die wir nicht anbieten können.

Selbst wenn unsere Regierungen einen Weg finden sollten, das Geld einzutreiben, macht die Erfahrung der Vergangenheit wenig Hoffnung, dass sie es tatsächlich klug einsetzen würden, um uns zu helfen. Ein perfektes Beispiel liefert der Zusammenbruch des Banken- und Immobiliensektors im Jahr 2007. Aufgeblasene Männer in Krawatten und schicken Jacketts waren mehrere Jahrzehnte lang damit beschäftigt, mit Taschenrechnern und Excel-Tabellen neue, innovative Möglichkeiten zu erdenken, wie man die Finanzmärkte der Welt kombinieren, deregulieren, outsourcen und liberalisieren kann. Allerdings stellte sich später heraus, dass nicht alle Methoden, die sie sich einfallen ließen, reell waren. Man hatte den Bankensektor viel zu lange sich selbst überlassen, und er war ausgesprochen geschickt darin geworden, Schrott als Juwelen zu deklarieren und ihn anschließend an uns und an andere Banken zu verkaufen. Das Ergebnis waren Forderungsausfälle in Milliardenhöhe durch Kredite, die man an nicht kreditwürdige Kunden verkauft, gebündelt und weiterverkauft, neu gebündelt und noch einmal verkauft hatte, bis ein riesiges Kartenhaus von windigen Finanzprodukten entstanden war, das bis fast an den Mond reichte und irgendwann zwangsläufig über den überschuldeten Köpfen vieler Menschen in den Industrieländern zusammenbrach.

Viele Großbanken standen kurz vor der Insolvenz, und die Regierungen mussten eine Entscheidung treffen: Sie konnten entweder die Menschen retten und deren Ersparnisse auch für den Fall garantieren, dass es zu einem Bankenkollaps kam – oder sie konnten die Banker retten, indem sie all die toxischen Kredite aufkauften, die diese angehäuft hatten, Liquidität zuschossen und anschließend die Kosten dafür in Form von Schulden und Steuern an uns weiterreichten. Sie konnten entweder die Menschen belohnen, die jeden Tag arbeiten, Familien ernähren und Geld sparen, oder die Menschen, die so schnell wie möglich so reich wie möglich werden wollten, indem sie das System auf Kosten der Allgemeinheit missbrauchten.

In den meisten Fällen entschieden sich die Regierungen für die Banker.[37] «Ihre Profite wurden privatisiert, aber weil sie als systemrelevant galten, wurden ihre Schulden verstaatlicht»,[38] sagt der Journalist Anthony Brown.

Es liegt nahe, auf diese Vorgänge mit großer Wut zu reagieren, doch letzten Endes tun unsere Regierungen nichts anderes als wir selbst – sie versuchen, auf technologischen Wandel und Unbeständigkeit zu reagieren.

So wie unser Zeithorizont kleiner wird, schrumpft auch der der Regierungen. Viele Bürger mögen dieses Verhalten bedauerlich finden, doch es ist in gewisser Weise auch verständlich. Das wichtigste Ziel einer jeden Regierung ist es, wiedergewählt zu werden. Das wichtigste Ziel eines CEO ist es, den Aktienpreis in die Höhe zu treiben. Die durchschnittliche Anstellungsdauer eines CEO liegt in Europa bei rund fünf Jahren und sieben Monaten.[39] Ein Staatsoberhaupt kann das Glück haben, zehn Jahre im Amt zu bleiben. Beider Job und damit weitgehend auch ihr Zeithorizont haben ein eingebautes Verfallsdatum. Die Regierung und der CEO von heute müssen sich nicht vor den Generationen von morgen verantworten, sie sind nur den Wählern ihrer nächsten Wahlen verpflichtet. Warum also sollten sie an zukünftige Generationen denken? Warum sollten sie langfristig planen? Wer wird sich in 15 Jahren noch daran erinnern, dass jemand einmal CEO war? Wird die Firma in 15 Jahren überhaupt noch existieren? Wer war vor 15 Jahren Kanzler? Es ist besser, die Menschen zu retten, die heute einflussreiche Positionen innehaben, und den kurzfristigen Wohlstand zu sichern – in der Gewissheit, dass man die dabei auflaufenden Schulden jederzeit an zukünftige Generationen weiterreichen kann, lange nachdem sie aufgehört haben, unser eigenes Problem zu sein. Das ist nicht unbedingt böswillig oder korrupt oder ein Beispiel dafür, dass der Kapitalismus nicht funktioniert und wir alle dem Untergang geweiht sind. Es sind einfach nur Menschen, die sich innerhalb des gegenwärtigen Systems mit allen Mitteln, die ihnen zur Verfügung stehen, um ihre Selbsterhaltung bemühen.

Eine Regierung muss sich bewusst sein, dass der Anreiz, Bestimmungen zu umgehen, umso größer wird, je strenger das Regelwerk ist. Je strikter die Steuergesetze in Deutschland sind, desto mehr Unternehmen werden sich in Jersey oder Bermuda niederlassen. Je stärker wir den Arbeitsmarkt regulieren, um Vollzeitjobs zu schützen, desto mehr Unternehmen werden Freiberufler oder Heimarbeiter in Ländern beschäftigen, die keine derartigen Schutzmechanismen kennen. Je umfassender der Mieterschutz in Städten wie London, Stockholm oder New York ausfällt, desto größer wird der Schwarzmarkt für illegale Untervermietungen. Es ist schwer, die richtige Balance zu finden. Leicht kommt man in die Lage, dass man immer schneller rennen muss, nur um nicht zurückzufallen. Je weiter die Globalisierung voranschreitet, umso mehr trifft das Klischee zu, dass *niemand gewinnt, wenn nicht alle gewinnen.*

Das Ergebnis ist, dass wir uns in einem Wettlauf wiederfinden, Jobs mit der gleichen Geschwindigkeit zu ersetzen, wie die Technologie sie obsolet macht. Gesetze mit der gleichen Geschwindigkeit auf den aktuellen Stand zu bringen, wie die Technologie sie untergräbt. Neue Methoden von Governance und Besteuerung schneller zu finden, als die Technologie sie umgeht, und immer wieder den Wohlstand von wenigen an möglichst viele zurückzugeben. Manchmal klappt das, die Wirtschaft wächst, und es gibt so etwas wie Stabilität für die breite Masse. Zu anderen Zeiten läuft es wie bei der Rezession der letzten fünf Jahre – wir hinken weit hinter dem technologischen Fortschritt her, und die Stabilität geht verloren; es gibt ein Defizit, und am Ende sind es die Vielen, die es für die Wenigen ausgleichen müssen.

Fallstudie – Amazon.com

Wenn Sie nach einem Beispiel für den grenzüberschreitenden, arbeitsplatzvernichtenden, technologiegetriebenen Hyperkapitalismus suchen, von dem ich hier rede, dann ist Amazon so ziemlich perfekt. Amazon bringt auf den Punkt, wie ein einzelnes Unternehmen es schaffen kann, eine Dienstleistung anzubieten, die jeder will, und gleichzeitig 100 andere Dienstleistungen, die die Menschen brauchen, zu umgehen und auszubooten, Steuern zu vermeiden, mehr Jobs zu vernichten, als es neu schafft, Menschen von Festangestellten zu Zeitarbeitern zu degradieren – und dennoch unter dem Strich bei den meisten Menschen ein positives Image zu behalten.

Die Kunst, 11 für 10 Euro zu verkaufen

Das Problem, dessen Lösung sich Amazon zur Aufgabe gemacht hat, ist im Grunde genommen banal: Einkaufen in der Innenstadt ist nervig und einigermaßen ineffizient für uns (man muss sogar das Haus dafür verlassen!), aber auch für die Unternehmen, die dort angesiedelt sind (und hohe Mieten und Personalkosten tragen müssen). Amazons Angebot ist, alles, was Sie in der Innenstadt kaufen können, innerhalb von 48 Stunden für den gleichen Preis oder sogar billiger direkt an Ihre Haustür zu liefern (die Lieferfrist wird am Ende in den großen Städten wahrscheinlich eher in der Größenordnung von einer Stunde liegen, so wie es mit bestimmten Produkten bereits heute in New York erprobt wird).

Bisher waren die Kosten für das Anbieten dieser Lösung (die massiven Anlaufkosten für das Einrichten von Lagern, die Kosten für IT-Systeme, Belegschaft, Vertrieb usw.) leider so ungeheuer hoch, dass Amazon nicht profitabel arbeiten konnte, ohne hier und da zu tricksen. Unter dem Strich haben sie uns bislang 11 Euro für 10 verkauft und das dabei entstehende Defizit an den Staat weitergereicht. «In meiner Welt [ist das] kein echtes Geschäft. Ich kann verstehen, wenn man zwei oder drei Jahre lang kein Geld verdient, aber Amazon ist, was?, 21 Jahre alt?», sagte der frühere Microsoft-CEO Steve Ballmer kürzlich in einem Interview.[40]

Das Geschäftsmodell funktioniert folgendermaßen:

Schritt 1 – Niederlassen in einer Steueroase

In Europa ist Amazon in der Steueroase Luxemburg registriert. Seine Geschäftstätigkeit im Rest von Europa hat es als Auftragsabwicklung deklariert, was es bis vor Kurzem von der Pflicht befreite, in diesen Ländern Umsatzsteuern zu zahlen. Und das, obwohl Amazon in Großbritannien[41] 7000 und in Deutschland[42] 9000 Vollzeitangestellte hat (dazu kommen mit saisonbedingten Schwankungen jeweils noch einmal rund doppelt so viele Zeitarbeiter). Die Zentrale in Luxemburg, die den gesamten Rest von Europa unter sich hat, beschäftigt dagegen lediglich 800 Leute. Das führte dazu, dass Amazon im Jahr 2012 in Deutschland Berichten zufolge drei Millionen Euro Steuern auf Verkäufe im Wert von 8,7 Milliarden Dollar zahlte.[43] In Großbritannien bekam Amazon im selben Jahr unterm Strich mehr Geld an staatlichen Zuschüssen für die Eröffnung von Lagerhäusern, als es für seine britischen Verkäufe im Wert von 4,2 Milliarden Pfund an Körperschaftssteuern abführte.[44] Die in Luxemburg angesiedelte Partnerfirma Amazon Europe Holding Technologies wies einen Gewinn von 118 Millionen Euro aus, für den jedoch aufgrund der dortigen Steuergesetzgebung keine Einkommenssteuer fällig wurde.[45]

Schritt 2 – Nutzen Sie die Kosteneinsparungen aus nicht gezahlten Steuern, um Ihre Produkte billiger zu verkaufen, als Ihre steuerzahlende Konkurrenz es kann

Amazon kann seine Waren billiger verkaufen, weil es lange die Zahlung von Umsatzsteuern vermied und geringere Kosten hat als die Ladengeschäfte in der Innenstadt. Das macht Amazon attraktiver als die örtlichen Läden, die nicht mithalten können und Pleite gehen. Doch jeder Euro, den wir in einem Geschäft in unserer Kommune ausgeben, kann dort auch Nutzen bringen.[46] Das Unternehmen, bei dem wir ihn ausgeben, und die Angestellte, der wir ihn in die Hand drücken, werden beide aufgrund ihres Einkommens lokal besteuert, und die Regierung, die diese Steuern einstreicht, nutzt diesen Euro, um in unserer Region Dienstleistungen bereitzustellen – in Gestalt von Schulen, die unsere Kinder ausbilden, Straßen, auf denen wir sie dorthin fahren, und tausend anderen Dingen wie Straßenbeleuchtung, Parks, Müllentsorgung und so weiter, die alle das Leben in unserem Wohnort angenehm machen. Wenn Sie dagegen diesen Euro bei einem Unternehmen ausgeben, das seinen Sitz in Luxemburg hat und in Ihrem eigenen Land keine Steuern zahlt, nehmen Sie ihn de facto Ihrer Kommune weg.

Es geht hier nicht um den Unterschied zwischen Online- und Offline-Käufen, da es viele Internetunternehmen gibt, die sowohl Steuern zahlen als auch ihrer Belegschaft feste Arbeitsverträge und Sozialleistungen wie

Krankengeld geben. Amazon verbucht seine deutschen und seine britischen Verkäufe seit Mai 2015 in Deutschland bzw. in Großbritannien und zahlt darauf entsprechend Steuern in diesen Ländern.[47]

Schritt 3 – Regierungen, die unter Druck stehen, neue Arbeitsplätze zu schaffen, gewähren Amazon Steuererleichterungen, damit es Büros oder Lagerhäuser eröffnet, um Arbeitsplätze zu ersetzen, die an Amazon verlorengingen

Genau wie Luxemburg Amazon mit seinen lukrativen Steuerbedingungen anlockt, bieten Staaten wie etwa Großbritannien Amazon Subventionen dafür an, dass es in strukturschwachen Regionen Lagerhallen einrichtet (8,8 Millionen Pfund in Swansea,[48] 2,5 Millionen Pfund in Dunfermline[49]) – im Interesse der *Schaffung von Arbeitsplätzen.* Die Ironie solcher Maßnahmen bleibt den Beteiligten entweder verborgen oder sie haben einen ziemlich schwarzen Sinn für Humor. In den Worten von Martin Smith von der Gewerkschaft GMB: «Sie nehmen diese massiven Subventionen vom Staat und sie geben nichts zurück. Ihr Argument ist, dass sie Arbeitsplätze schaffen, aber was sie in Wirklichkeit machen, ist andere Jobs zu verdrängen und zu ersetzen. Bessere Jobs. Und Jobs in der High Street zahlen in der Regel Steuern. Es gibt eine Steuerlücke von 120 Milliarden Pfund, die nur dadurch entsteht, dass die Regierung Steuervergünstigungen gewährt, um Menschen das Überleben zu ermöglichen. Unternehmen, die ihren Angestellten den Mindestlohn zahlen, werden im Endeffekt vom Steuerzahler subventioniert.»[50]

Schritt 4 – Geben Sie diesen frisch arbeitslos gewordenen Leuten einen Job, aber so weit wie möglich ohne Jobsicherheit oder Sozialleistungen – und nur, bis Sie eine Möglichkeit gefunden haben, sie wegzurationalisieren

Amazon beschäftigt zwar Angestellte, doch es braucht weniger Angestellte pro Million Umsatz als Einzelhandelsgeschäfte.[51] Hinzu kommt, dass es seinen Angestellten niedrige Löhne zahlt (9,55 Euro in Deutschland,[52] 3,10 Euro in Polen,[53] 7,39 Pfund in Großbritannien) oder «auf Arbeitsagenturen zurückgreift und Zeitarbeiter einstellt,[54] denen [es] weniger zahlen kann, bei denen es Sozialleistungen umgehen und die es praktisch nach Gutdünken entlassen kann», sagt Simon Head, der Autor des Buches *Mindless: Why Smarter Machines Are Making Dumber Humans*.[55] Das Ergebnis ist, dass diese Beschäftigten teilweise die finanzielle Unterstützung des Staates benötigen. Im Jahr 2012 kaufte Amazon das Roboterunternehmen Kiva Systems. Mittlerweile setzt es 15 000 von deren Robotern in zehn seiner 50 amerikanischen Distributionszentren ein.[56]

Schritt 5 – Reinvestieren Sie Profite in Infrastruktur und stärkere Automation

Mit zunehmendem Wachstum und sinkenden Kosten können Sie Ihr Geld reinvestieren. Sie können die Reichweite und den Automatisierungsgrad Ihres Distributionsnetzwerks erhöhen, um innerhalb der besagten 48 Stunden mehr Artikel an mehr Menschen liefern zu können. Sobald Sie eine hinreichende Größe erreicht haben, sind Sie in der Lage, ineffiziente Distributionsmethoden, zum Beispiel gedruckte Bücher, durch effiziente Methoden wie E-Books zu ersetzen. Wenn Sie weniger Konkurrenz haben, dann können Sie auch die Preise erhöhen.

Schritt 6 – Gewinn

Statt weiterhin 11 Euro für 10 zu verkaufen, sind Sie jetzt in der Lage, 5 Euro für 10 zu verkaufen, weil Sie das Vertriebsnetz ausgebaut, den größten Teil Ihrer Wettbewerber ausgeschaltet, das Zahlen von Steuern weitestmöglich umgangen haben und obendrein auch noch Subventionen vom Staat bekommen in Form von Sozialleistungen, die Ihre Mitarbeiter beziehen, weil sie von ihrem Gehalt nicht leben können.

Es gibt eine ökonomische Theorie, die *The Tragedy of the Common* (deutsch etwa: Die Tragik der Allmende) heißt. Darin handeln alle Individuen unabhängig voneinander und rational ihrem eigenen Interesse gemäß, gleichzeitig aber handeln sie gegen die langfristigen Interessen der gesamten Gruppe, weil sie eine gemeinsame Ressource übernutzen. Kurz gesagt, die Individuen profitieren, aber das Kollektiv verliert auf lange Sicht. Ich glaube, Amazon ist ein gutes Beispiel für *Die Tragik der Allmende*. In jedem Bereich seiner Geschäftstätigkeit, vom obersten Management bis ganz nach unten, macht jemand seinen Job so effizient wie möglich. Die Konzernleitung will Kosten senken und damit den Gewinn steigern, damit der Wert der Aktie steigt, wodurch die Konzernleitung ihren Bonus verdient und ihre Position rechtfertigt. Der Manager in einem der riesigen Amazon-Distributionszentren hat ein Personalbudget, mit dem er nicht mehr Leute einstellen kann, selbst wenn er es wollte, weil er sonst seine Zielvorgaben verfehlen und damit seinen eigenen Job gefährden würde. Buchhalter und Anwälte werden dafür belohnt, legale Steuerschlupflöcher zu finden, die Amazon Geld sparen. Für den Bürokraten in der Regierung hängt sein Job davon ab, dass er in seinem Einflussbereich die Arbeitslosigkeit senkt, also leitet er Mittel an Amazon um, damit es ein Distributionszentrum eröffnet, dafür bekommt er mehrere Hundert neue Jobs – egal, wie viele Tausend Jobs in der gleichen Region bereits an Amazon verloren gingen oder in Zukunft noch verloren gehen. Wir, die Kunden, stehen unter zeitlichem und finanziellem Druck, deswegen kaufen wir bei dem Unternehmen, das uns die meisten, die schnellsten und die unkompliziertesten Dienstleistungen anbietet, und das ist oft Amazon.

Die *Tragik* liegt darin, dass all diese individuellen Eigeninteressen zusammen sich unterm Strich negativ für die Gesellschaft auswirken. Denn die *allgemeinen* Ressourcen, die unsere Wirtschaft am Laufen halten, sind die beiden, die Amazon direkt bedroht – *Besteuerung* und *Beschäftigung*. *Besteuerung* ist der ökonomische Treibstoff, der die Gesellschaft funktionieren lässt, während *Beschäftigung* den Bürgern ein Einkommen schenkt, das sie für Dienstleistungen und Produkte ausgeben können. Deren Verkauf schafft die Profite, die für zukünftige Innovationen, Beschäftigung und Besteuerung nötig sind.

Stellen Sie sich die Gesellschaft wie einen Eimer mit einem Loch vor. Man kann mit ihm Wasser transportieren. Er ist nicht perfekt. Jeder kann sehen, dass das Wasser aus dem Boden heraustropft und unsere Schuhe nass werden lässt. Aber er ist der beste Eimer, den wir bislang entwickelt haben, und wir tun unser Bestes, so viel Wasser wie möglich so lange wir können darin festzuhalten. Es gibt nun zwei Möglichkeiten, wie wir diesen Eimer verbessern können, damit er mehr Wasser hält: Wir können 1. das Loch stopfen oder 2. eine Möglichkeit finden, schneller Wasser hineinzugießen. Jedes Mal, wenn eine Regierung Steuergelder nimmt und sie Amazon gibt, damit Amazon ein Lager eröffnet und miese Jobs schafft für jene Menschen, die ihre Jobs an Amazon verloren haben, fordert sie Amazon auf, unseren Eimer mit mehr Wasser zu fluten. Diese Maßnahme trägt nichts dazu bei, die Löcher zu stopfen, die wir haben, und damit ist Amazon mehr als einverstanden. Irgendwann werden wir nicht mehr darum herumkommen, sie zu stopfen. Die Frage ist, ob uns das allen klar ist und ob wir es schaffen, die Sache zu erledigen, bevor Amazon so viel Wasser hineingießt, dass der gesamte Eimer unserem Griff entgleitet. Natürlich ändern wir die Spielregeln unserer Gesellschaft und schließen die Schlupflöcher, die Unternehmen wie Amazon oder Google nutzen, aber das dauert sehr, sehr lange.

Doch es gibt Anzeichen dafür, dass wir Fortschritte machen. Die kürzlich von der EU beschlossene Änderung der Mehrwertsteuergesetzgebung, die am 1. Januar 2015 in Kraft trat und festlegt, dass die Steuer dort gezahlt werden muss, wo der Kunde sich befindet, und nicht am Sitz des Unternehmens, schließt ein großes Schlupfloch. In Großbritannien wurde außerdem kürzlich eine sogenannte Google Tax verabschiedet: Bei Unternehmen, von denen man glaubt, dass sie ihre Gewinne in Steueroasen wie Luxemburg verschieben, um ihren Steuerverpflichtungen zu entgehen, werden diese Gewinne künftig dennoch mit 25% besteuert.

Amazon ist weder böse noch hat es unsere besondere Verachtung verdient. Es ist auch nicht unbedingt ein gutes Ziel für eine Gesellschaft, dass jeder einen Job hat; darüber haben wir uns hinausentwickelt. Aber Amazon zeigt, wie die Gesellschaft heute funktioniert. Es ist ein wahnsinnig nützliches Unternehmen, das nichts Illegales tut. Ich bin Amazon-Kunde, und Sie sind es zweifellos auch. Amazon ist einfach auf seinem Gebiet der Beste. Es ist das intelligenteste Raubtier. Wenn es nicht jeden Vorteil und jede Wettbewerbschance ausnutzen würde, dann würde sein Nachfolger es tun. Ich glaube kaum, dass Sie freiwillig auch nur einen Cent mehr Steuern zahlen wollen, als Sie unbedingt müssen, und insofern ist es nicht sonderlich überraschend, dass auch Amazon das nicht will. Amazon geht bis hart an die legale Grenze dessen, was die Gesellschaft zulässt, und es liegt in unser aller Verantwortung (vor allem aber bei unseren Regierungen), dafür zu sorgen, dass wir zusammenstehen und den Druck erwidern. Das ist kein Appell an unternehmerische Moral, sondern an eine entschlossene und robuste Gesetzgebung.

Eine kurze Rekapitulation

> Der größte Teil der heutigen Probleme ist technogen, das heißt, dass sie in der Vergangenheit von Technologien verursacht wurden. Die meisten Probleme der Zukunft werden von Technologien verursacht sein, die wir heute entwickeln. Technologie ist eine Methode, um neue Probleme zu produzieren.
>
> *Kevin Kelly, Autor von What Technology Wants*

Das war eine ganze Menge Stoff, oder? Ich will die wichtigsten Punkte der ersten vier Kapitel kurz rekapitulieren. Ich denke, die Grundthesen dieses

Buches können in fünf Bereiche aufgeschlüsselt werden. Keine Panik – die ersten drei davon haben wir in unterschiedlicher Ausführlichkeit bereits behandelt.

1. Revolutionäre Technologien werden immer öfter erfunden
Gemäß dem *Law of Accelerating Returns* werden marktverändernde Innovationen mit zunehmender Häufigkeit produziert, durchgesetzt und verbreitet. *Es gibt mehr Veränderungen, und sie kommen öfter.*

2. Das sorgt in Wirtschaft, Unternehmen und Regierungen für Unsicherheit
Diese Unsicherheit wird nach unten weitergegeben – an uns Angestellte in Gestalt von zunehmend temporären Arbeitsverhältnissen und an uns Bürger in Gestalt von kurzfristigem Denken in der Gesetzgebung, mit dem Ergebnis, dass unsere Regierungen lieber die heutigen Kassen plündern, als für ein weit entferntes Morgen vorzusorgen. *Wir sind zunehmend auf uns selbst gestellt.*

3. Technologie existiert, um Probleme zu lösen – und wir sind zu einem erheblichen Problem geworden
Menschen sind launisch, sie werden ohne Benutzerhandbuch ausgeliefert, und ihre Arbeit ist teuer. Also ersetzen wir sie. Eine Kombination von Maschinen, Robotern und künstlicher Intelligenz verringert die Gesamtzahl der verfügbaren Arbeitsplätze und vergrößert gleichzeitig bei den verbliebenen Jobs die Kluft zwischen gut bezahlten Hochtechnologie-Jobs auf der einen und schlecht bezahlten Niedrigtechnologie-Jobs auf der anderen Seite. Die Jobs in der Mitte verschwinden. Wir müssen uns kontinuierlich weiterbilden, um unsere Kompetenzen zukunftssicher zu machen und der Automatisierungskurve einen Schritt voraus zu bleiben.

Und das werden unsere nächsten Themen sein:

4. Wir müssen unseren Lebensstil so verändern, dass er flexibel ist und nicht zerbricht, wenn unsere Lebensumstände sich verändern

Wir müssen uns mental darauf einstellen, in einer zunehmend volatilen Welt zu leben. Das heißt, wir müssen uns daran gewöhnen, mit Scheitern und Veränderung umzugehen. Wir müssen lernen, unsere eigene Irrationalität zu akzeptieren und unsere Finanzen in den Griff zu bekommen. Wir müssen strategisch entscheiden, wo und wie wir leben, müssen unser Leben und Einkommen optimieren, damit wir so unabhängig wie möglich sind. Wir müssen uns mental und finanziell darauf einstellen, dass es immer wieder Zeiten wirtschaftlicher und beschäftigungsmäßiger Schwierigkeiten geben wird. Wenn der Zeithorizont der Institutionen, von denen wir abhängig sind, kürzer wird, dann muss auch unser eigener Zeithorizont kürzer werden. *Es geht nicht um «Survival of the fittest», sondern um «Survival of the most adaptable» – das Überleben des Anpassungsfähigsten.*

5. Verkaufen Sie etwas anderes als Ihre Zeit

Von Innovationen profitiert in erster Linie der *Besitzer der Produktionsmittel* (der Chef oder Maschineneigentümer), nicht das *Produktionsmittel* (die Maschine oder der Angestellte). Daraus ergibt sich im Laufe der Zeit eine wachsende Notwendigkeit, zum Eigentümer der Produktionsmittel, also selbstständig zu werden. *Entweder du besitzt den Roboter, du konstruierst den Roboter, oder du wirst ersetzt durch den Roboter.*

Teil 2 – Vorbereiten

Wenn wir akzeptieren, dass wir in einer zunehmend wechselhaften Welt leben, müssen wir unser Leben danach ausrichten und es so strukturieren, dass es möglichst zukunftssicher wird. Das verlangt von uns, in unserem Denken, in unserer Existenz und in unseren Erwartungen an andere wie an uns selbst flexibel und anpassungsfähig zu sein. Die folgenden fünf Kapitel – über Scheitern, Erwartungen, Sinn, «Lifestyle Creep» und unser privates Finanzgebaren – sollen helfen, uns mental und finanziell darauf vorzubereiten.
Wir beginnen mit dem Scheitern …

Kapitel 5

Mentale Vorbereitung: Erfolgreich scheitern

> Ich glaube ganz ehrlich, dass es besser ist, bei etwas, das man liebt, zu scheitern, als Erfolg zu haben mit einer Sache, die man hasst.
>
> *George Burns*

> Scheitern ist das Lehrgeld, das man für den Erfolg zahlt.
>
> *Walter Brunell*

Ein Professor beginnt seine Vorlesung damit, dass er ein mit Wasser gefülltes Glas hochhält und seine Studenten fragt: «Was glauben Sie, wie viel dieses Glas wiegt?»

Einige Studenten rufen ihre Schätzungen in den Hörsaal: «100 Gramm?» «200 Gramm?»

«Ich weiß es selbst nicht, ich müsste es zuerst wiegen», antwortet der Professor. «Und was glauben Sie würde passieren, wenn ich das Glas ein paar Minuten lang hochhalte?»

«Nichts.»

«OK, aber was würde passieren, wenn ich es eine Stunde lang so hochhalte?»

«Ihr Arm würde anfangen wehzutun», sagt einer der Studenten.

«Und was würde passieren, wenn ich es einen Tag lang hochhielte?»

«Sie bekämen ziemliche Schmerzen im Arm», sagt ein anderer Student, und die übrigen lachen.

«Genau. Und dabei hätte sich das Gewicht des Glases nicht verändert.

Ganz ähnlich verhält es sich mit den Problemen unseres Lebens. Hält man sie ein paar Minuten lang fest, ist es keine große Sache. Trägt man sie längere Zeit mit sich herum, verursachen sie Schmerzen. Hält man sie noch länger fest, fangen sie an, einen zu lähmen. Es ist wichtig, das Scheitern und die Probleme in seinem Leben anzuerkennen, aber noch wichtiger ist es, sie nicht dauerhaft festzuhalten, sie gehenzulassen, bevor sie zu schwer werden.»

In diesem Kapitel will ich, genau wie jener Professor, über das Scheitern reden. Wie bereits im ersten Teil dieses Buches angesprochen, ist es heute, da unser Leben zunehmend unsicher und die Gesellschaft und die Wirtschaft zunehmend volatil sind, wichtiger als je zuvor, eine gesunde Beziehung zum Scheitern zu haben. Wenn wir in unserem Leben mehr Risiken auf uns nehmen müssen, dann werden wir logischerweise auch öfter scheitern. Wenn der Weg in Richtung Wohlstand weniger klar markiert ist, dann werden wir uns unterwegs häufiger verirren. Daran ist nichts Schlimmes.

Da das Scheitern nicht verschwinden wird, können wir uns ebenso gut damit anfreunden. Bisher leben die meisten Menschen allerdings nach der folgenden einfachen Regel:

Erfolg haben = *jedem davon erzählen!*
Scheitern = *unauffällig alle Beweise verschwinden lassen …*

Die Folgen dieser Einstellung sind für uns alle nicht ganz unproblematisch. Erstens, weil wir damit ein Informationsvakuum schaffen. Wenn wir unsere Fehler nicht mit anderen teilen, kann niemand aus ihnen lernen. Mit dem Ergebnis, dass wir als Kollektiv riesige Mengen an Zeit, Geld und Nerven dafür verschwenden, die gleichen Fehler wieder und immer wieder zu machen. Schätzungen zufolge werden lediglich 5 % aller wissenschaftlichen Forschungen jemals veröffentlicht. In der Regel die erfolgreichen 5 %. Wer will sich schließlich die Mühe machen, erfolglose Forschung zu publizieren? Wer interessiert sich schon für ein gescheitertes Experiment?

Nun, da wären zum Beispiel die Leute, die das gleiche Experiment durchführen wollten, denen würden Sie eine Menge Zeit und Geld sparen. Dass etwas nicht so funktioniert, wie wir es erhofft hatten, heißt noch nicht, dass nicht ein kleines Stück Erfolg in diesem Scheitern liegt, eine Lösung für ein Problem, an dem jemand anderes arbeitet, etwas, das dessen zukünftige Forschung zum Erfolg führen wird. Es gibt einen Dienst namens ResearchGate, der sich genau diesem Problem widmet, indem er Wissenschaftler in einer Art riesigem Nerd-Facebook für Atomspalter zusammenbringt und sie ermuntert, ihre Forschungsergebnisse miteinander zu teilen – die positiven ebenso wie die negativen. Schon jetzt sind mehr als zwei Millionen Wissenschaftler bei diesem Dienst angemeldet.

Und zweitens tragen wir, wenn wir unser Scheitern nicht ehrlich bekennen oder so tun, als seien wir erfolgreicher, als wir in Wirklichkeit sind, nicht nur zum Entstehen eines *Informationsdefizits,* sondern außerdem auch zum Entstehen eines *Realitätsdefizits* bei. Dort, wo unser Scheitern offengelegt werden sollte, wo abschreckende Beispiele anderen eine Lehre sein sollten, herrscht nichts als Schweigen.

In diese Lücke stoßen die Schamlosen vor, die Quacksalber, die behaupten, erfolgreich zu sein, und die Naivität der Menschen ausnutzen, um sie um ihr Geld zu bringen. Menschen, die behaupten, mit irgendeinem narrensicheren Heimarbeits-Schneeballsystem im Internet 3000 Dollar pro Stunde zu verdienen, und die in ihrer Herzensgüte dazu bereit sind, uns dieses Geheimnis zu verkaufen – aber nur heute, für den Spottpreis von gerade einmal 24,99 Dollar. Auch wir können dieses Geheimnis besitzen – der rot blinkende «JETZT KAUFEN»-Button findet sich am Ende ihrer endlosen Liste falscher Testimonials vor Frauen in Bikinis, die sich auf Motorhauben rekeln, während 100-Dollar-Scheine auf sie herabregnen. Das Internet ist voll von diesen Angeboten – schauen Sie mal in Ihrem Spamordner nach.

Dort, wo wir die Geschichten von anderen Menschen lesen sollten, die es wie wir versucht haben und keinen Erfolg hatten und deren Erfahrungen uns helfen könnten, realistische Erwartungen für unsere eigenen Unternehmungen zu entwickeln – dort finden wir nur Menschen, die uns vorspiegeln, dass der große Erfolg ganz leicht ist.

Ausnahmen werden zur Regel

Doch es sind nicht nur Internetbetrüger, die an der Manipulation des Normalen beteiligt sind. Das Internet macht es uns allen leicht, eine perfekte, erfolgssatte und glückliche Hochglanzversion unseres Lebens zu präsentieren. Wir schlürfen Cocktails, machen Urlaub, freuen uns aufs Weekend – ein Facebook-Zusammenschnitt der Highlights unseres Lebens, zurechtgestutzt, aufgehübscht und unserem Netzwerk so präsentiert, als handle es sich um unseren Alltag.

Doch wir dürfen nicht vergessen: Wenn wir einander nur das Besondere mitteilen, entsteht irgendwann der Eindruck, dass jeder ein außerordentliches Leben führt, dass das Außerordentliche eigentlich ganz normal ist und dass jeder, der kein außerordentliches Leben führt, irgendwie versagt. Wenn wir uns so verhalten, dann arbeiten wir alle gemeinsam daran, das Normale zu untergraben, bis das, was übrig ist, so verformt, entstellt und vollkommen unrealistisch ist, dass es kein normaler Mensch je erreichen könnte.

Die sozialen Medien begünstigen dies. Sie öffnen ein Fenster zu anderen Leben als unserem eigenen. Sie zeigen Menschen, die einen anderen Weg eingeschlagen haben als wir. Die andere Opfer gebracht haben. Sie zeigen alternative Zeitachsen, die wir genommen haben könnten, andere Menschen, mit denen wir ausgegangen sein könnten, andere Städte, in denen wir gelebt haben könnten, andere Partynächte, auf denen wir gewesen sein könnten. Aber das sind nur Schnappschüsse. Willkürliche Highlights. Es ist ein ganz normaler menschlicher Drang, dass wir uns an unseresgleichen messen. Dies ist der Ursprung von Redewendungen wie «Die Kirschen in Nachbars Garten schmecken immer süßer». Doch können wir durch Internet und soziale Medien in den Garten von Nachbarn in allen Städten, Ländern und Kulturen dieser Welt schauen. Und diese Nachbarn präsentieren sich aller Wahrscheinlichkeit nach in irreführender Weise.

Wenn wir nicht aufpassen, kann das negative Auswirkungen auf unseren Alltag haben. Entscheidungsfreiheit ist etwas Gutes – aber nur bis zu einem gewissen Grad. Danach wird sie eher anstrengend, macht es schwerer, sich auf etwas festzulegen.[1] Und erschwert es, das zu genießen, worauf wir uns festgelegt haben. Jede Entscheidung, die wir treffen, schließt die Tür für andere Entscheidungen. Wenn wir beschließen, in einer bestimmten Stadt zu leben oder mit einer bestimmten Person auszugehen, dann können wir nicht gleichzeitig anderswo leben oder mit jemand anderem ausgehen. Doch die sozialen Medien bombardieren uns beständig mit Schnappschüssen dieser alternativen Entscheidungen. Deshalb kann es, wenn wir uns nicht vorsehen, passieren, dass wir irgendwann mit unseren Freunden in einer Bar sitzen, uns mit unserem Partner unterhalten, das Leben führen, für das wir uns entschieden haben, und dabei die ganze Zeit über die Schulter unseres Gegenübers blicken oder hinunter auf unser Smartphone und den Augenblick, den wir erleben, mit anderen vergleichen, für die wir uns nicht entschieden haben und die wir nicht erleben. Es gibt sogar einen Begriff für diesen Zustand: *Fear of Missing Out* (abgekürzt FOMO, zu Deutsch: die Angst, etwas zu verpassen) – eine Angst, die bis zu 70 % aller Erwachsenen in den Industrieländern betreffen soll.[2]

Bloß dass das, womit wir uns da vergleichen, im besten Fall eine Auswahl von Höhepunkten ist und im schlechtesten Fall reine Erfindung. Wie gesagt: Wenn wir nur die Highlights unseres Lebens zeigen, dann tragen wir alle dazu bei, die Vorstellung von *normal* zu verzerren, und am Ende kann es so aussehen, als wäre jeder ein Erfolgsmensch. Das wiederum baut mehr und mehr Druck auf uns alle auf, fördert das Gefühl, nicht gut genug zu sein, und die Scham, wenn wir etwas ausprobieren und es nicht funktioniert. Oder wenn wir ein ganz normales, durchschnittliches Leben ohne große Risiken führen. Wenn jeder andere erfolgreich ist (oder es zumindest so aussieht), warum nicht auch *wir*? Durch den Druck und den Stress bekommen wir noch mehr Angst, Dinge auszuprobieren. Sind noch weniger bereit, über unser Scheitern zu sprechen. Oder so gelähmt beim Gedanken an ein mögliches Scheitern, dass wir gar nicht erst so weit kommen, etwas auszuprobieren. Die Chancen unseres Lebens finden ohne uns statt. Denn wenn wir nichts versuchen, können wir auch nicht scheitern, oder?

Es fehlt ein Verständnis für die Komplexität von Erfolg

Wie sich zeigt, sind die Grenze zwischen Scheitern und Erfolg, die Rolle, die wir in beidem spielen, und unsere Fähigkeit, zwischen beidem zu unterscheiden, nicht so klar, wie wir das vielleicht hoffen. Wir neigen dazu:

1. Dinge zu stark zu vereinfachen

David McRaney beschreibt in seinem Buch *Ich denke, also irre ich* ein Phänomen, das wohl jeder kennt: Wenn wir eine angesagte Bar oder ein ausgebuchtes Restaurant besuchen, wenn wir einen Artikel lesen über das neueste Internet-Startup, dessen Wert auf mehrere Millionen geschätzt wird, oder über den erfolgreichen Facebook-Freund eines Freundes, der diesen Bestseller geschrieben hat, dann vergessen wir gern, wie viele Restaurants und Bars erfolglos dichtmachen mussten, wie viele Startups Pleite gegangen sind, wie viele Menschen, die einen Roman schreiben wollten, nicht über die ersten 20 Seiten hinausgekommen sind. Diese Verzerrung der Wahrnehmung nennt man *Survivorship Bias*. «Wir entwickeln eine vollkommen falsche Einschätzung der Realität aufgrund eines Vorurteils, das der winzigen Gruppe der Erfolgreichen das Privileg verleiht, repräsentativ für die viel größere Gruppe zu sein, der sie ursprünglich angehörten.»[3] Die Verlierer – wie jene 90 % der Gastronomen, deren Restaurants innerhalb des ersten Jahres wieder von der Bildfläche verschwinden – entziehen sich unserer Wahrnehmung, und es bleiben nur die Gewinner zurück. Was uns zu der Annahme verleitet, dass es gar nicht so schwer sein kann, Erfolg zu haben.

Genauso ist es, wenn wir uns zurückerinnern und versuchen, etwas so Bedeutendes, Komplexes und Vielschichtiges wie einen Erfolg oder ein Scheitern zu analysieren – wir neigen dazu, die ganze Unschärfe auszublenden, indem wir uns auf ein oder zwei Faktoren konzentrieren und alle anderen ignorieren. Retrospektive Simplifizierung, wenn Sie so wollen. In der Wirtschaft führt das oft dazu, dass wir den Erfolg einer bestimmten Person, einem einsamen Genie zuschreiben, anstatt die gemeinsame Leistung eines größeren Teams zu sehen. Steve Jobs ist ein gutes Beispiel: Medien und Öffentlichkeit lieben die Vorstellung, dass der Erfolg von Apple ganz allein Steve Jobs zuzuschreiben ist, dem einsamen Genie im Rollkragenpullover. Steve Jobs war ein Visionär, das steht außer Frage, doch er ist nicht der Grund dafür, dass Apple ein solcher Erfolg wurde. Aber es ist einfacher, die Auszeichnung an Steves Brust zu heften, als den Versuch zu unternehmen zu analysieren und zu verstehen, wie ein superkomplexes Netz ineinander verwobener Faktoren und Abhängigkeiten innerhalb eines multinationalen Unternehmens funktioniert, in dem rund 47 000 Menschen arbeiten und in dem Steve Jobs eine höchst einflussreiche Rolle spielte.

Auch die Medien kennen dieses Unschärfeproblem, und aus diesem Grund sind sie so gut darin, ihre Berichterstattung auf einfache Geschichten auf der Basis von Gegensatzpaaren herunterzubrechen: *Tories gegen Labour, Demokraten gegen Republikaner, Terroristen gegen Freiheit, Kapitalisten gegen Kommunisten.* Wenn es nur zwei Optionen gibt, können wir das Ganze viel leichter verarbeiten. Es ist wie ein Fußballspiel: Selbst wenn man nicht weiß, wer gegen wen spielt, kann man einfach für den jubeln, der gewinnt.

2. die Bedeutung unseres Anteils zu übertreiben

Wissenschaftler haben die Existenz eines Phänomens nachgewiesen, das *illusorische Überlegenheit* oder auch *der Besser-als-der-Durchschnitt-Effekt* (kurz: BDE) genannt wird. Wenn jemand Wahnvorstellungen hat, dann sind diese in der Regel im eigenen Interesse, das heißt, sie übertreiben die positiven Eigenschaften und Talente und unterdrücken die Dinge, in denen der Betroffene weniger gut ist. Der BDE äußert sich zum Beispiel darin, dass 93 % der befragten Autofahrer in den USA davon überzeugt sind, zu den überdurchschnittlich guten Verkehrsteilnehmern zu gehören.[4] 68 % der Dozenten, die an einer Universität befragt wurden, sahen sich mit ihren didaktischen Fähigkeiten im oberen Viertel der Skala.[5] Strafgefangene bewerteten sich selbst als überdurchschnittlich im Bezug auf Ehrlichkeit, Moral und Selbstbeherrschung und durchschnittlich im Bezug auf Gesetzestreue.[6] Wir glauben, dass wir ein Eigenheim besitzen, über 80 Jahre alt werden und begabtere Kinder als unsere Nachbarn haben werden, und nicht, dass wir einen Unfall bauen, Opfer eines Verbrechens werden oder eine schwere Krankheit bekommen werden.[7] Studenten schätzen ihre positiven Eigenschaften als überdurchschnittlich und ihre schlechten Eigenschaften als unterdurchschnittlich ein.[8]

Wir haben die natürliche Tendenz, eine ausgesprochen hohe Meinung von uns selbst zu haben. Sie ist oft deutlich höher, als unsere bescheidenen Talente es rechtfertigen. Aus diesem Grund neigen wir auch dazu, wenn wir aufgefordert werden, ehrlich über unsere Erfolge nachzudenken, unsere eigene Rolle bei ihrem Erreichen zu übertreiben und uns selbst zu beweihräuchern. *Das war kein Glück. Es war nicht Vetternwirtschaft. Es war Talent. Es war harte Arbeit. Es war Schicksal. Wir waren einfach besser als die Konkurrenz.*

Der schmale Grat zwischen Erfolg und Scheitern

In der Realität allerdings ist der Grat zwischen Erfolg und Scheitern so schmal, dass die beiden oftmals nicht klar voneinander zu unterscheiden sind. Wir dürfen von beiden nicht zu sehr besessen sein. Viele spektakuläre Erfolge waren anfangs ein Scheitern oder ein Zufall. Viagra wurde ursprünglich zur Behandlung von Angina Pectoris entwickelt. Die älteren Herren in der Kontrollgruppe berichteten, dass es keine Auswirkungen auf ihre Angina Pectoris, dafür aber einen spürbaren Effekt auf andere Bereiche ihres Körpers hatte. So ließ dieser Misserfolg den Hersteller Pfizer über ein Medikament stolpern, das ihm seither jedes Jahr Milliarden einbringt. Der Mikrowellenherd wurde entdeckt, als ein Ingenieur bemerkte, dass der Schokoriegel in seiner Tasche von einem Radargerät, an dem er arbeitete, regelrecht gekocht wurde. Keith Kellogg, der Gründer der Kellogg Company, entdeckte Cornflakes, als er gekochten Weizen, den er zur Herstellung von Brot verwendete, ein paar Stunden lang vergaß. Als er ihn später ausrollte, zerbröselte der Teig zu seiner Überraschung zu Flocken. Die Knetmasse Play-Doh war ursprünglich ein Mittel zum Reinigen von Tapeten. Der Kaffee wurde angeblich entdeckt, als ein Ziegenhirte bemerkte, dass seine Herde ungewöhnlich aufgeregt war, nachdem die Tiere eine bestimmte Art von Beeren gefressen hatten. Kartoffelchips waren, so sagt man, das Ergebnis eines Streits zwischen einem Koch und seinem Kunden, der seine Kartoffeln mit der Bitte zurückgehen ließ, sie dünner zu schneiden. Der Koch wollte den Gast ärgern und schnitt sie so fein, wie er konnte.

Im Jahr 1928 fuhr ein Wissenschaftler ins Wochenende und vergaß, einige Petrischalen zu reinigen, bevor er das Labor verließ. Als er zurückkam, fiel ihm auf, dass in einer davon ein seltsamer Schimmel gewachsen war. Dieser Wissenschaftler hieß Alexander Fleming. Der grüne Schimmel sollte zur Entdeckung der modernen Antibiotika führen – doch erst, nachdem Alexander Fleming – und zwar bevor er wusste, was da passiert war – anderen von seiner Hygienepanne erzählt hatte. 14 Jahre Diskussionen, Zusammenarbeit, Forschung und Entwicklung waren nötig, bevor Penizillin, wie wir es heute kennen, das erste Menschenleben retten konnte. Das erste von geschätzten 200 Millionen Leben, die es bis heute gerettet hat.[9]

Abraham Lincoln verlor die erste Wahl, bei der er antrat. Bob Dylans Highschool-Band verlor in einem Talentwettbewerb gegen eine Stepptanzgruppe. Und die Ford Motor Company war bereits Henry Fords dritter Versuch, ein Unternehmen zu gründen. «Der einzige wirkliche Fehler ist der, aus dem wir nichts lernen», sollte er später sagen. Thomas Edison besuchte lediglich drei Monate lang die Schule und ging ab, nachdem seine

Lehrer ihm bescheinigt hatten, er sei «zu dumm, um etwas zu lernen». Die Basketball-Legende Michael Jordan flog aus seinem Schul-Basketballteam. «Wenn man jemanden sieht, der sehr erfolgreich ist, stellt man sich meistens vor, dass von vornherein offensichtlich war, dass er ein Genie ist, dass es ihm vorbestimmt war, große Dinge zu erreichen»,[10] sagt Seth Fiegerman, Gründer der Webseite Openinglines.org, auf der Prominente über Rückschläge am Anfang ihrer Karriere berichten, um den Mythos vom plötzlichen Erfolg über Nacht zu widerlegen. Seth startete die Seite, nachdem er seinen Job als Journalist verloren hatte. «Ich glaube, was man daraus lernen kann, ist, dass Scheitern und Rückschläge alles andere als selten und in mehr als einer Weise von entscheidender Bedeutung sind.»

Stellen Sie Ihr Glas ab

Warum? Nun, weil das Leben eher eine Kunst als eine Wissenschaft ist. Es ist eher Raten als Wissen, mehr blinder Optimismus als Rationalismus. Einen vorgefertigten Plan gibt es nicht. Es ist eine Mischung aus harter Arbeit, Anpassungsfähigkeit und glücklichem Zufall. Anders ausgedrückt: Es geht darum, zur richtigen Zeit am richtigen Ort zu sein. Es geht um Glück. Glück ist im Leben wie das Vorspiel beim Sex – es ist zwar strenggenommen nicht erforderlich, doch es trägt viel zu einem reibungslosen Verlauf bei.

Es ist unvermeidlich, dass man auf seinem Weg gelegentlich scheitert. Das mag hin und wieder peinlich sein, doch es ist nicht das Ende der Welt. Was zählt, ist, dass man immer wieder antritt. «Dabeisein macht 80 % des Erfolgs aus», wie es in Woody Allens berühmtem Bonmot heißt.

In einer unsicheren Welt des rapiden technologischen Wandels wird unser Berufsleben immer wieder Höhen und Tiefen erleben. Fertigkeiten, die wir uns hart erarbeitet haben, werden überflüssig. Wir werden regelmäßig gezwungen sein, uns neu zu erfinden, uns weiterzuqualifizieren, in andere Städte, Länder oder Kontinente umzuziehen, um Arbeit oder bessere wirtschaftliche Bedingungen zu finden. Der Wert unserer Häuser wird schwanken, was uns auf dem Papier reicher und ärmer machen wird; das Gleiche gilt für unsere Ersparnisse, so wie auch der Wert unseres Einkommens und unserer Altersvorsorge schwanken wird. Frühere Generationen hatten ein ähnliches Schicksal zu tragen, mussten Kriege, Überschuldung, Hyperinflation, Zusammenbrüche von Aktien- und Immobilienmärkten überstehen, ganz abgesehen von den regelmäßig wiederkehrenden Konjunkturzyklen der Wirtschaft. Doch wenn sich die zentrale Behauptung dieses Buches als richtig erweist, werden wir all das noch viel häufiger erleben.

Aus diesem Grund hat die Frage, wie wir mit solchen Rückschlägen umgehen, einen großen Einfluss darauf, wie sehr wir in der Lage sind, unser Leben zu genießen. Häufig ist die Kluft zwischen Erfolg und Misserfolg so klein, dass sie praktisch nicht mehr wahrnehmbar ist. Die Faktoren, die darüber entscheiden, auf welcher Seite wir landen, liegen oft nicht in unserem Einflussbereich. Darum sollten wir ebenso wenig in unseren glorreichen Erfolgen schwelgen, wie wir über unsere peinlichen Niederlagen jammern sollten. Wichtig ist allein, dass wir es weiterhin versuchen. Weiterhin mutig sind. Weiterhin Risiken eingehen. Weiter nach vorn schauen. Nicht zulassen, dass unsere Fehler und unser sogenanntes Scheitern uns zurückhalten. Oder dass wir es uns in unserem Job, mit unserem Lebensstil zu bequem machen, dass wir das Maß an Kontrolle, das wir über unser Leben ausüben können, überschätzen.

Genau wie jener Professor müssen wir uns selbst erlauben, das Glas abzusetzen, bevor es zu schwer wird.

Fallstudien des Scheiterns – David Raether und Reinhard Nocke

Zwei Menschen, die persönliche Rückschläge in etwas Positives verwandelt haben, sind der amerikanische Schriftsteller David Raether und der deutsche Ingenieur Reinhard Nocke.

Es gab eine Zeit, da gehörte Raether zu den Autoren der supererfolgreichen 90er-Jahre-Sitcom *Roseanne* und verdiente mehr als 300 000 Dollar im Jahr. Er traf eine Reihe von finanziellen Fehlentscheidungen und kaufte etwa ein 370-Quadratmeter-Haus in Los Angeles. Ausgebrannt von seiner Arbeit für *Roseanne* beschloss er, eine zweijährige Auszeit zu nehmen, um mehr Zeit mit seiner Frau und seinen acht Kindern zu verbringen. Als er danach wieder arbeiten wollte, musste er feststellen, dass in der Zwischenzeit Reality-TV zum dominierenden Sendeformat geworden war – hatte es vor seiner Auszeit noch 43 Sitcoms in der Primetime gegeben, so waren es jetzt gerade einmal noch 18. Das Ergebnis war, dass er keine Arbeit fand, weil seine Fähigkeiten nicht mehr gefragt waren und er mit 50 viel teurer war als jüngere Autoren, die gerade von der Uni kamen.

Angesichts seiner großen finanziellen Verpflichtungen und weil seine Frau nicht arbeitete, dauerte es nicht lange, bis der Familie das Geld ausging. Daran zerbrach die Beziehung, und er und seine Frau trennten sich. Da er nicht mehr in der Lage war, seine Kinder finanziell zu unterstützen, zogen einige mit seiner Frau aus, andere gingen eigene Wege, und zwei brachte er bei Freunden der Familie unter, bevor sein 370-Quadratmeter-Heim zwangsversteigert wurde. Vier Jahre nachdem er ein Gehalt von 300 000 Dollar bezogen hatte, war Raether allein, obdachlos und schlief in seinem Van. Er blieb die nächsten 18 Monate lang obdachlos, verbrachte seine Tage in verschiedenen Cafés oder der Stadtbücherei und lebte von Gratis-Kostproben, die er im Supermarkt ergatterte. Es war ein tiefer Fall. «In den ersten Tagen und Wochen, nachdem ich obdachlos geworden war, war ich wie benommen, absolut und vollkommen orientierungslos. Ich fühlte mich wie ein Boxer, der nach einer Reihe von Treffern, die er nicht hat kommen sehen, im Ring herumstolpert. Ich brauchte mehrere Monate, um das alles zu verdauen»,[11] erinnerte er sich.

Im Verlauf dieser 18 Monate kam er langsam wieder auf die Beine. Er entdeckte Internetseiten wie Craigslist, auf denen er Gelegenheitsjobs finden konnte – zum Beispiel Aufträge, für andere Menschen als Ghostwriter deren Memoiren zu schreiben, oder andere einfache Jobs, die bar auf die Hand entlohnt wurden. Nach und nach wurden diese Aufträge immer zahlreicher, und er verdiente genug Geld, um sich hin und wieder einen Monat lang ein Zimmer leisten zu können, was bedeutete, dass er über sanitäre Einrichtungen und Internetzugang verfügte und jeden Tag mehr arbeiten konnte. So konnte er seine Ersparnisse vergrößern, und wenn auch seine finanzielle Lage bis heute prekär ist, so ist er doch mittlerweile nicht mehr obdachlos.

Anstatt sein Scheitern zu verbergen und niemandem seine Geschichte zu erzählen, spricht Raether regelmäßig über das, was er durchgemacht hat und was man daraus lernen kann. Er hat seine Erlebnisse sogar in einem Buch mit dem Titel *Tell Me Something, She Said* verarbeitet. Rückblickend betrachtet sind seine Fehler offensichtlich – er hatte eine vollkommen falsche Vorstellung davon, wie lange seine Arbeit gefragt sein würde, und er traf unbesonnene finanzielle Entscheidungen – doch das sind Fehler, wie sie immer wieder gemacht werden. Fehler, die dieses Buch zu vermeiden helfen möchte. Was mich an der gerade beschriebenen Geschichte wirklich beeindruckt, ist, wie David die Verantwortung für seine Fehler übernommen und es geschafft hat, mit über 50 aus der Obdachlosigkeit herauszukommen, ohne verbittert zu sein oder jemand anderem die Schuld zu geben. Wie er bereit ist, anderen als warnendes Beispiel zu dienen, indem er die Geschichte seines Scheiterns erzählt.

«Ich habe das Scheitern überlebt. Ich habe meine Karriere, mein Haus, meine Ersparnisse verloren – so ziemlich alles, was mir wichtig schien. Aber ich habe an dem festgehalten, was mir noch mehr wert ist: meinen Kindern und ihrer Liebe und Zuneigung, meiner Gesundheit, meinem Ehrgeiz und meinem Glauben an mich selbst. Und letzten Endes waren das die einzigen Dinge, die zu behalten sich lohnte.»

Die Geschichte des Deutschen Reinhard Nocke ist ähnlich. Der gelernte Elektroingenieur investierte sieben Jahre, um zwei kleine Unternehmen zu gründen – eine Elektronikfirma und ein Ingenieurbüro mit etwa zwölf Angestellten. Nachdem er einen großen Auftrag von einem Unternehmen angenommen hatte, das insolvent wurde, bevor es seine Rechnung von 100 000 D-Mark beglichen hatte, befand er sich plötzlich selbst in der Situation, dass er die Schulden seines Unternehmens nicht begleichen konnte. Er war pleite. Genau wie David Raether ist auch er ehrlich, wenn es darum geht, welchen Anteil er selbst am Scheitern seines Unternehmens hatte. «90 % der Fehler lagen bei mir selbst. Ich hatte zu wenig betriebswirtschaftliche Kenntnisse», räumt er ein. Er bekam schwere Depressionen und brauchte lange, bis er die Kraft fand, sich langsam wieder aus dem Sumpf zu befreien. Er schrieb alle seine Gläubiger an und handelte mit ihnen aus, wann und wie sie ihr Geld zurückbekommen würden. Es dauerte lange, doch im Verlauf von sechs Jahren konnte er den größten Teil der Schulden zurückbezahlen.

Wie David Raether hatte auch Reinhard Nocke beschlossen: «Zu irgendetwas muss meine Insolvenz gut gewesen sein.»[12] Er wurde zum Insolvenzberater, der Unternehmen durch den Prozess einer Insolvenz begleitet, und er berät Unternehmen, wie man eine solche Situation am besten vermeidet. Er erscheint regelmäßig in den Medien und versucht, das Stigma zu bekämpfen, das mit einem Bankrott einhergeht. Außerdem gehört er einem Verein an, der sich *Anonyme Insolvenzler* nennt. Dort können sich Menschen, die Ähnliches erlebt haben, treffen, miteinander austauschen und Hilfe bekommen. Nocke bekennt sich zu seinen Fehlern und versucht jeden Tag, anderen Menschen dabei zu helfen, diese Fehler zu vermeiden. Aber nicht nur das – er will auch Menschen, denen das nicht gelungen ist, vermitteln, dass eine Insolvenz nicht das Ende der Welt ist und dass sie nicht die Einzigen sind.

Kapitel 6

Mentale Vorbereitung: Glück = Realität – Erwartungen

Ein Bauer hatte nur ein einziges Pferd. Eines Tages entlief ihm das Tier.

Alle Nachbarn kamen vorbei und sagten: «Es tut uns so leid für dich. Das ist wirklich schlimm. Du musst am Boden zerstört sein.»

Der Mann sagte nur: «Wir werden sehen.»

Ein paar Tage später kam das Pferd zurück, gefolgt von 20 Wildpferden. Der Mann und sein Sohn trieben alle Pferde auf ihre Koppel.

Alle Nachbarn kamen vorbei und sagten: «Glückwunsch! Das ist wirklich schön für dich. Du musst sehr glücklich sein!»

Der Mann sagte nur: «Wir werden sehen.»

Eines der Wildpferde verpasste dem einzigen Sohn des Mannes einen Tritt, der ihm beide Beine brach.

Alle Nachbarn kamen vorbei und sagten: «Das tut uns so leid. Wie schlimm für dich. Du musst am Boden zerstört sein!»

Der Mann sagte nur: «Wir werden sehen.»

Bald brach ein Krieg aus, und jeder gesunde junge Mann wurde zum Militär eingezogen. Es war ein furchtbarer Krieg, und alle jungen Männer starben, nur der Sohn des Bauern wurde verschont, weil er wegen seiner gebrochenen Beine nicht eingezogen wurde.

> Alle Nachbarn kamen vorbei und sagten: «Glückwunsch! Das ist wirklich schön für dich. Du musst sehr glücklich sein!»
> Der Mann sagte nur: «Wir werden sehen.»[13]

Im Jahr 2012 mietete ich ein Büro für mich und die Produkte meiner Online-Handelsfirma. In einem größeren Raum nebenan befand sich ein Gemeinschaftsbüro für etwa zehn Personen. In diesem Jahr begann ich, an meinem ersten Buch, *How to Be German*, zu arbeiten. Ab und zu traf ich auf dem Gang Leute aus dem Nachbarbüro, und sie erzählten mir, dass es in diesem Raum ebenfalls einen Schriftsteller gab, einen jungen Mann namens Philipp, der an seinem Romandebut arbeitete. Zu dieser Zeit kannte ich niemanden, der ein Buch veröffentlicht hatte. Ich wusste nur sehr wenig darüber, wie die Verlagsbranche funktioniert, deshalb hatte ich auch keine Ahnung, was «normal» war. Meine Erwartungen an mein Buch waren ausgesprochen bescheiden. Die Vorstellung, mit dem Schreiben von Büchern genug Geld zum Leben zu verdienen, erschien mir einigermaßen utopisch. Mein Verlag (C.H.Beck, auch der Verlag dieses Buches) ermunterte mich, vorsichtig optimistisch zu sein. Der Verkauf von 10 000 Büchern wäre ein großer Erfolg, auf dem deutschen Markt wäre das ein Bestseller. Alle Beteiligten würden Geld verdienen, und mir wäre der Vertrag für ein weiteres Buch sicher. Also wurden 10 000 verkaufte Exemplare meine Benchmark, meine Messlatte für einen Erfolg.

Philipp, den geheimnisvollen Autor von nebenan, hatte ich völlig vergessen. Schließlich kam mein Buch auf den Markt, und ich machte mich daran, es zu vermarkten und die Werbetrommel zu rühren, während ich mich Schritt für Schritt meinem Ziel von 10 000 verkauften Exemplaren näherte. Nach einigen Monaten und einer cleveren Online-Marketingkampagne erschien das Buch auf der *Spiegel*-Bestsellerliste und schaffte die Zehntausender-Marke. Mein Verlag war hocherfreut. Ich war hocherfreut. *Ich war ein Bestseller-Autor.*

Teil 2

Kurz danach traf ich eine der Frauen von nebenan, und sie erzählte mir, dass das Buch meines Nachbarn Philipp sechs Monate vor meinem auf den Markt gekommen war. Es war ebenfalls ein Bestseller geworden – genauer gesagt, sein Buch hatte die ganze Zeit auf Platz eins oder zwei der Bestsellerliste gestanden und war nicht weniger als 100 000 Mal verkauft worden!

Von einem Moment auf den anderen kannte ich nun einen publizierten Autor. Nicht irgendeinen berühmten Autor in irgendeinem fernen Land, mit dem ich nichts gemein hatte. Philipp war in meinem Alter, er lebte hier in Berlin und hatte das ganze letzte Jahr hindurch Wand an Wand mit mir gearbeitet. Und als ich mich mit Philipp zu vergleichen begann, veränderten sich schlagartig die Erwartungen, die ich an mein eigenes Buch hatte. 10 000 erschien mir plötzlich als eine lächerlich kleine Zahl, vergleichbar mit dem Kleingeld, das man in einer Sofaritze findet.

Heute, eineinhalb Jahre später, steht mein Buch noch immer auf den Bestsellerlisten und hat sich mehr als 70 000 Mal verkauft. Philipps Buch? *Mehr als 400 000 Exemplare.*

Es ist wirklich toll, was mein Buch erreicht hat. Doch in meinem Hinterkopf nagt immer das Wissen um Philipps Verkäufe an mir. Etwas so Banales wie die Frage, ob wir einen bestimmten Menschen kennen oder nicht kennen, kann unsere Meinung über das, was wir erreicht haben, völlig verändern, kann unsere Erwartungen ins Unrealistische verzerren und uns das Gefühl geben, ein Versager zu sein. Hätte ich Philipp nie getroffen, würde ich meine Buchverkäufe wahrscheinlich als ein Übertreffen meines selbstgesteckten Ziels um 60 000 Exemplare betrachten. Stattdessen aber sehe ich nur, dass ich 330 000 Exemplare unter dem liege, was Philipp erreicht hat – und was ich als völlig unrealistisches Ziel übernommen habe.

Ich freue mich über meinen Erfolg und über die Chance, weitere Bücher wie dieses hier zu schreiben – doch rational betrachtet muss ich zu dem Schluss kommen, dass die Tatsache, dass ich Philipp kennengelernt habe, meine Lebenszufriedenheit negativ beeinflusst hat, weil meine Erwartungen in unrealistische Höhen geschraubt wurden. Anstatt mich mit den 99 % aller Autoren zu vergleichen, die es nicht schaffen, von ihrem Schreiben zu leben, und zu dem Ergebnis zu kommen, dass ich mich alles andere als schlecht schlage, gelingt es mir, einen noch größeren Ausnahmefall zu finden als mich und mich an ihm zu messen. Ich weiß, das liegt eben in der Natur des Menschen, doch es ist eine ziemlich nervige Facette dieser Natur.

Ich habe bereits im letzten Kapitel angesprochen, wie wichtig es ist, das Scheitern zu entkriminalisieren und entstigmatisieren. Erwartungsmanagement geht damit Hand in Hand. Logisch betrachtet: Je höher die Erwartungen, die man an sein Leben hat, desto hochfliegender sind auch die persönlichen Ziele, desto lebendiger die Vorstellung davon, was möglich ist – und umso größer die Höhe, aus der man abstürzt, wenn der Erfolg ausbleibt. Je weniger man erwartet, je niedriger die Messlatte für den Erfolg liegt, umso weniger wahrscheinlich wird man scheitern, und umso weniger Rückschläge muss man mental in etwas Positives umwandeln.

Erfreulicherweise ist die Relation zwischen Erwartungen und Glück überraschend einfach – je mehr eine Situation unsere Erwartungen übersteigt, desto glücklicher sind wir. Es gibt sogar eine Formel dafür:

Glück = Realität – Erwartungen

Aus diesem Grund kann theoretisch gesehen ein Mensch, der in einer Höhle lebt und einen Stein als Kissen benutzt, glücklicher sein als ein Millionär in einem Schloss mit 57 Zimmern – vorausgesetzt, der Mann in der Höhle hatte erwartet, draußen in der Kälte schlafen zu müssen, ohne Kissen und mit steifem Hals, während der Millionär gerade erfahren hat, dass das Schloss des Millionärs nebenan über 60 Zimmer und eine Rennstrecke für Segways verfügt.

Aus der Kenntnis dieser Formel lassen sich nun zwei Möglichkeiten ableiten, unser Glück zu maximieren:

Teil 2

1. Die Realität verbessern

Das ist die Route, für die die meisten Menschen sich entscheiden. Sie bemühen sich um einen besseren Job, mehr Geld, ein größeres Haus. Ein schnelleres Auto, mehr Ruhm und Anerkennung. *Mehr, mehr, mehr*. Das kann funktionieren, zumindest eine Zeit lang. Wie Sklaven unseres eigenen Dopamins springen wir in die hedonistische Tretmühle und rennen schneller und immer schneller, um unsere Erwartungen zu übertreffen.

Das Problem ist, dass wir uns nur allzu schnell an die neue, bessere Realität gewöhnen. An dieses neue, glänzende *Etwas*. Das neue Smartphone, die größere Wohnung, den exotischen Urlaub, die neue Position in der Firma, die Designer-Sonnenbrille. Wir legen ständig eine neue Ziellinie fest, die ein neues *Etwas* beinhaltet, und so landen wir schließlich immer wieder in den Startblöcken, nur mit höheren Erwartungen an das nächste neue Etwas. Jeder Erfolg, den wir haben, legt die Messlatte höher, an der wir alle zukünftigen Leistungen messen werden. Für einen Angestellten muss jedes zukünftige Gehalt mindestens so hoch sein wie das derzeitige, jede neue Stellenbeschreibung muss eindrucksvoller ausfallen als die vorherige, jedes Team, das man leitet, größer sein als das vorherige. Bei einem Selbstständigen muss jeder Euro, der in einem Monat eingenommen wird, im nächsten Monat überboten werden. Jeder Like, Tweet oder +1 für etwas, das Sie ins Netz gestellt haben, wird zum sozialen Maßstab, an dem die nächste Veröffentlichung gemessen wird. Es ist ein altbekannter Pfad, der steinig, voller Eitelkeit, Burnout, Depressionen und Angstgefühlen ist.

Kurz gesagt: Zufriedenheit ist wie Milch, sie hat keine lange Haltbarkeitsdauer. Die alternative Methode ist:

2. Die Erwartungen an die Realität senken

Statt zu versuchen, mehr zu erwerben und zu erleben, können wir auch den anderen Weg gehen und versuchen, das zu genießen, was wir haben. Statt die Liste der Dinge, die wir noch erledigen wollen, um weitere Punkte zu erweitern, können wir uns auf die Liste der Dinge konzentrieren, die wir bereits erledigt haben. David Heinemeier Hansson, der Schöpfer der erfolgreichen Web-Software Ruby on Rails, fasst zusammen, warum das wichtig ist: «Ist der Ehrgeiz aufgrund früherer Leistungen und Erfolge maximal aufgedreht, kann das leicht zu Druck und Anspannung führen. Unter diesen Voraussetzungen empfindet man das Gewinnen als nicht annähernd so süß, wie ein Verlust bitter ist. Wenn man erwartet zu gewinnen, dann ist es nur ein Kästchen, das man abhakt – nachdem die erste Euphorie abgeebbt ist … Das gilt für alle Berufe. Ich habe viele erfolgreiche Menschen kennengelernt, die das Unglück hatten, ein Ziel zu viel zu erreichen, woraufhin die Messlatte für ihren nächsten Erfolg plötzlich viel zu hoch lag. Es fraß ihre innere Motivation auf und ließ nichts zurück als eine zunehmend unmögliche Suche nach dem nächsten Schuss in Gestalt eines überwältigenden Erfolges. Wenn dieser ausbleibt, ist der Entzug fürchterlich.»[14]

Tim Urban, Autor des populären Blogs *Wait But Why* hält dies für ein spezifisches Problem unserer Generation. Sein Blog-Post mit dem Titel *Why Generation Y Yuppies Are Unhappy* war ein großer Erfolg, der in kürzester Zeit von Millionen von Menschen geteilt, kommentiert und gelesen wurde. Er erzählt darin die Geschichte von Lucy, einer desillusionierten Angehörigen der Millenial-Generation. Lucys Eltern (wie viele unserer Eltern) sind Babyboomer, in den 50er Jahren geboren und von Eltern aufgezogen, die sowohl die Weltwirtschaftskrise als auch den Zweiten Weltkrieg mitgemacht hatten. Unsere Großeltern, deren relativ bescheidene Existenz von zwei grauenvollen Weltkriegen zerrissen worden war, legten der Generation unserer Eltern ans Herz, bescheidene Ambitionen zu hegen: Lerne, arbeite fleißig, gründe eine Familie.

«Ihnen wurde beigebracht, dass nichts sie aufhalten würde … aber sie mussten jahrelange harte Arbeit investieren, um ihre Ziele zu erreichen. Als die 70er, 80er und 90er Jahre kamen, erlebte die Welt eine Zeit nie dagewesenen wirtschaftlichen Wohlstands. Lucys Eltern, unseren Eltern erging es deutlich besser, als sie erwartet hatten. Das schenkte ihnen eine zufriedene und optimistische Grundstimmung.»[15] In der Folge gaben sie diesen Optimismus an uns weiter. «Der Lebenslauf von Lucys Eltern war glatter und positiver als der ihrer eigenen Eltern, und so gaben sie Lucy ein Gefühl von Optimismus und unbegrenzten Möglichkeiten mit auf den Weg.»

Wir hatten alle Möglichkeiten, wir waren besonders. Das sagten uns unsere Eltern. Das sagten uns die Medien. Das sagte uns die Werbung. Und das Reality-TV, in dem sich zahllose Menschen tummelten, die genauso waren wie wir. Doch damit stiegen die Erwartungen an unser eigenes Leben; «wir wollen in unserer Karriere auf eine Weise Erfüllung finden, die unseren Eltern nur selten in den Sinn kam», schreibt Urban. Das zwingt viele von uns dazu, die Last eines aufgeblasenen Selbstbewusstseins mit sich zu schleppen, das sich nicht wirklich mit unseren tatsächlichen Fertigkeiten und Fähigkeiten deckt. Die Lücke zwischen dem, was wir der Welt anbieten können, und dem, was wir als Gegenleistung erwarten, ist größer und schwerer zu überspringen, als es bei vorangegangenen Generationen der Fall war. Bei all dem sind die Auswirkungen des rapiden technologischen Wandels auf die Anzahl und Art der verfügbaren Jobs noch gar nicht eingerechnet.

Kurz gesagt: Wir leben in einer Zeit, in der wir uns nicht gerade mit zu hohen Erwartungen belasten sollten. Nicht, wenn so viele von uns real schlechter gestellt sind, als unsere Eltern es im gleichen Alter waren. Im Gegenteil: Es ist heute vermutlich wichtiger als je zuvor, dass unsere Erwartungen in bescheideneren Dimensionen bleiben, wenn wir ein glückliches und erfülltes Leben führen wollen. Das mag auf den ersten Blick widersinnig scheinen, doch ich glaube, das Senken der Erwartungen ist eine Möglichkeit, zu einem realistischen und dauerhaften Glück zu finden. Und obendrein funktioniert es überraschend gut – vielleicht gerade weil wir es so selten tun und deshalb noch nicht immun sind gegen die psychologischen Tricks, die dahinterstehen. Hier sind ein paar Techniken, die Sie ausprobieren können:

1. Negative Projektion

Im Stoizismus gibt es eine Vorstellung, die *negative Projektion* genannt wird. Es ist eine eher morbide Form der Meditation. Die Idee dabei ist, dass man sich jeden Tag ein paar Minuten lang die Zeit nimmt, sich vorzustellen, dass einem alles, was einem wichtig ist, genommen wird. Alles. Familie, Karriere, Geld, Gesundheit. Man stellt sich vor, all das zu verlieren, was zu verlieren man sich nicht vorstellen kann.

Klingt lustig, nicht wahr?

Es steht eine gewisse Logik hinter dieser Technik, und das macht ihren Wert aus. Allein dadurch, dass man das Undenkbare denkt, macht man es möglich. Man weigert sich, das, was man hat, als selbstverständlich hinzunehmen, und man kann beginnen, zumindest mental die Konsequenzen seines Handelns zu erforschen und sich zu fragen, was man tun kann, wenn das persönliche Hiroshima eintritt.

Ich praktiziere von Zeit zu Zeit negative Projektion und habe die Erfahrung gemacht, dass sie gerade das richtige Maß an Irritation liefert. Sie erinnert mich daran, wie viele Dinge es in meinem Leben gibt, deren Verlust ich fürchte. So habe ich etwa festgestellt, dass ich an Tagen, an denen ich nur zehn Minuten mit der negativen Projektion meines unmittelbar bevorstehenden Todes verbracht habe, ganz anders auf das Geräusch meiner nach Hause kommenden Freundin reagiere. Normalerweise bin ich zu sehr mit dem beschäftigt, was ich gerade tue, um Notiz zu nehmen. Oder ich nehme Notiz und ärgere mich darüber, dass sie meine Arbeit unterbricht. Oder es fällt mir ein, dass sie mich gebeten hat, irgendetwas zu erledigen, staubsaugen oder den Müll ausleeren, und dass ich es, wie üblich, vergessen habe. Dann hoffe ich, dass es deswegen keinen Streit gibt, der uns den Rest des Abends verdirbt.

Doch wenn ich mich vorher in negativer Projektion geübt habe, höre ich meist mit dem Arbeiten auf, vielleicht beginne ich sogar zu lächeln, sobald ich das Geräusch des Schlüssels in der Haustür höre. Denn an diesen Tagen ist mir wirklich bewusst, dass sie – wie an jedem Abend – die

Wahl hatte und aus freien Stücken die Entscheidung getroffen hat, zu mir nach Hause zu kommen. Mit mir auf dem Sofa zu kuscheln und mir von den kleinen Ärgernissen ihres Tages zu erzählen, über Jackie aus der Buchhaltung zu stöhnen, die nie zuhört, wenn man ihr etwas sagt, oder irgendwelche anderen absolut alltäglichen Dinge zu besprechen – ein ganz normaler, unspektakulärer Abend, der typisch ist für unser gemeinsames Leben.

Langfristige Beziehungen verlieren oft ihren Reiz, weil die Partner vergessen, wie viel Glück sie haben, einander gefunden zu haben, und jeder Tag, jeder Monat, jedes Jahr und jede Dekade, die man zusammen verbringt, vergrößert die stillschweigende Erwartung, dass es immer so weitergehen wird. Ich glaube, man kann ein besserer Partner sein, wenn man aktiv daran arbeitet, diese Erwartung zu überwinden, und sich bewusst macht, dass der Partner eine Wahl hatte und sich entschieden hat, zu einem nach Hause zu kommen. Dass es sich um ein täglich neues Privileg handelt, das einem auch wieder entzogen werden kann, wenn man es zu sehr als selbstverständlich betrachtet. Wenn diese Technik Ihre Beziehung verbessert, dann kann sie auch in allen anderen Bereichen Ihres Lebens funktionieren. Sie können dann glücklicher sein darüber, Ihren Job, Ihre Familie, Ihre Gesundheit, Ihr Heim zu haben. Sie können all das nicht als selbstverständlich, sondern als extravaganten Luxus empfinden.

Auch Sie hatten wahrscheinlich schon einen kleinen Eindruck von der Kraft der negativen Projektion – wenn Sie aus einem Alptraum erwacht sind, in dem Ihr Partner Sie betrogen hat, Sie von einer Klippe gestürzt sind, Ihr Hund von einem Eisverkäufer überfahren wurde oder Ihr Kind eine schlimme Krankheit bekam. Egal, wie unglaubwürdig und unrealistisch der Traum war – man verspürt eine große Erleichterung, wenn man aufwacht und der Partner immer noch neben einem liegt, der Hund in seinem Körbchen schnarcht, das Kind gesund und die Welt wieder normal ist. Mit dem Unterschied, dass sich das Normale plötzlich wie etwas ganz Besonderes anfühlt, weil man auf einmal begreift, wie zerbrechlich es ist.

2. Magere Monate

Diese Idee habe ich in dem Buch *Die 4-Stunden-Woche* des US-amerikanischen Autors Tim Ferriss entdeckt. Tim reduziert alle paar Monate ganz bewusst seinen Lebensstandard. Wenn er normalerweise in einem Fünf-Sterne-Hotel absteigt, entscheidet er sich für zwei Sterne. Wenn er normalerweise 100 Euro pro Woche für Lebensmittel ausgibt, stellt er sich die Herausforderung, mit 15 Euro auszukommen. Es ist ein wenig so, wie wenn man ein paar seiner luxuriösen Angewohnheiten für eine Fastenzeit aufgibt, damit man sie hinterher nicht mehr für selbstverständlich hält. Wir könnten versuchen, unsere Lebensmittel-Einkäufe eine Woche lang zu reduzieren, den Satellitenreceiver einen Monat lang abschalten, 14 Tage lang auf das Auto verzichten oder einen Monat lang versuchen, vom finanziellen Äquivalent von Hartz IV zu leben. Genau wie bei der negativen Projektion des Stoizismus geben wir uns selbst einen kleinen Vorgeschmack auf Dinge, die wir fürchten, in der Hoffnung, dass

A) wir uns daran erinnern, wie viel Glück wir mit unserem vergleichsweise luxuriösen Lebensstil haben, und
B) wir uns daran erinnern, wie anpassungsfähig wir sind.

Freunde, die diese Technik ebenfalls anwenden, berichten von ähnlichen Ergebnissen. Das Neue wird erstaunlich schnell zur Norm. Nach ein paar Tagen hat man kein Verlangen mehr nach Schokolade. Man gewöhnt sich daran, mit dem Bus zu fahren, und freut sich sogar, dass man die Zeit findet, ein Buch zu lesen oder Musik zu hören. Man stellt fest, wie gut diese billigen Kekse, die man als Student gegessen, aber seit Jahren nicht mehr gekauft hat, immer noch schmecken. Man nimmt das Negative und findet einen Weg – und sei er auch völlig irrational –, etwas Positives daraus zu machen.

Man erkennt, wie etwas, das aus dem eigenen Leben nicht wegzudenken schien, eigentlich nur ein weiteres Extra und durchaus nicht unverzichtbar ist. Diese Technik hilft dabei, ein realistischeres und erschwinglicheres Bild davon zu bekommen, was «normal» ist, und nimmt einem die Angst davor, dass man sich möglicherweise irgendwann in der Zukunft wird einschränken müssen – was unausweichlich ist, wenn man den Ratschlägen in diesem Buch folgt.

3. *Keine Vergleiche mit früheren Erlebnissen*

Im Jahr 2008 verbrachten meine Freundin und ich mehrere Monate auf Reisen in Südostasien, und am Ende dieser Reise hatte ich so viel gesehen und erlebt, dass es mir zunehmend schwerfiel, von irgendetwas beeindruckt zu sein. Von wunderschönen Gebäuden, freundlichen Menschen, atemberaubender Landschaft, der absoluten Freiheit, genau das zu tun, was ich wollte, vom Aufwachen ohne einen schrillenden Wecker. Ich erinnere mich, dass wir im Norden Thailands mit einer Gruppe anderer Reisender, die wir unterwegs kennengelernt hatten, einen Wasserfall besuchten und in seinem Becken schwammen. Es gab einen merklichen Unterschied zwischen ihrer und meiner Reaktion auf dieses Erlebnis. Sie platzten geradezu vor Begeisterung über den schieren Luxus dieses Moments, weil sie an einem ganz normalen Wochentag in einem exotischen Land unter der heißen Sonne in einem Wasserfall herumalbern durften.

Ich meinerseits war zufrieden, denke ich.

Ich meine, natürlich war das um einiges besser als zu arbeiten. Es war ein netter Wasserfall. Er hatte eigentlich alles, was ich von einem Wasserfall verlangte. Aber irgendetwas fehlte. Ich konnte nicht anders, als ihn mit den 15 anderen Wasserfällen zu vergleichen, in deren Becken ich während der letzten paar Monate geschwommen war. Einige waren höher gewesen, andere schöner, symmetrischer, angenehmer zu durchschwimmen, wieder andere hatten ein Seil, an dem man sich ins Wasser schwingen konnte. Im Vergleich dazu fand ich diesen hier – *naja*.

Daniel Gilbert, der Autor von *Ins Glück stolpern*, diskutiert dieses Problem ausführlich. «Wundervolle Dinge sind besonders wundervoll, wenn sie zum ersten Mal geschehen, doch ihre wundervolle Natur nimmt mit jeder Wiederholung ab. Vergleichen Sie einfach das erste und das letzte Mal, als Ihr Kind ‹Mama› oder Ihr Partner ‹Ich liebe dich› zu Ihnen sagte, dann werden Sie genau verstehen, was ich meine … Psychologen nennen das *Habituation*, Ökonomen nennen es *abnehmender Grenznutzen* und der Rest der Menschheit nennt es Ehe.»[16]

Will man diesen Effekt vermeiden, hat man mehrere Möglichkeiten. Man kann entweder seltener Wasserfälle besuchen oder jedes Mal zu einem besseren Wasserfall fahren. Oder man versucht, sich selbst zu überlisten, indem man sich vollkommen darauf konzentriert, den gegenwärtigen Augenblick zu erleben und keine Vergleiche anzustellen. Dieser Geisteszustand ist schwer zu erreichen, und wenn Sie auch nur annähernd so sind wie ich, dann wird Ihren Versuchen kein großer Erfolg beschieden sein. Ich habe einmal ein Interview mit dem Bestseller-Autor David Sedaris gelesen. Er erzählte, dass er nach der Veröffentlichung seines ersten Buches ein Exemplar davon auf den Küchentisch legte, die Küche verließ und wieder hereinkam, um sich immer wieder aufs Neue durch diesen Anblick überraschen zu lassen. Diese große Leistung, die er vollbracht hatte und die dort lag, wo jahrelang eine Rechnung, die Zeitung oder vielleicht ein paar Krümel gelegen hatten.

Ein Buch, von ihm selbst geschrieben! In einem Verlag erschienen! Ein Bestseller!

Wenn wir bemerken, wie unsere Fantasie alle Songs aus unserem persönlichen Greatest-Hits-Album abspielt – den Film, den wir gerade gesehen haben, mit allen Filmen vergleicht, die wir jemals gesehen haben, den Wasserfall, in dem wir schwimmen, mit allen vorangegangenen Wasserfällen, den Burger, den wir gerade essen, mit den besten Burgern, die wir jemals hatten, diesen Abend mit Freunden mit dem vorherigen Abend mit Freunden –, dann sollten wir das zur Kenntnis nehmen und versuchen, unsere Gedanken wieder in die Gegenwart zurückzulenken. Es wird leichter, wenn man etwas Übung hat. Wiederholen Sie wie ein Mantra: «Das ist das tollste *X*, das ich heute gesehen habe!», oder: «Dieses *X* übersteigt meine rationalen Erwartungen.» Das Benutzen von Wörtern wie «rational» oder «realistisch» hilft dabei, sich vor Augen zu führen, dass weder wir noch unsere Erwartungen diese Begriffe normalerweise für uns in Anspruch nehmen können.

4. Anspruchsdenken hinterfragen

Eine Freundin erzählte mir mal die Geschichte einer Kollegin namens Lisa. In der Firma dieser Freundin gibt es keine festen Parkplatzzuteilungen. Es gibt genügend Parkplätze für alle, und theoretisch kann jeder überall parken, obwohl die Mitarbeiter natürlich im Laufe der Zeit Gewohnheiten entwickelt haben und jeder seinen Lieblingsparkplatz hat. Lisa hat das ins Extrem getrieben. Wie meine Bekannte erzählte, verrät schon ein Blick in Lisas Gesicht, wenn sie morgens das Büro betritt, ob jemand sich auf ihren gewohnten Platz gestellt hat. Weil Lisa beschlossen hat, dass dieser Platz ihr persönlich gehört, fühlt sie sich berechtigt, einen Wutanfall zu bekommen, wenn jemand anders es wagt, sein Auto auf «ihrem» Parkplatz abzustellen. Denn «jeder weiß, dass das mein Platz ist!»

Indem sie beschließt, dass sie diesen Parkplatz besitzt und das alleinige Recht hat, ihr Auto dort abzustellen, lässt sie zu, dass sie auf jeden verärgert reagiert, der ihr etwas nimmt, das ihr ohnehin nicht persönlich gehört und worauf sie keinen tatsächlichen und legitimen Rechtsanspruch hat. Diese Art von Anspruchsdenken selbst in einem so banalen Fall wie einem Parkplatz ist ein Beispiel dafür, wie unsere Einstellung negative Auswirkungen auf unser Glück haben kann, wenn wir es zulassen. Ob in der Familie oder in Beruf und Karriere. Je höher die Erwartungen, desto größer das Anspruchsdenken, desto größer das Unwohlsein, wenn uns etwas genommen wird.

Zusammengefasst: Wer nach Perfektion strebt, kann nur scheitern. Dauerhaftes Glück kommt nicht daher, dass wir unserer Einbildungskraft freien

Lauf lassen, damit sie die Gegenwart mit ihrem Rotstift durchforstet, alles kritisiert und Verbesserungen anmahnten. Dauerhaftes Glück findet, wer sich an der Gegenwart orientiert, zu schätzen weiß, was er bereits besitzt, und eine Vorstellung davon hat, wie sehr es schmerzen würde, all das zu verlieren. Wer den naiven Glauben an irgendeine rosige Zukunft oder sentimental verklärte Vergangenheit hinter sich lässt und die chaotische und unvollkommene Realität unserer Gegenwart akzeptiert.

Kapitel 7
Mentale Vorbereitung: Wir werden niemals wissen, was wir wollen

Am Anfang schuf Gott die Erde, und Er schaute sie an in seiner kosmischen Einsamkeit.
Und Gott sagte: «Lasst Uns lebende Kreaturen aus Lehm machen, so dass der Lehm sehen kann, was Wir getan haben.» Und Gott schuf alle lebenden Kreaturen, die sich bewegen, und eine davon war der Mensch. Und nur der Lehm, der Mensch war, konnte sprechen. Gott lehnte sich herab, als der Lehm als Mensch sich aufsetzte, umschaute und zu reden begann. «Was ist der Sinn von all dem?», fragte er höflich.
«Muss denn alles einen Sinn haben?», fragte Gott.
«Selbstverständlich!», sagte der Mensch.
«Dann überlasse ich es Dir, für all dies einen Sinn zu finden», sagte Gott.
Und Er wandte sich und ging.

Kurt Vonnegut, Katzenwiege

Kommt Ihnen das bekannt vor? Es gibt etwas, das Sie in Ihrem Leben ändern wollen – Sie wollen früher zur Arbeit gehen, abnehmen, nach dem Mittagessen produktiver sein oder nicht mit Ihren Kindern schimpfen, wenn sie nicht einschlafen wollen. Sie beschließen, das Problem direkt anzugehen, und Sie denken sich einen großartigen Kniff aus (oder finden ihn im Internet), der Abhilfe verspricht – den TOLLEN LIFEHACK. Das kann ein Sieben-Minuten-Power-Trainingsprogramm für jeden Tag sein, der Verzicht auf die Schlummertaste am Morgen, die Ausschließlich-Ananas-Modediät aus der Zeitung oder die Bis-ZEN-zählen-Erziehungsmethode. Die Details sind eigentlich nicht wichtig. Sie bauen den TOLLEN LIFEHACK in Ihren Alltag ein. Die Menschen in Ihrem Umfeld sind skeptisch, aber Sie sind zuversichtlich. Der erste Tag ist ein bisschen schwierig, weil alles noch ungewohnt ist, aber schon am zweiten und dritten Tag finden Sie Ihren Rhythmus.

Sie lieben den TOLLEN LIFEHACK.

Es ist eine absolut positive Veränderung. Sie fühlen sich großartig und können gar nicht verstehen, warum Sie den TOLLEN LIFEHACK erst jetzt entdeckt haben, nach all diesen vergeudeten Jahren. Sie fangen an, Familie und Bekanntenkreis mit dem TOLLEN LIFEHACK zu missionieren. Sie teilen ihn mit Ihren Internetfreunden und Followern: «Das Geheimnis des Abnehmens = Ananas! ES FUNKTIONIERT WIRKLICH! Probiert es aus! http://fadananasdiet.com»

Doch dann beginnt Ihre Begeisterung für den TOLLEN LIFEHACK langsam nachzulassen. Es wird alles ein bisschen anstrengend. Oder ein bisschen langweilig. Oder zu ana-nass. Sie finden eine Ausrede, den TOLLEN LIFEHACK wegzulassen. Sie sagen sich: Es ist kein Problem, einen Tag lang auszusetzen, morgen werde ich mit doppeltem Einsatz wieder einsteigen und die kleine Pause mehr als wettmachen.

Bloß dass Sie es dann am nächsten Tag nicht tun. Und auch nicht am Tag darauf. Langsam aber sicher wird der TOLLE LIFEHACK, jenes Ding, das wirklich funktioniert und Ihr Leben total umgekrempelt hat, zu einem Ding, das nicht mehr funktioniert – bis er schließlich gar kein Ding mehr ist. Zumindest nicht in Ihrem Leben. Sie vergessen ihn. Ihre Freunde vergessen ihn.

Die Normalität setzt wieder ein. Die Zeit vergeht. Sie können keine Ananas mehr sehen.

Einige Zeit später fällt Ihnen etwas anderes an Ihrem Leben auf, das

Ihnen Kummer bereitet – Sie verbringen nicht genug Zeit mit Freunden, Sie haben den Überblick über Ihre Inbox verloren, Sie verbringen zu viel Zeit auf Facebook, Sie haben eine Ananas-Phobie entwickelt –, und Sie beschließen, etwas dagegen zu unternehmen. Glücklicherweise haben Sie gerade einen Artikel über einen cleveren Kniff gelesen, mit dem man just dieses Problem in den Griff bekommen kann … er nennt sich TOLLER LIFEHACK 2.

Und der komplette Zyklus wiederholt sich. Immer wieder. Das ist Ihr Leben.

Woran liegt das? Warum können wir uns trotz bester Absichten nicht dauerhaft an Rezepte halten, von denen wir wissen, dass sie unser Leben verbessern werden? Warum wollen wir scheinbar jetzt das eine und in der nächsten Minute etwas vollkommen anderes? Warum reagieren wir auf das Herannahen einer Deadline damit, dass wir sie bis zum letzten möglichen Moment ignorieren? Warum sind wir so verdammt irrational?

In den 20er Jahren des letzten Jahrhunderts führte die Chicago Electric Company eine berühmte Studie über menschliche Produktivität durch. Die Führung des Unternehmens wollte wie jedes gute Management neue Wege finden, um die Produktivität ihrer Belegschaft zu steigern. Also verpflichtete sie Forscher, die in einer ihrer Fabriken, den Hawthorne Works, einen Test anstellen sollten. Die Forscher sollten verschiedene Variablen wie Heizung oder Licht verändern und dann feststellen, ob sich die Produktivität der Fließbandarbeiter dadurch verbesserte oder verschlechterte. Die Belegschaft wurde darüber in Kenntnis gesetzt, dass ein Test stattfinden sollte.

Die Ergebnisse waren nicht ganz so, wie die Forscher erwartet hatten – doch sie lieferten wichtige Erkenntnisse über die menschliche Natur. Der erste Test bestand darin, die Helligkeit der Lampen in der Fabrik zu erhöhen. Es ließ die Produktivität ansteigen. Das erschien logisch, denn je besser die Leute sahen, desto schneller konnten sie arbeiten, nicht wahr? *Hellere Beleuchtung = höhere Produktivität.* Nur um sicherzugehen, beschloss man, die Beleuchtung weniger hell zu machen, als sie es ursprünglich gewesen war. Vermutlich hatte man erwartet, dass die Produktivität sich irgendwo unterhalb des ursprünglichen Niveaus einpendeln würde, doch verblüffenderweise stieg sie *noch einmal* an. Noch weiter als bei der helleren Beleuchtung.

Hellere oder dunklere Beleuchtung = höhere Produktivität? Seltsam.

Dann veränderte man die Temperatur und stellte fest, dass auch hierbei die Produktivität zunahm – und so mit jedem weiteren Test, egal, ob man es wärmer oder kälter machte, solange sich nur etwas veränderte.

Daraus schlossen die Wissenschaftler, dass es nicht darauf ankam, *was* sie veränderten, sondern dass allein *die Tatsache, dass sie etwas veränderten,* zu einer Steigerung der Produktivität führte. Der Grund war die besondere Aufmerksamkeit, unter der die Arbeiter standen. Die gesteigerte Produktion war ihre Reaktion auf die Tatsache, dass sie unter Beobachtung standen. Dieses Phänomen wurde später *Hawthorne-Effekt* genannt.

Etwas ganz Ähnliches geschieht beim TOLLEN LIFEHACK. Das ist unser Hawthorne-Effekt. Dass wir abnehmen (zumindest anfangs), liegt nicht an den spezifischen Qualitäten unserer neuen Ananas-Wunderdiät, sondern daran, dass wir anfangen darauf zu achten, was wir essen, anstatt wie vorher alles in uns hineinzustopfen, was in Reichweite ist. Wir stehen früher auf (zumindest anfangs), nicht weil wir auf die Schlummertaste verzichten, sondern weil wir beschlossen haben, etwas gegen unsere Faulheit zu tun. Wir hören damit auf, unsere Kinder mit Schimpfwörtern zu bedenken (zumindest anfangs), nicht weil das Zählen bis zehn den Impuls unterdrückt, sondern weil wir erkannt haben, dass das Verfluchen der eigenen Kinder eine so unschöne Angewohnheit ist, dass man etwas dagegen unternehmen sollte.

Nur sind wir nicht in der Lage, diese Konzentration auf das Problem und die besondere Anstrengung, es zu lösen, auf Dauer aufrechtzuerhalten, deshalb gleiten wir irgendwann in die alten Muster zurück.

Wie die meisten Menschen, die zu viel Zeit haben, mache ich mir gerne ein schlechtes Gewissen, indem ich Ratgeber lese. Mein Eindruck ist, dass die meisten Ratgeber-Bücher ihre Leser enttäuschen, weil sie all die beschriebenen Phänomene ignorieren. Sie überschätzen a), wie rational wir sind, und b) unsere Fähigkeit zu beurteilen, was wir wollen. Sie konzentrieren sich zu sehr auf das *Was*, auf die Variable, die wir ändern sollten – wie das Licht oder die Heizung in jener Fabrik in Chicago. Aber das *Was* ist nicht, worauf es ankommt. Nicht die Details des TOLLEN LIFEHACK sind wichtig. Es ist ein gutes Gefühl, Entscheidungen zu treffen und die Kontrolle über unser Leben zu haben, egal, wofür wir uns entscheiden oder welche Methode wir wählen. Wir übernehmen die Kontrolle. Wir akzeptieren nicht, Opfer unserer Umstände zu sein. Die Freiheit der Entscheidung ist in gewisser Hinsicht genauso wichtig, wenn nicht gar wichtiger, wie die Wahl, die wir letztendlich treffen – wichtiger als die Frage, welche Einstellungen für Beleuchtung und Heizung wir für das Fließband unseres Lebens auswählen.

Mensch = irrational

Ein weiterer Pfad, der schnell in die Enttäuschung führt, beginnt mit dem Überschätzen der eigenen Rationalität. Ich habe viele Ratgeber gelesen, die genau diesen Fehler machen. Sie betrachten den Menschen als eine Sammlung von Inputs, Prozessen und Outputs. Wie ein Auto. Man gibt Benzin hinein und bekommt Vorwärtsbewegung und Abgase. Wenn man morgen die gleiche Menge Benzin einfüllt, kommt die gleiche Menge an Kilometern und Abgasen heraus. Und so macht es sich diese Art von Selbsthilfe-Büchern zur Aufgabe, alle Mängel in unserem Konstruktionsplan und alle unzureichenden Charakterprozesse, die Fehlzündungen unseres Motors verursachen oder nervige Warnleuchten auf dem Armaturenbrett unseres Lebens aufleuchten lassen, zu identifizieren und zu reparieren.

Dabei gibt es zahlreiche Studien, die belegen, dass wir einfach nicht besonders rational sind. Wussten Sie zum Beispiel, dass das Glücksgefühl von Bronzemedaillen-Gewinnern tatsächlich höher ist als das von Silbermedaillen-Gewinnern, obwohl sie schlechter abgeschnitten haben?[17] Oder dass Menschen, die die Zahlen auf ihrem Los selbst bestimmen können, stärker als andere daran glauben, dass sie bei einer Lotterie gewinnen werden? Dass Menschen zuversichtlicher sind, dass sie beim Würfeln gewinnen werden, wenn sie selbst den Würfel rollen können?[18] Dass in manchen Situationen Manisch-Depressive ihr Leben auf rationalere Weise analysieren können als seelisch Gesunde? Dass Arme, deren Wohlstand zunimmt, glücklicher sind als Reiche, die ärmer werden – auch wenn Letztere am Ende immer noch um ein Vielfaches reicher sind als ihr ärmeres Pendant?[19] Oder dass, vor die Frage gestellt, ob sie lieber einen Job haben würden, in dem sie im ersten Jahr 30 000, im zweiten Jahr 40 000 und im dritten Jahr 50 000 Dollar verdienen, oder einen Job, der ihnen im ersten Jahr 60 000, im zweiten Jahr 50 000 und im dritten Jahr 40 000 Dollar einbringt, sich die Mehrheit der Befragten für Option eins entscheidet, auch wenn sie im zweiten Fall, bei dem der Lohn sinkt, am Ende unter dem Strich 10 000 Dollar mehr verdient hätten?[20] Für weitere Beispiele empfehle ich noch einmal Daniel Gilberts *Ins Glück stolpern*, das klügste und witzigste Buch über die Absurdität der menschlichen Natur, das zu lesen ich je das Vergnügen hatte.

Psychologen nennen dieses Phänomen Dysrationalität und definieren es als «die Unfähigkeit trotz ausreichender Intelligenz, rational zu denken und zu handeln».[21] Es erklärt, warum ansonsten intelligente Menschen immer noch an Horoskope und Aliens glauben oder beim Roulette auf Schwarz setzen, nachdem mehrmals hintereinander Rot gefallen ist, weil sie überzeugt sind, dass Schwarz nun «dran» ist, oder Opfer von Kulten und Religionen werden, obwohl es keinen Beweis für deren Glauben gibt.

Menschen funktionieren eben nicht wie ein Auto – wir sind eher wie der Zylinder eines Zauberers. Egal, welchen Input man wählt – eine Spielkarte, eine Armbanduhr, eine Brieftasche, einen Zauberstab –, der Output kann jederzeit ein flauschiges weißes Kaninchen sein. Die Armbanduhr kann sich in ein endloses Band bunter Seidentücher verwandeln. Und die

Brieftasche kann völlig verschwinden. Was geschieht im Inneren? Wer weiß. Es ist ein Mysterium. Eine Blackbox. Einige nennen es Zauberei. Man könnte auch sagen: *ein Mensch sein*.

Ironischerweise ist es just diese Irrationalität, die uns daran hindert, uns unsere Irrationalität einzugestehen. Genau wie wir denken, dass wir klüger sind, als es tatsächlich der Fall ist. Oder bessere Autofahrer. Wir halten uns für rational. Andere Menschen mögen von ihren Vorurteilen an der Nase herumgeführt werden – *uns* kann das nicht passieren. Das Resultat ist, dass wir oft zu irrational sind, um unser irrrationales Verhalten als solches zu erkennen – und selbst wenn wir es erkennen, sind wir zu irrational, um etwas dagegen zu tun. Es ist, als würde man einen Bankräuber auffordern, sich selbst zu fangen. Man kann es als eine Variante des sogenannten Dunning-Kruger-Effekts betrachten, der das Phänomen beschreibt, dass dumme Menschen zu dumm sind, ihre eigene Dummheit zu erkennen, was zur Folge hat, dass sie von der Richtigkeit ihrer Entscheidungen ebenso überzeugt sind wie intelligente Menschen, oft sogar noch überzeugter. Wir wollen gerne glauben, dass wir unser Leben im Griff haben und unser Verhalten berechenbar ist. Dass unser heutiges Denken, Fühlen und Verhalten eine Prognose über unser Tun von morgen erlaubt. Dass unsere Leistungen von gestern ein Indikator für unseren Erfolg von morgen sind. Dass wir, wenn wir heiraten, unserem Partner treu bleiben werden. Dass wir einer hilfsbedürftigen alten Dame über die Straße helfen würden und dass wir derselben alten Dame morgen wieder helfen würden – auch dann, wenn es regnet oder wir schon spät dran sind mit dem Abholen der Kinder aus der Schule. Weil wir nette, hilfsbereite Menschen sind. Verlässlich. Engagiert.

In Wirklichkeit sind wir ein Mischmasch aus Persönlichkeit, Erfahrung, Erwartungen und Neurosen. Immer im Fluss. Während ein Teil von uns der alten Dame helfen will, will der andere Teil, dass sie endlich aus dem Weg geht, damit wir uns mit irgendeinem kleinen Problem befassen können, das uns gerade unter Stress setzt. Und ein anderer, tief im Unterbewusstsein vergrabener Teil unseres Ichs würde sie am liebsten einfach mit dem Auto über den Haufen fahren, nur so aus Spaß. Unser Körper und unser Gehirn sind eine Kombination unterschiedlicher Subsysteme mit unterschiedlichen Wünschen und Bedürfnissen, die oft in direktem Widerspruch zueinander stehen. Während ein Teil von uns gerne ausruhen möchte, will der andere, dass wir produktiv sind. Ein Teil von uns sehnt sich nach Ruhe, um frische Eindrücke zu verarbeiten, der andere wünscht sich die stimulierende Gesellschaft anderer Menschen, um neue Erfahrungen zu machen. Josh Kaufman schreibt in seinem Buch *The Personal MBA*[22] über diesen Konflikt: «Es ist, als würden in einem Raum ein Heizlüfter und eine Klimaanlage darum wetteifern, die Temperatur zu bestimmen. Solange ihre Thermostateinstellungen einander widersprechen, wird keiner von beiden die Kontrolle erringen können – sie werden nur immer weiter Energie darauf verwenden, das System in die von ihnen angestrebte Richtung zu verschieben.»

Es gibt immer diesen inneren Konflikt, und so banale Dinge wie die Frage, wie hungrig wir sind, wie hoch unser Blutzuckerspiegel ist, wie viel Willenskraft wir bereits gegen andere Versuchungen aufgewendet haben oder einfach nur wie spät es ist – all das kann einen Einfluss darauf haben, welches jener Subsysteme gewinnt und die Kontrolle übernimmt.

Wir wissen nie, was wir wollen, weil wir alles und gleichzeitig nichts wollen

Wenn wir diese Tatsache vergessen, kann es leicht passieren, dass wir frustriert sind von unserer eigenen Unfähigkeit, so zu handeln, wie andere und wir selbst es von uns erwarten. Wir wissen, dass wir auf dem Fahrersitz unseres Lebens sitzen – und wir können nicht verstehen, warum das Auto, das wir steuern, nicht so reagiert, wie wir es gerne hätten. Warum es gestern, als wir nichts Wichtiges zu tun hatten, flott unterwegs war, während es heute, da wir einen wichtigen Besuch machen oder einen dringenden Termin einhalten müssen, nicht von der Stelle kommt. Es bringt nichts, deswegen zu schimpfen und mit den Füßen zu stampfen – im Gegenteil: Je wütender wir werden, je mehr wir uns beklagen, je klarer uns vor Augen steht, wer wir sind und was wir wollen, desto stärker bemühen sich die unterschiedlichen Teile unserer Persönlichkeit, uns zu sabotieren.

Aber wir müssen diese Irrationalität nicht kurieren. Sie ist ein zentraler Bestandteil unseres Wesens, und es wäre zwecklos, es auch nur zu versuchen. Es wäre, als wollte man eine Zitrone dafür ausschimpfen, dass sie keine Orange ist. Man kann das tun, aber es bringt nichts, und am Ende hat man immer noch eine Zitrone. *Wir sind Zitronen.* Wir müssen diese Tatsache zu unserem zitronigen Vorteil nutzen und gut darin werden, Martinis zu mixen. Statt gegen unsere innere Irrationalität anzukämpfen, sollten wir lieber den Tatsachen ins Auge sehen:

- Wir werden niemals wissen, was wir wollen.
- Wenn wir bekommen, was wir wollen, dann wollen wir es nicht mehr.
- Meistens suchen wir einfach nur die Freiheit, das Gegenteil von dem zu wollen, was wir haben – ohne diesen Wunsch in die Realität umzusetzen.
- *Die Wahlfreiheit* ist in der Regel genauso wichtig wie das, *was* wir letztlich wählen.

Ich habe ein paar Techniken entwickelt, um all diese Ideen in mein eigenes Leben zu integrieren. Vielleicht können sie auch Ihnen helfen.

1. Wenn es funktioniert, dann funktioniert es. Warum, spielt keine Rolle.
Ich bin ständig auf der Suche nach neuen Methoden, mit denen ich mehr schreiben kann. Ich habe schon so viele TOLLE LIFEHACKS ausprobiert – am Morgen schreiben, spätabends schreiben, ein ZEN-Schreibprogramm ohne Funktionen (nicht einmal Speichern), eine feste Zielvorgabe an Wörtern für jeden Tag, im Büro schreiben, zu Hause schreiben,

in Cafés schreiben, im Stehen schreiben. Jedes Mal stellt sich diese anfängliche Steigerung der Produktivität ein, nur um sich dann rasch wieder zu verflüchtigen. Doch wenn ich, um eine Zeitlang produktiver zu werden, nichts weiter tun muss, als eine Variable zu ändern – die Zeit, zu der ich arbeite, den Ort, an dem ich arbeite, die Software, die ich benutze –, kann ich immer wieder Variablen verändern. Ich weiß, dass das irrational ist – aber ich weiß auch, dass diese Einsicht unerheblich ist. Wichtig ist allein, dass es funktioniert. Wenn es das ist, was mein kleines irrationales Ich braucht, kann ich jede Woche eine Variable verändern. Ein neues Büro, ein neuer Stuhl, ein neues Morgenritual, ein neues Trainingsprogramm, ein neuer Schreibansatz, ein neuer Trick beim Notizenmachen. Neues Café. Neuer Kaffee. Neue Kneipe. Neues Restaurant. Im Zug schreiben. Im Park schreiben. Auf dem Kopf stehend schreiben. Egal was. Das *Was* ist nicht wichtig. Es muss keinen Sinn ergeben. Ich muss keine vernünftige Begründung liefern. Ich muss einfach nur mit meiner Irrationalität arbeiten anstatt gegen sie.

Wenn ich gerne Dinge verändere, dann sollte ich mein Leben so strukturieren, dass ich die Freiheit habe, das immer wieder zu tun.

2. Hören Sie auf, sich als eine einzige Person zu betrachten

Kürzlich entdeckte ich eine unwillkommene Zunahme um meine Hüfte, ein klassisches Symptom von zu viel Schokolade und zu wenig Bewegung. Ich beschloss, etwas dagegen zu unternehmen. Ich erinnerte mich, wie viel Spaß ich in meiner Jugend am Fußballspielen hatte – damals spielte ich jeden Tag nach der Schule. Durch die Notwendigkeit besonderer Konzentration und den Rückgriff auf automatisierte Bewegungsabläufe kann man in einen Trance-ähnlichen Zustand geraten, in dem alle banalen Alltagsprobleme von einem abfallen.

Ich fand eine nette Gruppe, die jeden Dienstag und Freitag in einem nahegelegenen Park Fußball spielt. Am ersten Dienstag, an dem ich mitspielte, hatte ich riesigen Spaß. Das war es, wonach ich gesucht hatte. Ich hatte meine Gruppe gefunden, ein neues Zuhause. Ich erstellte mir einen Google-Kalender-Event für jeden Dienstag und Freitag: *Fußball im Park*.

Am Freitagmorgen kam die erste *Fußball im Park*-Erinnerung. «Oh gut, heute wieder Fußball», sagte ich mir. Am folgenden Dienstag bekam ich wieder eine *Fußball im Park*-Erinnerung. «Ah, Fußball, hm. OK», sagte ich. Ich spielte, es war nett. Ich glaube, Sie sehen schon, wie sich das Muster hier weiterentwickelt. Als ich zum dritten Mal die Erinnerung bekam, wollte ich eigentlich nicht mehr spielen. Ich begann, mich über die Verpflichtung zu ärgern, die mein früheres Ich eingegangen war. Das hypothetische, imaginäre Fußballspielen – *die Tore, die ich schießen würde, die neuen Freunde, die ich kennenlernen würde, das Gewicht, das ich verlieren würde* – prallte auf die unvollkommene Realität – *die Tore, die ich nicht schießen würde, die paar Leute, die mir auf den Nerv gingen, den Aufwand, dorthin zu radeln, die Verletzungen, den Regen*.

Obendrein hatte ich das Gefühl, dass es nun nicht mehr meine Entscheidung war, Fußball zu spielen, sondern dass es von mir erwartet wurde – und zwar von einer früheren Version meines Ich. Ich spiele wirklich gerne Fußball. Doch wie sich herausstellte, will ich nur dann spielen, wenn ich spielen will, und ich will mich spontan entschließen, etwa 15 Minuten vorher. Sonst geht mein *vergangenes Ich* eine Verpflichtung ein, die mein *heutiges Ich* einhalten muss, und das nimmt es ihm übel.

Infolge dieses Erlebnisses habe ich angefangen, mich als drei separate Personen zu betrachten – *vergangen, gegenwärtig* und *zukünftig*, wie die Geister von Scrooge in Dickens' *Weihnachtsgeschichte*. Und wie es so oft in Familien vorkommt – die drei *Ichs* wissen, dass sie miteinander verwandt sind, was aber noch lange nicht heißt, dass sie sich mögen.

Das *vergangene Ich* ist am schwersten zu ergründen und gleichzeitig am leichtesten zu korrigieren. Es ist glücklich, wenn das *gegenwärtige Ich* und das *zukünftige Ich* miteinander auskommen. Dann schaffen wir jene glücklichen Erinnerungen, mit denen es sich dort in seiner Vergangenheit wohlfühlt. Wenn diese fehlen, neigt es dazu, das *gegenwärtige Ich* mit den Indiskretionen, Fehlern und verpassten Chancen der Vergangenheit zu hinterfragen und zu unterminieren. Ich tue mein Bestes, nicht auf es zu hören, aber ich weiß, ich werde viel mehr Zeit mit ihm verbringen, wenn ich älter bin, meine Lebensqualität und mein Zeithorizont sich verändern und mein *gegenwärtiges* und *zukünftiges Ich* etwas von ihrem Glanz einbüßen.

Mein *gegenwärtiges Ich* ist durch und durch Hedonist. Es ist der Erste auf der Tanzfläche. Es hat eine Zeitwahrnehmung, die etwa eine Stunde weit in die Zukunft und die Vergangenheit reicht. Es lebt im Augenblick und jagt den nächsten schnellen Kick. Die Konsequenzen seines Handelns sind nicht *sein* Problem, damit müssen sich das *zukünftige* und das *vergangene Ich* auseinandersetzen. Lässt es mich von einer Brücke springen, ist es das *zukünftige Ich*, das mit einem gebrochenen Knöchel zurückbleibt, und das *vergangene Ich*, das diese Entscheidung rechtfertigen oder lernen muss, mit den Konsequenzen zu leben.

Das *zukünftige Ich* – dieses ist das komplizierteste. Es ist die schwierige Tante, die bei ihren Besuchen die Wohnung abfällig mustert und einem erklärt, dass man eigentlich einen besseren Job und ein reinlicheres Badezimmer haben sollte und dass man nicht genug für die Rente zurückgelegt hat.

Natürlich sind die drei Ichs eine grobe Vereinfachung, und sie sind nicht so klar voneinander abgegrenzt. Sie existieren nebeneinander und beeinflussen einander ständig, in Echtzeit. Doch sie auf diese Weise zu unterscheiden, hilft mir, mich selbst besser zu verstehen, hilft mir zu verstehen, warum etwas, das gestern funktionierte und mich glücklich machte, mich heute etwas weniger glücklich macht und mich wahrscheinlich morgen noch weniger glücklich machen wird. Weil dieses Vorhaben, auf das ich mich gestern so freute, als es lediglich eine Idee war, heute zu richtiger Arbeit geworden ist, die ich meinem *zukünftigen Ich* aufbürde. Aber nicht nur das – jetzt ist es etwas Reales, eine Sache, zu der ich mich entschlossen habe, und wenn ich sie wieder aufgebe, muss mein *vergangenes Ich* mit diesem Scheitern leben oder versuchen, es in etwas Positives umzudeuten.

So erklärt sich auch, warum ich oft sogar Dinge, die mir wirklich Spaß machen – wie etwa Fußballspielen –, nicht tun will, wenn diese wirklich vergnüglichen Dinge im Voraus geplant sind. Mein *zukünftiges Ich* und *gegenwärtiges Ich* wollen Flexibilität. Sie wollen die Freiheit, sich ihrer Irrationalität hinzugeben. Oder ihrer Verantwortungslosigkeit. Die Freiheit zu wählen ist ihnen wichtiger als das, was sie letztlich aussuchen. Sie wollen ihre eigenen Entscheidungen treffen. Besonders dann, wenn diese Entscheidungen bedeuten, dass sie das genaue Gegenteil von dem tun, was die anderen *Ichs* und alle meine zahlreichen Subsysteme ihnen rational nahelegen.

3. Begrenzen Sie die Dauer Ihrer Verpflichtungen

Im Zusammenhang mit dieser Erkenntnis erzählte mir ein Freund, der als Projektmanager arbeitet, von einer Regel für IT-Projekte. Bei jedem IT-Projekt, das länger als ein Jahr dauert, sinkt die Chance auf eine erfolgreiche und budgetkonforme Fertigstellung mit jedem vergehenden Monat um 5 %. Das liegt daran, dass die Bedürfnisse des Unternehmens sich wahrscheinlich in der Zwischenzeit gewandelt haben, wenn der Start eines Projekts mehr als ein Jahr zurückliegt. Je länger das Projekt sich also hinzieht, desto wahrscheinlicher ist es, dass dieses tolle neue System ein Problem löst, das in dieser Form gar nicht mehr existiert. Das Unternehmen und seine Prozesse haben sich in diesem Jahr zu sehr verändert. Für IT-Projekte lässt sich also sagen: Kürzer ist besser. Das wird oft in der Formel «Release early, release often» («Veröffentliche früh, veröffentliche oft») zusammengefasst. Ich glaube, die gleiche Logik, die für IT-Projekte gilt, lässt sich auch auf uns anwenden. Das Risiko beim Eingehen von Verpflichtungen, seien sie beruflicher, finanzieller oder emotionaler Natur, wird größer, je länger wir uns festlegen. Darum versuche ich, Festlegungen zu vermeiden.

Das führt dazu, dass Dinge wie eine Ehe für mich keine Option sind. Ich kann meine Wünsche schlicht nicht so weit im Voraus vorhersehen, und ich möchte mir nicht diese Art von emotionaler Beschränkung auferlegen. Natürlich gibt es jede Menge Menschen, die heiraten. Oder Häuser kaufen.

Oder Hunde adoptieren. Oder Kinder bekommen. Oder Zahnarzt werden. Das sind alles langfristige Wetten auf die Zukunft. Es heißt nicht, dass diese Menschen Idioten sind oder dass sie scheitern werden oder dass sie sich nicht wirklich kennen. Es bedeutet einfach, dass sie sich wohler damit fühlen, langfristige Wetten einzugehen; dass sie glauben, besser zu wissen, was sie am Mittwoch, den 13. April 2024, tun wollen, als ich es mir selbst zutraue. Es kann natürlich sein, dass auch mein Zeithorizont breiter wird, wenn ich einmal älter werde, oder dass meine drei Ichs stärker in Einklang kommen werden. Ich hätte nichts dagegen.

Natürlich können auch Verpflichtungen, die langfristig aussehen, in aller Regel spontan abgekürzt werden. Ein Haus kann man verkaufen. Von einem Partner kann man sich scheiden lassen. Aus einer vielversprechenden Karriere als Zahnarzt kann man aussteigen. Aber all das bedeutet noch nicht, dass man auch den Mut hat, es zu tun. Überlegen Sie einmal, wie viele Menschen Sie kennen, die in nicht funktionierenden Ehen bleiben oder in Jobs, die sie hassen, weil sie den Status quo, auch wenn er sie noch so unglücklich macht, immer auf irgendeine clevere Weise rechtfertigen können: «Das geringere Übel ist das, was man kennt», «Was nicht kaputt ist, soll man nicht reparieren», «Ich habe Glück, dass ich überhaupt einen Job habe» und so weiter. Doch wenn man sich gar nicht erst in eine missliche Lage bringt, muss man hinterher auch nicht vor sich selbst rechtfertigen, wie sehr einem die Situation gefällt und dass man sie sich ja schließlich selbst ausgesucht hat.

Aufgrund meiner eingebauten Irrationalität, meinem Bedürfnis nach Wahlfreiheit und der Tatsache, dass langfristige Verpflichtungen Stress für mich und meine drei verschiedenen Ichs bedeuten, ist es für mich am besten, wenn ich mein Leben so organisiere, dass ich meinem *vergangenen* und meinem *zukünftigen Ich* möglichst wenig abverlange. Das bedeutet: keine größeren finanziellen Verpflichtungen; keine hohe monatliche Miete; keine Hypothekenzahlungen; nichts, das mich auf einen festen, regelmäßigen Terminplan, Bürojob oder Projektablauf verpflichtet; nichts, das mich an einen festen Wohnort bindet, ohne dass ich die Chance habe, woandershin zu ziehen, wenn ich Lust darauf bekomme.

Zu meinem Glück ist diese Lebenseinstellung die perfekte Antwort auf eine Welt der raschen Veränderungen, wie ich sie in diesem Buch beschreibe. Zwar rate ich in den meisten Fällen dazu, sich vor den eigenen Launen zu schützen, doch hier handelt es sich um einen Ansatz, der uns gleichzeitig auch auf Zeiten ökonomischer und beruflicher Unsicherheit vorbereiten kann, in denen wir vielleicht schnell auf den Verlust unseres Jobs oder eines wichtigen Kunden oder auf eine unerwartete Mieterhöhung reagieren müssen. Durch die rapide fortschreitende technologische Innovation, die die Beständigkeit von Berufsleben, Wirtschaft, Beziehungen und Lebensführung gleichermaßen abnehmen lässt, ist es wichtiger denn je, sich sein Leben so einzurichten, dass es auf die gleiche Weise flexibel ist wie ein erdbebensicheres Gebäude. Wie diese Gebäude kann auch unser Leben über starke zentrale Träger verfügen – unsere Gesundheit, unsere Freundschaften, unsere Arbeit –, die aber dennoch nicht als unverrückbar betrachtet werden sollten. Diese Gebäude können sich neigen und drehen und auf diese Weise die unvermeidlichen Erschütterungen, die unweigerlich auf uns zukommen, überstehen.

Auf den ersten Blick mag es so aussehen, als würde ich lediglich versuchen, meine Risiken zu minimieren, aber das ist es nicht. Risiko ist gut. Risiko ist in unserem Gehirn untrennbar mit Belohnung verbunden. Wenn Sie in den Zoo gehen, sehen Sie dort Tiere, die in einem besonders kontrollierten Umfeld leben, mit ausreichend Futter und ohne die Bedrohung durch Raubtiere. Wirken diese Tiere glücklich? Nein. Wenn unser Leben zu sicher und zu geborgen wird, ist das Resultat oberhalb einer bestimmten Schwelle nicht, dass wir glücklicher werden, sondern dass wir uns wie diese Tiere gefangen fühlen. Wir brauchen die Freiheit, jeder dummen Idee nachzugehen, die uns in den Sinn kommt, jedem flüchtigen Etwas, das unseren Schlaf unterbricht und uns nach einem Notizblock greifen lässt, um es aufzuschreiben. Jedem Hirngespinst, jedem Luftschloss und jeder lächerlichen Fantasie, die uns reizt. Wir wollen mehr davon. Es sind dies die Momente, wenn unser Herz schneller schlägt, wenn der Atem weniger mühsam geht, wenn unser Leben spontaner ist, wenn wir etwas tun, das uns selbst überrascht, wenn wir den Funken des Lebens spüren, der uns Rückgrat und Hals hinaufschießt und uns in einer kurzen, heftigen Erkenntnis eine Chance aufzeigt, die uns eine Gänsehaut verursacht. Wir brauchen die Freiheit, alle diese Momente beim Schopf zu packen, wenn wir es wollen. Oder lediglich die Tatsache zu genießen, dass diese Möglichkeiten existieren, daran zu glauben, dass wir uns für sie entscheiden könnten, auch wenn wir es niemals tun. Diese Art von Freiheit entsteht, wenn wir unser Leben flexibel strukturieren.

Ich will mit diesem Buch nicht dazu auffordern, Risiken zu minimieren, sondern Belastungen – und unsere finanziellen Belastungen sind das Thema, dem wir uns als Nächstes zuwenden.

Kapitel 8

Finanzielle Vorbereitung: Der «Lifestyle Creep»

Reichtum besteht nicht darin, große Besitztümer zu haben, sondern darin, wenige Bedürfnisse zu haben.

Epiktet

Als ich bei Microsoft arbeitete, hatte ich einen australischen Kollegen namens Paul. Paul war ein liebenswerter, bodenständiger Kiwi. Dass er in einem Hochdruck-Konzernjob bei Microsoft landete, war wohl eher Zufall als Planung. Von seiner Ausbildung her war er Meeresbiologe, und er prahlte gerne damit, dass er ganze Monate damit zugebracht hatte, Lachse zu masturbieren oder pawlowsche Experimente mit Goldfischen zu machen (falls es Sie interessiert: Paul hat bewiesen, dass Goldfische lernen können, den Ton einer Glocke mit Freude oder Schmerz zu assoziieren, je nachdem, was folgt). Was mir an ihm besonders gefiel, war die Tatsache, dass er nichts und niemanden allzu ernst nahm. Es war eigentlich jedem klar, dass er eines Tages die Konzernwelt mit ihren Excel-Tabellen und Verkaufsmeetings hinter sich lassen, eine Jacht kaufen und sie in betrunkenem Zustand in irgendeiner Bucht versenken würde, woraufhin man nie wieder etwas von ihm hören würde.

Wie es dazu kam, dass er für uns arbeitete, und warum er dabei blieb, kann ich nicht genau sagen. Ich glaube, er war der Meinung, dass man ihn zu irgendeinem Zeitpunkt ohnehin feuern würde (und mich wahrscheinlich mit ihm). Bis dahin erfreute er sich an den Lohnzahlungen und wartete es ab. Nicht, dass er nicht gut gewesen wäre in seinem Job, im Gegenteil. Er war nur einfach keiner dieser hektischen Karrieremenschen, die Microsoft so liebt – Leute, die von morgens um acht bis abends um acht am Schreibtisch sitzen und am Wochenende E-Mails verschicken. Er war einfach dieser alberne australische Fisch-Fan namens Paul.

Nachdem ich fast ein Jahr lang bei Microsoft gearbeitet hatte, waren wir beide überrascht, dass man Paul anbot, der Leiter seines Teams von Datenanalysten zu werden. Es bedeutete, dass er für ein Team von fünf Leuten verantwortlich sein sollte. Die größere Verantwortung sollte natürlich entsprechend vergütet werden, mit einer Gehaltserhöhung um etwa 12 000 Euro im Jahr. Vorher managte Paul sich selbst – und wenn man bedenkt, an wie vielen Tagen er zu spät, verkatert oder mit einem auf links gedrehten Hemd erschien, tat er nicht einmal das besonders gut. Doch er war gut in seinem Job. Er lieferte der Marketingabteilung eine Menge intelligenter Einsichten darüber, welche Zielgruppen sie anpeilen sollte, und verbrachte den Rest des Tages damit, mir verrückte Fischpornos zu mailen.

Paul fühlte sich von dem Angebot geschmeichelt, war aber hin- und hergerissen. Eine Beförderung ist eine Beförderung, und natürlich machte er sich auch sofort Gedanken darüber, was er mit zusätzlichen 1000 Euro im Monat (vor Steuern natürlich) anstellen könnte. Er brauchte das Geld nicht wirklich – Microsoft bezahlte gut, und wir lebten in Reading, einer preisgünstigen (wenn auch ausgesprochen langweiligen) Stadt in Südengland.

Er schlief eine Nacht darüber und entschloss sich dann, den Job anzunehmen. Wir feierten das Ereignis, indem wir nach der Arbeit ein paar Biere zusammen tranken, und am nächsten Tag präsentierte er mir stolz das riesige neue Smart-TV, das er sich für 1000 Euro über den Konzernshop gekauft hatte. Vielleicht kommt Ihnen diese Reaktion auf einen unerwarteten Geldsegen bekannt vor: *Oh mein Gott, ich habe Geld, was soll ich kaufen? Das hier? Ja, das hier. Am besten, ich nehme gleich vier davon.*

Kurze Zeit später verließ ich das Unternehmen (obwohl auch ich nicht gefeuert worden war!). Acht Monate danach traf ich mich mit Paul in einem Irish Pub in London. *Es war, als hätte ich einen anderen Mann getroffen.*

Teil 2

Als er die Bar betrat, hätte ich ihn fast nicht erkannt. Er hatte mindestens zehn Kilo zugenommen, sich eine Wampe und eine zusätzliche Speckrolle um den Hals zugelegt. Er sah müde und ausgelaugt aus. Hatte er vorher einen respektlosen und frechen Sinn für Humor gehabt, so kam jetzt kaum noch ein Scherz über seine Lippen, und er schaute auffallend oft auf die Uhr. Ich fragte ihn nach seinem neuen Job, und er erzählte, dass kurz nach seiner Beförderung der Druck immens zugenommen hatte. Konnte er vorher noch vor sich hin wursteln und die Dinge abarbeiten, die man ihm auftrug, so wurde nun erwartet, dass er «proaktiv» tätig wurde. Dass er aus eigener Initiative handelte. Dass er die Aufgaben von anderen definierte und überwachte, während er gleichzeitig selbst genauso viel arbeitete wie vorher. Obendrein war er nicht mehr nur für sich selbst verantwortlich, sondern für das ganze Team.

«*Personalmanagement*. Es ist furchtbar», sagte er, schüttelte den Kopf und nippte an seinem Bier.

«Wirklich? Ich hätte erwartet, dass es dir gefällt, wenn du ein paar Mini-Pauls hast, die du herumkommandieren kannst.»

«Ja, zuerst schon. Für ungefähr drei Minuten. Aber dann wollten sie etwas. *Rat, Führung, Urlaub*. Sie haben Probleme. Individuell sind sie großartig, aber zusammen, als Team? Sie streiten sich und meckern herum. Menschen sind im Grunde genommen nichts als Problemgenerierungsmaschinen.»

Sein Team bestand aus gerade einmal fünf Leuten, doch zwei davon konnten sich nicht ausstehen und waren ständig damit beschäftigt, sich zu zanken und sich gegenseitig schlechtzumachen. Ein anderes Teammitglied war regelmäßig krank, und einer war gegen Überstunden immun, weshalb er von den anderen für einen Faulenzer gehalten wurde. Als Teamleiter konnte Paul nicht einfach um sechs Uhr nach Hause gehen, auch wenn er seine Arbeit erledigt hatte. Das hätte den Eindruck erweckt, er habe nicht genug zu tun, er nehme seine Pflichten nicht ernst oder er sei nicht der Karrieremensch, den seine Vorgesetzten in ihm sehen wollten. Also saß er oft im Büro herum und wartete, bis der Rest des Managements gegangen war, damit auch er nach Hause gehen konnte.

«Naja, zumindest hast du eine Gehaltserhöhung bekommen», sagte ich.

Paul seufzte. «Das war es nicht wert. Nach Steuern und den Sachen, die ich mir gekauft habe, macht es kaum einen Unterschied.»

«Wenn du noch einmal entscheiden könntest», fragte ich ihn, «würdest du die Beförderung wieder annehmen?»

Er dachte ein paar Sekunden lang nach. «Nein. Nicht bei dem, was ich jetzt weiß.»

Ich will Paul nicht zu hart kritisieren, denn wenn wir ehrlich sind, können wir uns in seinem Verhalten zumindest teilweise selbst erkennen und uns vorstellen, dass wir genau wie er gehandelt hätten. Natürlich tut es unserem Ego gut, wenn wir das Gefühl bekommen, dass unsere Leistung geschätzt wird, wenn jemand sagt: «Sie machen einen tollen Job. Wir würden Ihnen gerne eine etwas anspruchsvollere Aufgabe geben und Ihnen mehr dafür bezahlen, dass Sie sie erledigen.» Genau das ist in Pauls Fall passiert. Er fühlte sich geschmeichelt, er glaubte, das zusätzliche Geld würde ihn glücklicher machen, als es dann tatsächlich der Fall war. Bis er das allerdings feststellte, hatte er bereits seine Lebensführung dem neuen Einkommen angepasst.

Für viele Menschen entwickelt sich das Leben auf ähnliche Weise – wir bekommen einen Job und dieser Job bringt einen bestimmten Geldbetrag ein. Auf der Basis dieser Information treffen wir finanzielle Entscheidungen, etwa welches Auto wir fahren, wie viele Zimmer unser Haus oder unsere Wohnung hat, welche Reiseziele für unseren Urlaub in Frage kommen. Wir arbeiten in diesem Job, was das Zeug hält, dann suchen wir uns einen besseren, der meistens mit einem höheren Gehalt und einem höheren Status einhergeht.

Genau wie Paul.

Doch nun, da wir ein höheres Einkommen haben, wollen wir uns in einigen Bereichen unseres Lebens etwas gönnen. Neue Spielzeuge. Neue Accessoires. Neue Wohnung. Als würden wir in einem Computerspiel ein neues Level erreichen. Die Küche in unserer Wohnung hat uns noch nie gefallen, oder? Sie ist ein bisschen dunkel. Außerdem ist das Esszimmer zu klein für die Dinnerpartys, die wir so gerne geben, stimmt's? Also ziehen wir in eine größere Wohnung.

Jippie! Fortschritt!

Bis uns klar wird, dass wir nun neue Probleme haben. Etwa den ganzen zusätzlichen Platz in unserem neuen Heim, der gefüllt werden muss. Natürlich sollen es schöne Möbel von guter Qualität sein, wie es sich für jemanden mit unserem neuen Status gehört, nicht wahr? Da mit der höheren Verantwortung auch unsere Arbeitszeit zugenommen hat, brauchen wir zeitsparende Geräte wie Geschirrspülmaschine oder Staubsaug-Roboter. Wir verspüren sogar das Bedürfnis, uns diese ganzen extravaganten Dinge zu gönnen, die unser *vergangenes Ich* gnadenlos als sinnlos oder übertrieben verspottet hätte – eine Putzfrau, beheizte Handtuchstangen, ein teures Messerset, guten Wein, eine Zitronenhaube.

Durch diesen kontinuierlichen Upgrading-Prozess steigen unsere monatlichen Ausgaben und passen sich der Höhe unseres neuen, höheren Einkommens an. Mit dem Ergebnis, dass sich am Ende des Monats, nachdem alles bezahlt ist, kein großer Unterschied auf unserem Bankkonto feststellen lässt. Je mehr wir verdienen, desto mehr geben wir aus. Man nennt das Lifestyle Creep oder Lifestyle-Inflation – und es handelt sich um ein reales und ernstes Problem.

Denn – auch wenn es wie eine Binsenweisheit klingt – je mehr unser Arbeitgeber uns bezahlt, desto mehr erwartet er von uns. Also steigt mit der Zunahme unseres Gehalts auch die Zahl unserer Arbeitsstunden. Am Ende sind wir gestresster als vorher und haben weniger Zeit, die wir in unserer neuen Wohnung oder hinter dem Steuer des neuen Autos oder auf der Couch vor dem neuen 1000-Euro-Fernseher oder mit unserer Zitronenhaube verbringen können. Und selbst wenn wir Zeit finden, kann es sein, dass unsere Gedanken immer öfter mit der Arbeit beschäftigt sind. Mit dem ständigen Druck in unserem Nacken.

Je weniger Freizeit wir haben, desto mehr erwarten wir verständlicherweise von dieser Zeit. Wir wollen entschädigt werden für die viele Arbeit und den ganzen Stress, den wir haben. Wie oft hört man Leute sagen: «Ich arbeite hart. Habe ich etwa keine teuren Schuhe verdient? Oder einen Fünf-Sterne-Urlaub? Oder ein nettes Zuhause? Oder ein Essen in einem schicken Restaurant?» Also gönnen wir uns diese Dinge.

Doch wenn wir nicht sehr, sehr vorsichtig sind, haben wir uns ganz schnell an alle diese Aufstockungen unseres Lebensstils gewöhnt – und so kann es leicht passieren, dass wir uns einfach immer weiter mit immer neuen und immer höheren finanziellen Verpflichtungen pro Monat belasten. Und das wiederum bedeutet, dass wir immer so hart arbeiten und so viel verdienen müssen, um das alles zu bezahlen, selbst wenn wir am Ende nicht glücklicher sind als vorher mit unserem früheren, bescheideneren Lifestyle. Das Problem liegt darin, dass wir uns sehr schnell an Dinge gewöhnen, ob es eine neue Wohnung ist oder das Schwimmen in einem Wasserfall. Dieses Phänomen wird *hedonistische Tretmühle* oder *hedonistische Adaptation* genannt. Wenn unsere Fixkosten – also etwa unsere Miete oder die monatlichen Hypothekenraten – steigen, kann das zu einem Klotz am Bein werden, der uns daran hindert, zu neuen Ufern aufzubrechen. Die Fixkosten können uns an unserem gegenwärtigen Lebensstandard festketten und einen Jobwechsel erschweren oder Ängste vor einem Jobverlust schüren. Diese Ängste können durchaus begründet sein, bedenkt man die Geschwindigkeit des technologischen Wandels in unserer Wirtschaft. Deshalb ist es von größter Wichtigkeit, dass wir, nachdem wir uns mental auf die zunehmende Unsicherheit des Lebens eingestellt haben, auch finanziell dieser Tatsache Rechnung tragen. Eines der größten Hindernisse in dieser Hinsicht ist der Lifestyle Creep.

Unser Glück ist keine feststehende Größe – es schwankt, und wir können es aktiv steigern. Allerdings nicht in dem Maße, wie wir es uns gerne einbilden, und auch nicht aus den Gründen, die wir uns in der Regel vorstellen. Eine bekannte Studie zu diesem Thema verglich die Lebenszufriedenheit von Lottogewinnern, Menschen, die bei einem Unfall eine Lähmung davongetragen hatten, und einer Kontrollgruppe über einen bestimmten Zeitraum. Das überraschende Ergebnis: Alle drei Gruppen wiesen ein ähnliches Glücksniveau auf. Lotteriegewinner hatten sich nach einiger Zeit an ihren Gewinn gewöhnt und waren dann nicht glücklicher als Querschnittgelähmte, nachdem diese ebenso viel Zeit gehabt hatten, sich an ihre neue Behinderung zu gewöhnen.[23] Ähnliche Untersuchungen kamen zu dem Schluss, dass Scheidungen, der Tod eines Partners, die Geburt eines Kindes[24] oder eine Heirat alle keinen Einfluss auf das langfristige Glücksempfinden haben. Sie mögen eine zeitlich begrenzte Einbuße oder Zunahme bewirken, doch nach einiger Zeit kehren wir auf unser gewohntes Basislevel zurück. Unser Einkommen, unsere physische Attraktivität, selbst unsere Gesundheit sind nur schlechte Indikatoren für unser Glücksniveau.[25]

Was der beste Indikator ist? Die Qualität unserer zwischenmenschlichen Beziehungen.[26] Eine im *Journal of Socio-Economics* veröffentlichte Studie kam zu dem Ergebnis, dass eine Steigerung unseres «gesellschaftlichen Engagements» uns ebenso glücklich machen könne wie zusätzliche 90 000 Euro im Jahr.[27]

Es erfordert natürlich großen Mut, eine Beförderung abzulehnen und zu beschließen, dass man dort glücklich ist, wo man sich gerade befindet. Dass man alles hat, was man braucht, und dass man so viel Zeit wie möglich mit Familie und Freunden verbringen möchte. Und dass alles andere, was wir in unser Leben bringen, nur Dinge sind, die wir bezahlen müssen oder die wieder zu verlieren wir Angst haben werden. Interessanterweise wurden die Lottogewinner nach ihrem Gewinn nicht nur nicht glücklicher, es ließ sich auch nachweisen, dass sie «an einer Reihe von alltäglichen Dingen signifikant weniger Freude hatten».[28] Lifestyle Creep bedeutet nicht nur, dass wir uns an unsere neuen Errungenschaften gewöhnen, er sorgt auch dafür, dass die alten Dinge ihren Glanz verlieren – was uns früher erfreute, empfinden wir jetzt als unbefriedigend.

Ich habe viel über dieses Problem nachgedacht und eine Lösung gefunden, von der ich glaube, dass sie eine einfache Methode darstellt, unsere Finanzen unter Kontrolle zu bekommen und gleichzeitig die Gefahren des Lifestyle Creep zu bekämpfen. Ich nenne sie die Freiheitsformel. Sie ist das Thema des nächsten Kapitels.

Kapitel 9

Finanzielle Vorbereitung: Die Freiheitsformel

Das größte Risiko von allen – heute nicht zu tun, was man tun will, weil man glaubt, dass man sich morgen das Recht dazu kaufen kann.

Unbekannt

Einer meiner alten Freunde aus Highschool-Zeiten hat eine seltsame Beziehung zu Geld, die, wie ich befürchte, alles andere als selten ist. Offenbar hat man ihm als Kind schon beigebracht, dass Banknoten wie die Instruktionen der Geheimagenten in *Mission Impossible* sind – *sie zerstören sich selbst.* Deshalb ist es das Beste, das Geld sofort auszugeben, sobald man es in die Hände bekommt, am besten auf kreative, sorglose und unterhaltsame Weise. Das tut er mit seinem Gehalt, jeden Monat, ohne Ausnahme. Es gibt keine Relation zwischen seinen Einnahmen und seinen Ersparnissen – weil er keine Ersparnisse hat. Und es gibt keinen Grund zu der Annahme, dass ein höheres Einkommen seine Rücklagen wachsen lassen würde, ganz gleich, wie viel er verdiente. Ja, er ist wirklich kreativ, sorglos und unterhaltsam …

Während er als Reinigungskraft arbeitete, verdiente er etwa 10 000 Euro im Jahr und gab 12 000 Euro aus. Dann war er selbstständiger Kurier, verdiente rund 12 000 Euro im Jahr und gab 14 000 Euro aus. Heute ist er als Kurier angestellt, verdient rund 21 000 Euro im Jahr und gibt 23 000 Euro aus. Weil er mit seinem Gehalt und mit der Tatsache, dass er nie Geld hat, unzufrieden ist, jongliert er meist mit einer Reihe von Kreditkarten, Bankkrediten und dubiosen Methoden schnell reich zu werden, die er im Internet entdeckt hat und die fantastische Renditen für minimalen Einsatz von Zeit und Arbeit versprechen – sei es mit dem Verkauf von gefälschter Markenkleidung, der Mitgliedschaft in einem Wettsyndikat oder dem Weiterverkauf von Konzertkarten.

Diese Pläne funktionieren nur selten, weil der Ausgangsgedanke immer ist: *Womit kann ich am meisten Geld verdienen, indem ich so wenig wie möglich arbeite?* Eine bessere Frage wäre: *Mit welcher einzigartigen Kombination meiner Fähigkeiten kann ich die Probleme anderer Menschen lösen?* Dies ist in der Regel ein besserer Ansatzpunkt zum Geldverdienen, aber darauf werde ich in späteren Kapiteln noch eingehen.

Infolge seines Mangels an Voraussicht beläuft sich das Nettovermögen meines Freundes nach zwölf Jahren Berufstätigkeit auf null Euro. Er hat zwölf Jahre lang gearbeitet, um genau dort zu stehen, wo er angefangen hat. Da er im selben Zeitraum eine ganze Reihe von Überziehungszinsen und Kreditkartenschulden angesammelt hat, könnte man sogar sagen, dass er zwölf Jahre gearbeitet hat, um schlechter dran zu sein als am Anfang, aber dieser Gedanke ist zu deprimierend, weshalb wir ihn hier nicht denken wollen.

Kürzlich wollte er sich Geld von mir leihen, weil er eine Reihe von Karten für ein Konzert gekauft hatte, vom dem er erwartete, dass es ausverkauft sein würde, was dann aber nicht der Fall war. Nun wollte er die Karten nicht gleich abstoßen, sondern noch warten und sie erst kurz vor dem Konzert verkaufen – doch dadurch fehlte ihm das Geld, um seine laufenden Rechnungen zu bezahlen.

Ich stellte ihm nur die eine Frage: «Warum?»

Wenn er weiß, dass er alles, was er verdient, in der Sekunde, wo er es in Händen hält, gleich wieder ausgibt und dass das Endergebnis immer ist, dass er kein Geld hat – warum macht er sich noch zusätzlichen Stress mit diesen Methoden schnellen Reichwerdens? Hat er jemals ausgerechnet, wie viele Stunden er in diese Dinge investiert? Wie viel zusätzlichen Stress sie ihm bringen? Wie die meisten Menschen wird er, wenn er 25 000 Euro verdient, 27 000 ausgeben, wenn er 27 000 Euro verdient, wird er 30 000 Euro ausgeben, und wahrscheinlich wird er bei 40 000 Euro 45 000 ausgeben und so weiter und so weiter.

Ich verstehe dieses Verhalten, weil ich, als ich noch in Großbritannien lebte, genauso war wie er. Ich gab jeden Monat alles aus, was ich hatte. Ich hatte verschiedene Überziehungskredite und Kreditkarten, zwischen denen ich mein Geld hin und her jonglierte. Egal, wie viel ich verdiente, irgendwie war ich einfach nicht in der Lage, finanziell festen Boden unter die Füße zu bekommen.

Wie bei meinem Freund, so war auch bei mir mein Lebensstil immer eine Reaktion auf mein Einkommen. Das ist, als würde man ein Menü nur mit Blick auf die Frage zusammenstellen, wie viel Geld man zur Verfügung hat, und nicht, wie hungrig man ist.

Vergessen Sie nicht: Dieses Buch will Ihnen nicht nur zeigen, wie man am besten verhindert, durch einen Roboter ersetzt zu werden, es will auch deutlich machen, wie man sich die Technologie zunutze machen kann, um mehr Freiheit und Abenteuer in sein Leben zu bringen. Der mit Abstand wichtigste Schritt in diesem Prozess besteht darin, seine Finanzen unter Kontrolle zu bekommen. Gutes Finanzmanagement ist zwar nicht sexy, doch es ist das Fundament, auf dem alles andere aufbaut. Wenn wir dieses Fundament stark und gegen die Unterminierungsversuche des Lifestyle Creep immun machen, sind wir gegen viele der Unbilden, die das Leben für uns bereithalten kann, gewappnet. Sei es Arbeitslosigkeit, eine berufliche Neuorientierung oder zeitweilige Gesundheitsprobleme. Ohne dieses Fundament bricht beim ersten Rückschlag entweder alles zusammen oder wir müssen uns verschulden – und das ist letzten Endes nichts anderes als eine aufschiebende Problemlösung, die es umso wahrscheinlicher macht, dass das ganze Gebäude beim nächsten finanziellen Rückschlag zusammenbricht.

Die Freiheitsformel – Lebensstil und Einkommen voneinander trennen

Schließlich fand ich ein System, um meine Finanzen unter Kontrolle zu bekommen. Der Wendepunkt war mein Schritt in die Selbstständigkeit. Weil ich oft keine Einkünfte hatte, musste ich im Blick behalten, was alles hinausging. Ich musste reduzieren und vereinfachen. Mein System funktionierte so gut für mich, dass ich jetzt, nach rund fünf Jahren Selbstständigkeit, endlich so etwas wie *Ersparnisse* habe. Ich hätte nie geglaubt, dass dieser Tag einmal kommen würde. Manchmal logge ich mich bei meinem Bankaccount ein, nur um sie mir anzuschauen. Eigentlich muss ich mein Bankkonto gar nicht mehr ansehen, weil meine Freiheitsformel so gut funktioniert; mein Geld managt sich selbst. Aber es bereitet mir Freude, weshalb ich es dennoch tue.

Das System der Freiheitsformel hat den Zweck, gegen den Lifestyle Creep anzukämpfen. Ziel ist es, unser Einkommen völlig zu vergessen und so zu handeln, als hätte es keinen wesentlichen Einfluss auf die Kernentscheidungen unseres Lebens, also auf Fragen wie die, wo wir leben, wie wir wohnen und wie wir arbeiten. Wie hoch unser Einkommen sein muss, entscheiden wir ganz zuletzt und völlig rational (soweit uns das angesichts unserer vorgegebenen Irrationalität möglich ist), und zwar erst dann, wenn wir unseren Lebensstil analysiert und bilanziert haben. Diese Vorgehensweise ist das genaue Gegenteil von dem, was die meisten Menschen machen – sei es mein Kumpel oder Paul oder mein *vergangenes Ich*.

Es ist ein scheinbar simples System. Es besteht im Großen und Ganzen darin, eine einzige Zahl zu berechnen. Hier ist meine Freiheitsformel:

Fixkosten

Miete: 280 € – die Hälfte der bescheidenen 67-m²-Wohnung, die ich mit meiner Freundin in Berlin teile, einschließlich aller Nebenkosten
Versicherung: 135 € – Krankenversicherung
Abonnements:
9,95 € – die Mistkerle von der GEZ
9,95 € – Spotify-Abo
7,99 € – Netflix-Abo

Summe Fixkosten: 442,89 €

Variable Kosten

Essen/Trinken: 200 € (50 € für meinen Wocheneinkauf)
Unterhaltung:
25 € – Bücher (da ich nur englische Bücher lese, haben die Büchereien in Berlin nur selten das, was ich suche, also kaufe ich immer noch Bücher. Ich kaufe fünf im Monat zum Preis von durchschnittlich 5 €)
19,95 € – Mobiltelefon (es ist ein SIM-Only-Vertrag, den ich jederzeit kündigen kann)
Freizeit/Sport:
100 € – Alkohol/Ausgehen (es ist hilfreich, dass ich kein großer Alkoholtrinker bin)
191,20 € – Essen gehen und andere soziale Aktivitäten wie Konzertbesuche, Kino oder Sport (in der Regel jogge ich, was kostenlos ist, aber manchmal spiele ich Beach-Volleyball oder Hallenfußball)
20,80 € – öffentliche Verkehrsmittel (Berlin ist gut mit dem Fahrrad zu bewältigen, aber etwa einmal die Woche unternehme ich eine längere Hin- und Rückfahrt zum Preis von 5,20 €)

Summe variable Kosten: 556,95 €

Fixkosten (442,89 €) + variable Kosten (556,95 €) = Freiheitsformel (999,84 €)

Bevor ich mit diesem System zu arbeiten begann, war ich davon überzeugt, dass ich wusste, wie viel Geld ich jeden Monat wofür ausgab. Erst das Aufzeichnen meiner Ausgaben über mehrere Monate hinweg machte mir klar, wie falsch ich mit meinem Eindruck lag, wo das Geld tatsächlich hinging. Es zeigte mir präzise, wie viel Geld für ungesundes Essen ich ausgab. Wie viel für das Ausgehen mit Freunden. Wie viel mich das Essen bei meinem Lieblingsasiaten kostete. Wie viel ich für Klamotten ausgab. Wie viel meiner monatlichen Ausgaben einfach für Miete draufgingen.

Es ist eine Binsenweisheit, dass man nicht optimieren kann, worüber man keinen Überblick hat. Das Berechnen der Freiheitsformel ist nur der erste Schritt in diesem Prozess. Sobald man seine Ausgaben kennt, kann man besser entscheiden, ob diese Ausgaben gerechtfertigt sind.

In meinem Fall kann man sehen, dass ich, um bei null herauszukommen und nicht meine Ersparnisse angreifen zu müssen, jeden Monat 999,84 € nach Steuern verdienen muss (bei einem Einkommen von 12 000 Euro im Jahr muss man sehr wenig Steuern zahlen, wenn ich mehr verdiene, zahle ich einfach mehr Steuern, insofern macht es keinen großen Unterschied). Wenn ich im Monat 100 € mehr verdiene oder 100 € weniger ausgebe, dann nehmen meine Ersparnisse um 100 € zu. Tritt das Gegenteil ein, dann nehmen sie um 100 € ab. Im Grunde genommen ist es genau so einfach.

Ich verwalte meine Finanzen auf zwei getrennten Konten:

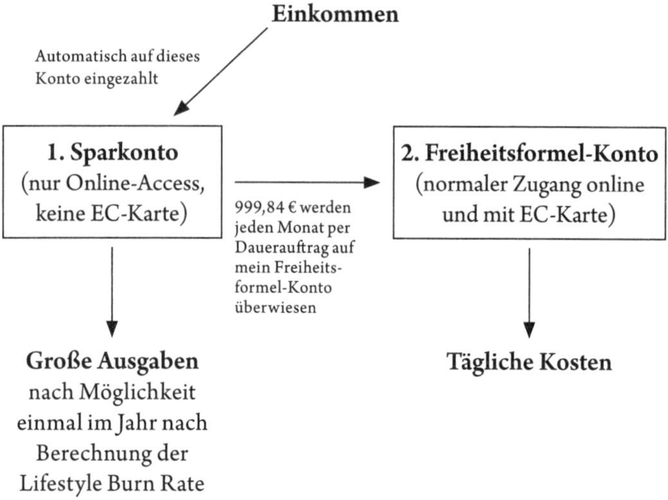

Das Sparkonto: Mein gesamtes Einkommen geht direkt auf dieses Konto. Ich verwalte es per Online-Banking, habe aber keine Geldkarte dafür.

Das Freiheitsformel-Konto: Das ist mein Alltagskonto. Per Dauerauftrag werden zu Anfang eines jeden Monats 999,84 € von meinem Sparkonto auf dieses Konto überwiesen. Von diesem Geld lebe ich jeden Monat.

Ich habe den mithilfe der Freiheitsformel ermittelten Betrag über mehrere Jahre hinweg optimiert, weshalb er inzwischen ziemlich schlank ist. Er könnte noch niedriger liegen, wahrscheinlich so um die 750 €, doch das würde bedeuten, dass ich Einbußen bei meiner Lebensqualität hinnehmen müsste. Mit 999,84 € ist es OK. Ich weiß das, weil ich jedes Element meiner Lebensführung überprüft habe. 999,84 € scheint für mein Leben in Berlin der optimale Wert zu sein. Es ist der Punkt, an dem ich gut lebe, nicht über Geld nachdenken muss, alles habe, was ich brauche, und nicht zu viele Kompromisse eingehen muss.

Dank meines Systems kann ich jederzeit auf einen Blick sehen, wie viel Geld ich in diesem Monat noch übrig habe. Es reicht ein Blick auf den Saldo meines Girokontos. Wenn ich in den ersten Wochen ein wenig über die Stränge geschlagen habe – was sehr selten vorkommt, da mein Lebensstil mittlerweile ziemlich stabil ist –, muss ich am Ende ein wenig kürzertreten. Wenn ich in einem Monat nicht alles ausgebe, dann bleibt der Rest auf dem Konto stehen, und ich habe im folgenden Monat etwas mehr Spielraum für Extravaganzen. Außerdem habe ich eine persönliche Liste von F+E-Projekten, Büchern, Kursen und anderen Fortbildungsmöglichkeiten – eine Idee, die ich aus Ramit Sethis Buch *I Will Teach You to Be Rich* übernommen habe. Manchmal nutze ich übriggebliebenes Geld, um mir Dinge von dieser Liste zu leisten. Und manchmal gebe ich alles für Alkohol und Leckereien aus. Die Entscheidung liegt bei mir.

An diesem Punkt denken Sie wahrscheinlich: *Ganz so einfach ist es aber nicht, oder? Dein System ist viel zu einfach, Adam. Was ist mit all den anderen Dingen wie Autoreparaturen, Urlaub, neuer Kleidung, Zahnarztbesuchen? Und was ist mit Kindern? Denkst du nicht an die Kinder, Adam? Wo sind sie in deiner Freiheitsformel?*

Natürlich ist es nicht ganz so einfach. Es gibt immer eine gewisse Fluktuation durch unerwartete Ausgaben. Manche sind dringend wie Reparaturen an meinem Fahrrad, Besuche beim Zahnarzt oder Heimflüge aufgrund familiärer Notfälle. Wann immer möglich, versuche ich, diese Dinge von meinem Freiheitsformel-Konto zu bezahlen und meine Lebensführung in diesem Monat so anzupassen, dass ich diese Zusatzausgaben auffangen kann, was in neun von zehn Fällen gelingt. Wenn das nicht möglich ist, weil die Rechnung einfach zu hoch ist, muss ich notgedrungen und sehr widerwillig gerade genug von meinem Sparkonto überweisen, um das Loch zu stopfen, das die unvorhergesehenen Ausgaben im Budget dieses Monats gerissen haben. Das betrübt mich immer sehr, deshalb gehe ich diesen Schritt nur, wenn ich wirklich dazu gezwungen bin, was vielleicht einmal im Jahr vorkommt.

Ansonsten tätige ich große Käufe, die nicht dringlich sind, am Ende des Jahres. Dann kann ich mit einem Blick auf mein Sparkonto besser entscheiden, ob meine Ersparnisse im Laufe des Jahres genug angewachsen sind, um eine große einmalige Ausgabe wie einen Winterurlaub oder einen neuen Laptop zu rechtfertigen, oder auch, wie viel von meinem Geld ich in diesem Jahr in meine Altersvorsorge stecken sollte. Da ich bereits mehr Klamotten besitze, als ich brauche, beschränke ich mich in der Regel auf eine kurze Einkaufstour während des Schlussverkaufs im Januar und sorge dafür, dass ich für den Rest des Jahres eingedeckt bin. Wenn ich mich zum Kauf eines Luxusartikels entschließe, dann geschieht das nur, nachdem ich zuerst mein Sparkonto konsultiert habe. Außerdem bezahle ich alle meine größeren Anschaffungen auf einmal, da Ratenzahlung mit meinem sporadischen Einkommen nicht vereinbar ist.

Ich habe mental akzeptiert, dass bei jemandem, der wie ich seit rund sechs Jahren keinen regelmäßigen Bürojob hatte, das Einkommen immer schwanken wird. Temporäre, freiberufliche und selbstständige Beschäftigungen werden zunehmend die Norm, deshalb wird das auch für viele von Ihnen gelten. Darum brauchen wir einfache Messgrößen, die es uns erlauben, unsere finanzielle Lage zu bewerten und auf dieser Grundlage zu entscheiden, wie viel wir arbeiten müssen und welches Einkommen wir uns erlauben können. Mein Einkommen kann schwanken, doch meine Ausgaben können es nicht. Je weniger Kontrolle wir darüber haben, wann Geld hereinkommt, umso strikter muss die Kontrolle darüber sein, was hinausgeht. Das ist der Grund, warum ich das Freiheitsformel-System für so nützlich halte.

Die Lifestyle Burn Rate

Auf den ersten Blick scheint es keinen wirklichen Sicherheitsmechanismus zu geben, der einen daran hindert, regelmäßig Geld von seinem Sparkonto zu entnehmen, um Löcher im Freiheitsformel-Konto zu stopfen, doch dieser Eindruck täuscht. Man entwickelt nämlich mit der Zeit eine emotionale Bindung zu dem Betrag auf seinem Sparkonto. Es schmerzt zu sehen, wenn er abnimmt. Der Hauptgrund für diese Reaktion ist die Tatsache, dass jeder Rückgang auf meinem Sparkonto direkte Auswirkungen auf etwas hat, das ich meine *Lifestyle Burn Rate* nenne. Diese und meine Freiheitsformel sind die einzigen finanziellen Messgrößen, die mir wichtig sind. Sie sind mein Wasser und meine Luft.

Die Lifestyle Burn Rate ist so wichtig, weil ich absolut keine Lust habe, wieder als Vollzeit-Angestellter zu arbeiten. Ich halte dieses Konzept für ziemlich überholt. Ein Rückgriff auf die vergangene Ära der physischen Arbeit. Die Art von Arbeit, die die meisten Menschen heute tun, ist dagegen mit größeren mentalen Herausforderungen verbunden, was bedeutet, dass wir im Idealfall vielleicht vier Stunden pro Tag wirklich produktiv arbeiten können. Da wir aber vertraglich verpflichtet sind, acht Stunden lang anwesend zu sein, verbringen wir die restliche Zeit damit, E-Mails hin und her zu schicken, beschäftigt auszusehen und die Stunden herunterzuzählen, bis wir endlich nach Hause gehen dürfen.

Für viele Menschen wäre schon die Chance auf vier Stunden produktive Arbeit ein Fortschritt. Oft werden wir eingestellt, weil wir eine spezielle Fähigkeit mitbringen – Marketing, Personalmanagement, Schreiben, Lektorieren oder Verkaufen. Was immer es sein mag. Zu Anfang haben wir eine Menge Zeit, dieses Talent einzusetzen, und tragen deshalb zur Wertschöpfung des Unternehmens bei. Wir erfüllen einen spezifischen Bedarf des Unternehmens, aufgrund dessen es uns eingestellt hat. Doch dann, im Lauf der Zeit, werden uns in immer weiter zunehmendem Maße die Geißeln des Angestelltenlebens aufgebürdet – Meetings, E-Mail-Pingpong, das Schreiben von Berichten. Die Pflicht zur Erstellung dieser Berichte haben wir von unserem Vorgänger auf dieser Position ererbt, der sie wiederum von seinem Vorgänger ererbt hat und so weiter bis in die Tage der wirtschaftlichen Prähistorie. Und wahrscheinlich hat die Berichte schon damals niemand gelesen.

Es ist wie bei einem Anwalt, der den Wunsch hat, sich zu engagieren, um der Gesellschaft etwas zurückzugeben, und der deshalb beschließt, eine Stunde pro Woche in einer Suppenküche auszuhelfen. Der Anwalt fühlt sich besser, denn er tut etwas Gutes. Auch die Suppenküche ist glücklich, denn einen weiteren Helfer kann man gut gebrauchen. Doch bedenkt man den hohen Stundensatz, den der Anwalt berechnet, hätte er stattdessen mit einer einzigen zusätzlichen Stunde juristischer Arbeit, deren Verdienst er der Suppenküche spendet, zehn zum Mindestlohn-Satz eingestellte Suppenküchenhelfer eine Stunde lang bezahlen können. Das wären 20 zusätzliche Hände statt zwei. Oft geht es uns in unserem Job ein wenig so wie diesem Anwalt. Anstatt hochwertige Arbeit für unseren Arbeitgeber zu leisten, schuften wir in einer Suppenküche aus Meetings, E-Mails, Berichten und Bürointrigen. Wir finden immer weniger die Zeit, die spezielle Qualifikation einzusetzen, deretwegen wir eingestellt wurden. Unsere Jobzufriedenheit schwindet zusehends, und am Ende wären vier Stunden gute, produktive Arbeit bereits ein Erfolgserlebnis.

Ich möchte nicht in dieser Situation sein. Manchmal habe ich Albträume, in denen ich einen «richtigen Job» habe. Ich wache schweißgebadet auf, schaue auf den Wecker und denke panisch, dass ich zu spät zur Arbeit kommen werde. Diese Albträume werden seltener, wenn ich genau weiß, wie viele Monate es dauern würde, bis meine Reserven aufgebraucht sind und ich mich wieder in die Schlange der werktätigen Bevölkerung einreihen muss, wenn ich ab sofort keinen einzigen Cent mehr verdiene. Und genau das ist es, was meine Lifestyle Burn Rate mir zeigt.

Mithilfe der Freiheitsformel lässt sich die Lifestyle Burn Rate auf ganz einfache Weise berechnen:

Vorhandene Ersparnisse : Freiheitsformel = Lifestyle Burn Rate (in Anzahl der Freiheitsmonate)

Angenommen, ich habe 20 000 € auf meinem Sparkonto und meine derzeitige Freiheitsformel liegt bei 999,84 €. Dann lautet die Rechnung:

20 000 € : 999,84 € = 20,28 Monate Freiheit

Das ist, um eine umgangssprachliche Wendung zu gebrauchen, mein «Leckt-mich-Geld». Die Antwort auf die Frage, wie viele Monate ich Zeit habe, bis ich zu Büroarbeit und Festanstellung zurückkehren muss. In meinem Fall, in meinem Alter und da ich keine Familie unterhalten muss, ist das die einzige wirklich relevante Messlatte für meine finanzielle Gesundheit. In diesem Beispiel hätte ich 20,28 Monate Freiheit.

Jene beiden Zahlen zu kennen, ist aus zwei Gründen großartig:

1. Jeder Euro, um den ich den monatlichen Betrag meiner Freiheitsformel senken kann, verringert meine Lifestyle Burn Rate, das heißt, die Anzahl der Monate in Freiheit steigt.
2. Das genaue Wissen, wie lange meine Ersparnisse reichen, hilft mir zu entscheiden, welche Aufträge ich annehmen will und welche nicht.

Vielleicht bevorzugen Sie persönlich die Sicherheit und Strukturiertheit in einem traditionellen Angestelltenverhältnis. Das ist völlig in Ordnung. Jeder Mensch ist anders – und die Freiheitsformel kann trotzdem nützlich für Sie sein. Denn sie kann Ihnen zeigen, wie viel Geld Sie jeden Monat sparen können (Einkommen nach Steuern – Freiheitsformel). Wenn man Ihnen wie Paul eine Beförderung oder einen neuen Job anbietet, dann sind Sie besser in der Lage, eine Entscheidung zu treffen, wenn Sie Ihre Freiheitsformel und Ihre Lifestyle Burn Rate kennen. Ist das Geld die zusätzliche Verantwortung wert, um welchen Betrag werden Ihre monatlichen/jährlichen Ersparnisse zunehmen? Wenn Sie schon mit Ihrem derzeitigen Lohn jeden Monat genug sparen und ordentlich Rücklagen haben, könnte Ihnen das das nötige Selbstvertrauen geben, um Nein zu sagen – *mir gefällt es auf meiner derzeitigen Position … danke, ich brauche keinen zusätzlichen Stress.*

Effizienz in einigen Bereichen erlaubt Ineffizienz in anderen

Weil ich ein überzeugter Selbstständiger bin und hart dafür gearbeitet habe, meine Freiheitsformel so weit wie möglich zu drücken, ist mir bewusst, dass ich zwar in manchen Bereichen meines Lebens genügsam sein muss, doch dass ich dafür in anderen absolut verschwenderisch sein kann. Angenommen, Sie sind derzeit vollzeitbeschäftigt, dann sind Sie wahrscheinlich *Geld-reich* und *Zeit-arm*. Das ist Ihre Entscheidung. Ich persönlich ziehe es vor, *Zeit-reich* und *Geld-arm* zu sein, zumindest solange ein gewisser Mindeststandard gewährt ist.

Nach meiner Erfahrung ist Zeit oberhalb eines gewissen Komfortlevels weitaus wertvoller als Geld. So bin ich zwar gezwungen, mein Geld effizient zu nutzen, doch dafür habe ich den Luxus, dass ich mit meiner Zeit ineffizient sein kann. Ich bin im Übrigen davon überzeugt, dass Zeit nicht immer gleich wertvoll ist. Ich glaube, sie ist viel wertvoller, wenn man jung ist. Wenn man jung ist, ist man gesund, furchtlos, hat kaum Verpflichtungen und daher die größten Chancen. Selbst wenn ich bis 15 Minuten vor meinem Tod arbeiten muss, werde ich es mit Freuden tun. Doch meine Zwanziger *waren* eine Zeit für Spaß und Experimente – ebenso wie es der Rest meiner Dreißiger sein *wird*. Dies ist wahrscheinlich die beste und am wenigsten von Verpflichtungen eingeschränkte Zeit meines Lebens. Soweit es sich irgendwie vermeiden lässt, werde ich sie nicht mit Arbeiten verbringen, es sei denn, ich arbeite in meinem eigenen Unternehmen oder in einem Projekt, das ich wirklich aufregend finde und bei dem ich der Chef bin.

Sobald ich weiß, dass ich genug Ersparnisse angesammelt habe, um ein Jahr oder mehr ohne Einkünfte überstehen zu können, habe ich eher das Selbstbewusstsein, Arbeit abzulehnen, die ich nicht interessant finde, und mich stattdessen darauf zu konzentrieren, mehr Zeit für meine Freunde, Familie und Interessen zu haben. Ich mache einfach keine Dinge mehr allein wegen des Geldes – na ja, außer es ist wirklich gutes Geld und ich gewinne damit viel mehr freie Zeit, als ich investieren muss, um es zu verdienen. Mit der Freiheitsformel kann ich das leicht quantifizieren und dann entscheiden. Zum Beispiel kann ich meinen täglichen Geldbedarf errechnen:

Freiheitsformel 999,84 € : 30 Tage = 31,95 € pro Tag

Mein Lebensstil kostet mich 31,95 € pro Tag. Wenn mir also Arbeit zu einem Tagessatz von 250 € angeboten wird (nach Steuern, deren Höhe von der Höhe des Einkommens abhängt, so dass ich normalerweise einfach 30 % abziehe um sicherzugehen), kann ich diesen Tagessatz durch meine Freiheitsformel pro Tag teilen:

Tagessatz 250 € : Freiheitsformel-Tagessatz 31,95 € = 7,8 Tage

Für jeden Tag, den ich an diesem Projekt arbeite, kaufe ich mir bei meinem derzeitigen Ausgabenlevel mehr als eine Woche Freiheit. Das kann, je nach Art der angebotenen Arbeit, durchaus ein guter Deal sein. Nicht das Arbeiten an sich ist schlecht, Arbeit gibt dem Leben Sinn – beschissene Jobs sind es, die schlecht sind. Der einfachste Weg, auf dem man jene Art von Freiheit erreichen kann – die Freiheit, schwachsinnige Jobs ablehnen zu können –, ist, dass man nicht viel Geld braucht. Sie müssen mit Ihrer Freiheitsformel auf einen sehr niedrigen Wert kommen, der es Ihnen erlaubt, Ersparnisse zu bilden, und der Ihre Lifestyle Burn Rate senkt – was Ihre Ersparnisse länger vorhalten lässt.

Das soll nicht heißen, dass ich nicht sehr hart arbeite, denn das tue ich. Aber eben nur in Phasen. Wenn ich wirklich mit ganzem Herzen in einem Projekt stecke oder eine Deadline naht. Das Ziel ist nur, dass dies meine Entscheidung ist. Wenn ich das Gefühl habe, dass ich einen Tag vergessen kann, dann ist es mir lieber, ihn direkt abzuschreiben und etwas anderes zu tun, als missmutig am Schreibtisch zu sitzen. Ich neige dazu, im Winter härter zu arbeiten, wenn es weniger Ablenkungen gibt, damit ich im Sommer weniger arbeiten muss, wenn Berlin mir 100 verschiedene bessere Gründe präsentiert, draußen zu sein, weit weg von meiner Tastatur.

Dass ich so lebe, bedeutet zwar, dass ich nicht mit vollen Händen Geld ausgeben kann und deshalb wenig mehr besitze als einen Laptop und ein paar Geschichten, doch mein Leben ist auf andere Weise reich. Ich kann, wann immer ich will, länger schlafen. Ich kann ein langes Frühstück genießen, das direkt in einen Brunch übergeht, aus dem ein langes Mittagessen wird, das sich zu einem Nachmittagssnack entwickelt. Ich kann herumsitzen und mit Freunden reden. Ich kann mir Notizen machen für eine Million Projekte, Ideen, Bücher oder Blog-Posts, von denen ich weiß, dass ich sie nie zur Vollendung bringen werde. Da ich nur Arbeit annehme, die ich von jedem Ort aus erledigen kann, kann ich jederzeit meine Familie in Großbritannien besuchen. Oder ich kann meine Wohnung in Berlin untervermieten – meist sogar mit einem kleinen Gewinn – und ein paar Monate lang in Argentinien leben, wie ich es Anfang diesen Jahres gemacht habe … oder in Mexiko wie letztes Jahr oder in Thailand wie im Jahr zuvor.

Doch auch abgesehen von diesen exotischen Highlights einmal im Jahr glaube ich, dass diese Lebensweise mich in die Lage versetzt, mein Heute bewusster zu genießen. Ich fühle mich nicht gestresst oder gehetzt, wenn mein Zug Verspätung hat oder eine rote Ampel mich auf meinem Weg irgendwohin aufhält. Ich habe die Freiheit, an einem Wochentag im Park zu sitzen – ich weiß, dass es absolut keinen Grund gibt, auf die Uhr zu schauen, weil ich fast alle Zeit der Welt habe. Wenn ich eine Entscheidung fällen will – ob sie nun meine Finanzen betrifft, das Annehmen oder Ablehnen eines neuen Projekts oder einfach nur die Frage, was ich am Wochenende unternehmen soll –, habe ich die Zeit, darüber nachzugrübeln. Das ist wichtig, denn Studien haben gezeigt, dass Menschen wirklich schlecht darin sind, in Mangelsituationen Entscheidungen zu treffen. Wenn wir uns den Luxus einer langfristigen Planung nicht leisten können, weil wir auf ein drängendes Problem reagieren müssen – sei es, das Geld aufzutreiben, um eine Kreditkartenrechnung zu begleichen, oder einen neuen Job zu finden, bevor unsere Ersparnisse aufgebraucht sind –, erhöht dieser Druck die Wahrscheinlichkeit, dass wir eine schlechte Entscheidung treffen. Wir unterliegen der Versuchung, die Zukunft zu beleihen, um die Schulden von heute zu bezahlen. Sendhil Mullainathan, ein Ökonom an der Harvard University und Ko-Autor des Buches *Knappheit: Was es mit uns macht, wenn wir zu wenig haben*, hat dieses Phänomen ausgiebig studiert: «Man leiht von morgen, doch morgen hat man noch weniger Zeit als heute … Es ist ein sehr teurer Kredit … Es ist, als müsse man ein Feuer löschen und jemand reicht einem einen Eimer Wasser. Man nimmt diesen Eimer und bekämpft das Feuer.» Doch in diesem Moment, unter diesem Druck, haben wir weder die Zeit noch die mentale Kapazität, darüber nachzudenken, was mit dem Eimer Wasser einhergeht. «Schaut man sich Kurzzeitkredite, schaut man sich all diese ausbeuterischen Kreditprodukte an, dann haben sie alle dieses Merkmal, das für sie spricht. Sie sind dieser Wassereimer, der gegen das Feuer hilft, das man gerade bekämpft. Doch sie sind an alle möglichen Bedingungen geknüpft. Aber das ist nicht das, was man in diesem Moment sieht.»[29]

Auf diese Weise geraten viele Menschen in einen Teufelskreis schlechter Entscheidungen. Man braucht seinen Monatslohn, um die Kreditkartenabrechnung zu begleichen, und nutzt dann wieder den ganzen folgenden Monat lang die Kreditkarte. Oder wir nehmen einen kleinen Kredit auf, um einen Engpass am Ende des Monats auszugleichen, was bedeutet, dass wir den nächsten Monat mit einem Engpass beginnen, was lediglich die Wahrscheinlichkeit erhöht, dass wir ihn mit einem noch größeren Engpass beenden. Je mehr wir leihen, desto mehr Gebühren zahlen wir, desto mehr Stress haben wir. Desto größer ist die Wahrscheinlichkeit, dass wir noch mehr Kredit aufnehmen müssen, um den Kreislauf zu durchbrechen. Jene schlechten Entscheidungen sind nicht immer finanzieller Natur. Genau der gleiche Mechanismus ist am Werk, wenn wir nicht die Zeit finden, uns zu bewegen, zu schlafen oder gesundes Essen zuzubereiten. Wir beleihen unsere zukünftige Gesundheit, eine Zukunft, die wir infolge der schlechten Entscheidungen von heute mit Diäten, mit Sport, beim Arzt oder krank zu Hause verbringen werden.

Genau das ist es, was wir mit der Freiheitsformel zu durchbrechen versuchen. Wir wollen verhindern, dass wir schlechte, kurzfristige Entscheidungen treffen und dann Energie und Stress dafür aufwenden müssen, uns aus den problematischen Situationen zu befreien, in die diese schlechten Entscheidungen uns gebracht haben.

Überzeugt? Dann lassen Sie uns anschauen, wie Sie Ihre eigene Freiheitsformel berechnen und optimieren können.

Das Berechnen Ihrer Freiheitsformel

Der erste Schritt ist so einfach, wie er klingt. Sie müssen einfach alle Ihre Ausgaben aufzeichnen. Geben Sie das Geld aus wie gewohnt, ohne Wertung. Vergessen Sie, dass Sie darauf achten.

Es gibt viele Online-Tools und Smartphone-Apps für das Aufzeichnen von Finanzen. Nach einer Weile wird es fast zu einer Zwangshandlung, die Summe zu notieren, nachdem man etwas bezahlt hat. Ich zeichne meine Ausgaben sehr detailliert in meiner Smartphone-App auf – in diesem Kapitel habe ich nur den umfassenden Überblick dargestellt. Ich will gerne ganz genau wissen, wie viel ich für Schokolade, Erfrischungsgetränke, Bier, Cocktails und Fast Food ausgebe.

Sie denken wahrscheinlich, dass Sie bereits wissen, wohin Ihr Geld geht. Das dachte ich auch. Doch erst, als ich mir die Zeit nahm, alle Geldbewegungen aufzuzeichnen, wurde mir wirklich klar, wie viel durch Nachmittagssnacks und Spontankäufe von ausgesprochen leckeren Brownies, fast ohne dass ich es selbst bemerkte, von meinem Bankkonto verschwand. Es ist viel leichter, den Geldbetrag, den man jeden Monat für solche Luxusgüter ausgibt, zu rechtfertigen (oder eben nicht zu rechtfertigen), wenn man bis auf den Euro genau weiß, wie viel man ausgibt.

Wenn Sie etwa drei Monate lang Ihre Ausgaben aufgezeichnet haben, haben Sie genug Daten, um mit dem Ausrechnen Ihrer Freiheitsformel zu beginnen, indem Sie einen Durchschnitt dieser Monate bilden. Je länger Sie die Aufzeichnungen fortführen, desto größer wird die Aussagekraft dieser Zahl werden.

Zu Anfang wird der Wert Ihrer Freiheitsformel wahrscheinlich erschreckend hoch sein. Viel, viel höher, als Sie sich vorgestellt haben. Oder er wird mehr oder weniger exakt die gleiche Höhe haben wie Ihr Monatsgehalt. Machen Sie sich deshalb keine Sorgen. Das ist nur der Anfang des Optimierungsprozesses, und es ist wahrscheinlich, dass Sie seit Jahren einen mehr oder weniger starken Lifestyle Creep erleben, ein langsames, aber stetiges Aufbessern Ihres Lebensstils.

Das Reduzieren der Freiheitsformel

Wenn Sie den aktuellen Wert Ihrer Freiheitsformel ermittelt haben, kann der Spaß richtig losgehen – indem Sie nämlich damit beginnen, diese Zahl zu verkleinern. Müssen Sie wirklich 80 € im Monat für das Fitnessstudio ausgeben? Könnten Sie die zwei Starbucks-Kaffees am Tag auf einen reduzieren? Wie viel würde das sparen? Sie könnten es mit einer Variante des monateweisen Fastens versuchen, das ich im Kapitel über Erwartungen erwähnt habe. Ich probiere jeden Monat eine neue Fasten-Herausforderung aus – wie etwa einen Zuhause-Kochen-Monat, einen Kein-Alkohol-Monat, einen Kein-Zucker-Monat, einen Kein-ÖPNV-Monat usw.

Das Ziel dabei ist, alle Ihre Kosten durchzugehen und zu schauen, welche davon Sie senken oder ganz eliminieren könnten, ohne Ihren Lebensstil merklich zu beeinträchtigen. Oft ist die Vorstellung, etwas aufzugeben – sei es Satelliten-Fernsehen, Haferplätzchen, Biobananen oder ein Auto –, viel schrecklicher als die Realität. Erst wenn wir es ausprobieren, können wir wirklich sehen, was der Verzicht für unsere Lebensqualität bedeutet und ob der Unterschied groß genug ist, um den Anteil an der Freiheitsformel zu rechtfertigen, den etwas im Moment beansprucht. Oft zeigt sich, dass man den Verlust in anderen Bereichen kompensieren kann, etwa indem man eine Laufgruppe in einem nahegelegenen Park findet, die den Fitnessclub ersetzt, oder sich für das Fahrrad entscheidet, statt mit dem Auto zu fahren. Manchmal dauert es gerade einmal ein oder zwei Wochen, bis man sich komplett an den Verzicht gewöhnt hat und feststellt, dass man das, was man abgesetzt hat, überhaupt nicht vermisst. In meinem Fall war es so, dass das Abschaffen des Fernsehers, der Wechsel zu Spotify für die Musik, das Ersetzen des Fitnessclubs durch eine Laufgruppe nicht nur meine monatlichen Ausgaben gesenkt, sondern auch mein Leben vereinfacht haben.

Nach einigen Monaten sollten wir in der Lage sein, unsere Freiheitsformel um mindestens 30 % zu senken – und noch weiter, wenn wir uns dazu entschließen können, in eine billigere Wohnung zu ziehen oder einen anderen großen Ausgabeposten wie etwa ein Auto aufzugeben. Von diesem Punkt können wir in kleinen Schritten immer weitergehen, und wer weiß, wie weit wir am Ende kommen. Wichtig ist allein der langsame, aber stetige Fortschritt. Und nicht vergessen: Zu keinem Zeitpunkt sollte unser Einkommen bei unseren Überlegungen eine Rolle spielen. Das ist in dieser Phase nicht von Bedeutung.

Es kann süchtig machen, darüber nachzudenken, was mit unserer Freiheitsformel geschehen würde, wenn wir woanders hinziehen. Da die Miete oder die monatliche Hypothekenrate wahrscheinlich der bei weitem höchste monatliche Posten ist, kann man davon ausgehen, dass das Reduzieren dieses einen Betrags die größten Auswirkungen auf unsere Freiheitsformel hätte. Eine andere Stadt, ein anderes Land, eine andere Wohnung. Das klingt auf den ersten Blick ziemlich drastisch, ich weiß, aber lassen Sie die Idee erst einmal auf sich wirken.

Technologie und das Internet haben einen zunehmend großen Einfluss darauf, wo und wie man arbeiten kann. Es wird immer wahrscheinlicher, dass Sie, so wie es auch bei mir der Fall war, einen Job finden können, in dem Telearbeit möglich ist. Oder dass Sie Ihr eigenes kleines Unternehmen gründen und etwas online anbieten können – ein Thema, das wir noch aufgreifen werden. Ihr Kunde muss nicht wissen (und es wird ihn auch gar nicht interessieren), wo Sie leben und wie lächerlich niedrig Ihre Lebenskosten sind, während Sie seinen Auftrag ausführen. Wenn Sie das wollen, können Sie Euro verdienen und für indische Rupien oder thailändische Baht leben. Schon allein dadurch könnte Ihre Freiheitsformel über Nacht auf ein Drittel oder gar die Hälfte des jetzigen Wertes sinken – bei gleichbleibendem Einkommen. Das ist der Grund, warum ich in Berlin lebe. Ich bin ziemlich in der Welt herumgekommen, aber ich habe nirgendwo eine Stadt gefunden, die für so wenig Geld einen vergleichbar hohen Lebensstandard bietet. Obwohl ich diese Stadt mehr liebe als jeden anderen Ort auf der Erde, ist das zu diesem Zeitpunkt eigentlich von sekundärer Bedeutung. Die Entscheidung für Berlin als Wohnort fiel – innerhalb gewisser Grenzen – aus wirtschaftlichen Erwägungen. Und wenn die zügellose Gentrifizierung Berlins wie bisher weitergeht, kann es gut sein, dass ich in vier oder fünf Jahren, wenn es zu teuer wird für jemanden, der so leben will wie ich, weiterziehe.

Ich habe noch nicht allzu viele Wohnorte gehabt, doch konnte ich die beträchtlichen Auswirkungen unterschiedlicher Wohnorte auf meine Freiheitsformel in eigener Anschauung erleben. Als ich in Leipzig wohnte, lag der Betrag meiner Freiheitsformel bei gerade einmal 813 €, das ist sogar noch weniger, als ich heute in Berlin brauche. Während meiner Zeit in Auckland in Neuseeland lag er eher bei 1304 €, volle 30 % höher als mein gegenwärtiger Wert. Wenn ich wieder nach Neuseeland ziehen würde, hätte das keinen Einfluss auf mein Einkommen, weil ich ja Telearbeit mache. Dennoch würde ich jeden Monat 30 % meines Einkommens durch höhere Miet- und andere Lebenshaltungskosten verlieren. Oder ich müsste 30 % mehr verdienen, um den gleichen Lebensstandard zu halten – und wahrscheinlich sogar noch deutlich mehr, wenn ich zurück nach England ziehen und in einer teuren Stadt wie London wohnen würde.

Ich persönlich lebe lieber in einer billigen Stadt und habe die Zeit, an meinen Büchern oder Webseiten zu arbeiten, statt in einer teuren Stadt zu wohnen, wenn ich dafür jeden Tag acht Stunden lang für jemand anderen arbeiten muss, immer in Sorge, ob ich in der Lage sein werde, meine Miete zu bezahlen. «Angst behindert Innovation. In teuren Städten leben die Menschen in beständiger Angst. Ein falscher Zug kann alles auf den Kopf stellen, darum passen sie sich an, voller Angst, sie könnten ihren Job, ihre Wohnung, ihre Gesundheit, ihre Versicherung verlieren. Sie passen sich intellektuell an und sie passen ihr Verhalten an»,[30] sagt die Journalistin Sarah Kendzior, die regelmäßig über die «Prestige-Ökonomie» schreibt, in der das sogenannte Prestige eines Universitätsabschlusses die Millenials in die Abhängigkeit oder in Praktikantenjobs in einem großen Unternehmen zwingt.

Vielleicht sehen Sie das völlig anders und finden die Mieten in München, New York oder London gerechtfertigt, gemessen daran, was man als Gegenleistung bekommt. Das ist OK. Es hängt alles davon ab, was man für wichtig hält und ob diese Werte auf Herz und Nieren geprüft wurden, damit es sich nicht nur um Annahmen handelt.

Nicht alle Euros sind gleich

Nicht nur für Menschen wie meinen finanziell leichtsinnigen Freund, der einfach nicht sparen kann, sind die Euros, die wir jeden Monat bis zum Erreichen unserer Freiheitsformel ausgeben, wahrscheinlich die wertvollsten. Sie zahlen für die Grundbedürfnisse unseres Lebens. Sie sind der Unterschied zwischen auf der Straße schlafen und eine Wohnung haben. Eine kalte oder eine beheizte Wohnung haben. Hungern oder genug zu essen haben. Durch den Regen zur Arbeit gehen oder den Bus nehmen. Ich glaube, dass Lebensqualität nicht wie Produktqualität ist. Bis zu einem gewissen Punkt gilt, dass wir umso mehr bekommen, je mehr wir bezahlen. Doch irgendwo in der Größenordnung unserer Freiheitsformel ändert sich das.

Wenn wir nicht ausgesprochen disziplinierte Sparer sind, kann man davon ausgehen, dass jeder Euro, den wir pro Monat über unsere Freiheitsformel hinaus ausgeben – selbst wenn wir nie von diesem Konzept gehört, geschweige denn den Wert berechnet haben –, für Luxusgüter verschwendet wird, die nicht wirklich unser monatliches Glücksgefühl vergrößern. Sofern wir – wie die meisten Menschen – nicht mit einem außergewöhnlichen Maß an Fantasie gesegnet sind, wenn es um das Ausgeben von Einkünften jenseits der Freiheitsformel geht, werden wir wahrscheinlich lediglich bei unzähligen alltäglichen Kaufentscheidungen unnötigerweise eine etwas teurere Variante wählen. Sei es, dass wir nicht mehr in dem sehr einfachen asiatischen Restaurant an der nächsten Ecke essen, wie wir es bisher zweimal die Woche getan haben, sondern für den doppelten Preis in das schickere Restaurant daneben wechseln. Sei es, dass wir die alte 50-Euro-Tasche, die wir vollkommen zufrieden ein Jahr lang mit uns herumgetragen haben, gegen ein neueres Designermodell für 150 Euro eintauschen. Dass wir unser zwei Generationen altes Smartphone für das etwas neuere, schlankere einwechseln, das oben eine blaue Leuchtdiode hat. Dass wir die Vier-Zonen-Matratze durch eine Acht-Zonen-Matratze mit Lendenwirbel-Stützfunktion und Memory-Schaumstoff ersetzen. Es passiert nur zu leicht, dass wir unserem Einkommen die Führung überlassen und unseren Lebensstil entsprechend aufblasen. Wir alle lieben es, hin und wieder mit vollen Händen Geld auszugeben. Das ist OK. Aber es ist besser, niedrige Lebenshaltungskosten zu haben und gelegentlich zu prassen, als hohe Lebenshaltungskosten zu haben und jeden Monat unbewusst zu prassen; den Unterschied zwischen Dingen, die wir wollen, und Dingen, die wir brauchen, nicht zu kennen; und Preis mit Qualität zu verwechseln (was sehr leicht passieren kann). Man kann dazu einen hübschen Test machen. Gehen Sie in den Supermarkt, suchen Sie sich einen Artikel aus dem Nahrungsmittelsortiment aus – das kann so ziemlich alles sein, Schokolade, Kartoffelchips, Fischstäbchen, Wein – und kaufen Sie davon drei Varianten: das absolut billigste Angebot, eine Option aus dem mittleren Preissegment und das teuerste. Dann machen Sie einen Blindtest. Schauen

Sie, welche Variante gewinnt. Überlegen Sie, ob die Preisdifferenz gerechtfertigt ist.

Der Lottogewinn-Test

Kürzlich war ich etwas mit einem Freund trinken, der zu den ersten Investoren bei Bitcoin gehörte. Diese Investition hatte ihm einen kräftigen Gewinn eingebracht, zu diesem Zeitpunkt waren das rund 50 000 Euro. Er fragte mich, was er mit dem Geld machen sollte. Es war riskant, es einfach stehenzulassen, da der Preis der Bitcoin-Aktien regelmäßig starken Schwankungen ausgesetzt war und mehr als einmal fast zusammengebrochen wäre. Aber er hatte keine Ahnung, was er mit dem Geld machen sollte. Es gab einfach nichts in seinem Leben, das er brauchte. Wir verbrachten den Abend mit Brainstormen:

Auto? Nein, zu viel Stress. Schlechtes Investment.

Größere Wohnung? Stress. Höhere monatliche Kosten.

Haus? Nicht für 50 000 Euro. Hypothek zu großes Risiko.

Unternehmensgründung? Er hatte bereits eine Firma, die den größten Teil seiner Zeit in Anspruch nahm.

Urlaub? Er ist Programmierer, er kann jetzt schon von überall arbeiten, unternimmt regelmäßig monatelange Reisen und vermietet seine Berliner Wohnung. Urlaub ist für ihn abgesehen vom Flugticket keine finanzielle Belastung.

Letztendlich fiel uns nichts ein, was er mit dem Geld tun sollte. Er beschloss, 10 000 Euro abzuziehen, um seine ursprüngliche Investition wieder hereinzuholen – plus einen kleinen Gewinn, den er verjubeln konnte –, und den Rest bei Bitcoin zu lassen, sozusagen als risikofreie Spekulation. Es mag seltsam klingen, so zufrieden mit seinem Leben zu sein, dass man keine Ahnung hat, wie man einen unerwarteten Geldsegen von 50 000 Euro ausgeben würde, aber ich glaube, es ist tatsächlich der beste Indikator dafür, dass man richtig lebt. Dass unser Lebensstil und damit auch die Freiheitsformel, wenn unser Einkommen plötzlich doppelt so hoch wäre, sich kaum verändern würden, abgesehen von vielleicht ein paar Prozent hier und da. In meinem Fall gab es seit 2009 ein paar Jahre, in denen ich ein hohes Einkommen hatte (eines meiner Bücher verkaufte sich gut oder eines meiner Online-Projekte machte ordentlich Profit) – und was glauben Sie, wie viel ich in dieser Zeit ausgab? 999,84 Euro. Plus/minus ein paar Euro.[31]

Schlussfolgerung

Es ist leicht sich vorzustellen, dass wir die wichtigen Entscheidungen in unserem Leben bewusst getroffen haben. Dass wir unseren Lebensstil gestaltet haben, anstatt ihn von unserem Einkommen gestalten zu lassen. Es ist schwer, den Unterschied zwischen den Dingen, die wir brauchen, den Dingen, die wir wollen, und den Dingen, an die wir uns lediglich gewöhnt haben, zu erkennen. Die Freiheitsformel-Methode erleichtert uns diese Differenzierung, weil sie von uns verlangt, die Kosten des von uns angestrebten Lebensstils exakt zu quantifizieren, und uns herausfordert, sie Schritt für Schritt zu senken. Damit werden Einnahmen und Ausgaben entkoppelt, was es uns erleichtert, gegen den Lifestyle Creep anzugehen.

Viele der Ratschläge im Rest dieses Buches betreffen Lebensumbrüche der großen und furchteinflößenden Art. Wenn wir sie befolgen, wird ein zuverlässiges Einkommen ein Ding der Vergangenheit für uns sein (sofern wir nicht ohnehin schon durch die Entwicklung des Marktes an diesen Punkt gekommen sind). Je mehr Ersparnisse wir angesammelt haben, desto besser. Je weiter wir unsere Freiheitsformel drücken können, desto besser. Betrachten Sie Ihre Ersparnisse als *Versicherung gegen das Scheitern*, als finanzielles Sicherheitsnetz. Es wird einige Zeit dauern, dorthin zu gelangen, wo wir hinwollen, und es wird mehr falsche Abzweigungen geben als in einem Irrgarten. Ersparnisse und niedrige Lebenshaltungskosten sind zwei Faktoren, die uns in der Spur halten werden.

Fallstudie – Emma Barnie oder: Hausbesetzung im Bowlingclub

Im Zuge der Recherchen für dieses Kapitel fragte ich herum, wer jemanden kannte, der besonders glücklich wirkte, aber sehr wenig besaß. Ein Name wurde dabei immer wieder genannt: Emma Barnie. Mehrere Freunde erzählten mir so oft ihre Lieblingsanekdoten über sie, dass sie in meiner Vorstellung zu einer Art *Keyser-Söze*-Figur wurde, allerdings für bescheidenes Leben. «Barnie lebt fast ohne Geld», sagte einer. «Barnie hat Goldbarren in einem Bankschließfach», fügte ein anderer hinzu. «Barnie lebt in einem besetzten Haus in London, das schöner ist als dein Haus», «Barnie lebt nur von Essen, das sie in Müllcontainern gefunden hat».

Nach mehreren gescheiterten Versuchen einer Kontaktaufnahme und der unzusammenhängendsten SMS-Unterhaltung der Welt konnte ich Barnie endlich an der U-Bahn-Station Balham in Südlondon treffen. Sie trug ein loses blaues Hemd mit Blumenmuster, einen blauen Rock und glänzende blaue Leggins; ein Look, den ich als *Hippie Casual* bezeichnen würde. Sie lud mich in ihr besetztes Haus ein – mein erster Besuch in einem besetzten Haus, wenn ich ehrlich sein soll. Einen kurzen Fußweg vom Bahnhof entfernt bogen wir in eine ungepflasterte Seitenstraße ab. Am Ende dieser Straße gab es eine fliederfarbene Tür aus Holz. Barnie holte ihren Schlüssel heraus und schloss auf, so wie man es mit jeder anderen Tür machen würde. Ich fand es fast ein wenig enttäuschend. Ich hatte ein bisschen mehr Drama erwartet – Zäune überklettern, sich vor Sicherheitsleuten verstecken, scharfe Hunde mit Steaks bestechen. Stattdessen drehte sie diesen Schlüssel im Schloss herum, wir traten ein, und ich stand in einem riesigen grünen Garten. Vielleicht dem größten privaten Garten, den ich je gesehen habe. Und das ausgerechnet in London. Wie sich herausstellte, hatte Barnie das alte Clubhaus eines Bowlingvereins besetzt. Ich würde ihren Garten ziemlich exakt auf die Größe eines Bowling Greens schätzen.

Das Haus selbst besteht aus drei Räumen. Zunächst ist da ein großes

Zimmer, das das eigentliche Clubhaus gewesen war, mit wunderschönen Holzbalken, die abwechselnd schwarz und weiß gestrichen sind. Es ist weitgehend mit Plunder gefüllt – Klamotten, alten Möbeln, CDs, Büchern und Puzzles. Es sieht aus wie eine Kreuzung aus Flohmarkt und dem Ende der Welt. In diesem Raum leben zwei von Barnies Mitbewohnern. Einer unten, hinter einer großen Plastikfolie, und der zweite oben auf einer riesigen Holzplatte, die man über eine improvisierte Leiter erreicht.

Vom Hauptraum aus gelangt man ins Bad. Es ist ganz in Ordnung, und die Spülung der Toilette wird mit Regenwasser gespeist, das Englands Klima mehr als reichlich liefert. Es gibt sogar eine Badewanne. Sie ist aus Plastik und ausgesprochen praktisch, da sie strategisch günstig unter einem großen Loch in der Decke platziert ist, so dass der Regen direkt hineinfällt. Barnies und Nicks Zimmer ist rund 25 Quadratmeter groß und L-förmig. Nick bewohnt den unteren Teil des Ls, Barnie den oberen. Es gibt keine Schallisolierung, die beiden sind nur durch die Ecke des Ls getrennt. Dafür gibt es ein paar weitere Löcher in der Decke und ein sehr staubiges Klavier. Ob ich dort leben könnte? Ich bezweifle es. Ich bezweifle es stark.

Wir saßen ein paar angenehme Stunden lang in dem Garten, und Barnie erzählte mir von ihrem Leben. Alles fing damit an, dass sie mit einem alten Freund in einem Wohnmobil Europa bereiste und feststellte, dass ihr dieser Lebensstil gefiel. Sie war selbst ein wenig überrascht, dass sie die Annehmlichkeiten eines richtigen Zuhauses nicht vermisste. Als sie von diesem Trip zurückkehrte, war sie pleite. Sie versuchte es mit dem Leben in einem besetzten Haus und landete durch einen glücklichen Zufall im besetzten Vereinshaus des Bowlingclubs. Dort gibt es zwar weder fließendes Wasser noch Heizung oder Strom, doch sie stellte fest, dass es sich dort gut leben ließ. Allerdings entsprechen nicht alle Legenden, die über sie erzählt werden, der Realität. Zwar hatte sie früher tatsächlich fast völlig ohne Geld gelebt, doch mittlerweile war sie weniger streng mit sich. Sie hatte sogar einen Job als Assistentin eines Künstlers, für den sie bar auf die Hand bezahlt wurde. Sie holte sich ihre Lebensmittel auch nur noch selten aus dem

Müllcontainer, was sie früher tatsächlich getan hatte, bevor die Supermärkte in der Nähe ihre Sicherheitsvorkehrungen verschärften, um sie und ihre Mit-Hausbesetzer fernzuhalten. Doch das Gerücht, dass sie Gold in einem Bankschließfach habe, stellte sich als wahr heraus. Barnie war dem Rat eines Freundes gefolgt, der ihr versicherte, dass Gold nie seinen Wert verliert. Sie ist immer noch mehrere Monate im Jahr unterwegs, per Anhalter und mit Hilfe eines Untergrundnetzwerks von Hausbesetzern, von dessen Existenz ich nicht einmal etwas ahnte und das offenbar aus einer Menge Menschen besteht, die sich gegenseitig mit Tipps, Tricks und Ressourcen für eine billige Lebensführung versorgen. Es ist nicht zu übersehen, dass Barnie die Herausforderung sucht und herausfinden will, mit wie wenig sie auskommen und von wie wenigen Menschen sie abhängig sein kann.

Ich versuchte, Barnie ein paar markige Aussagen zu entlocken. Ich hätte gerne von ihr gehört, dass sie die Londoner verurteilte, die um sie herum von 9 bis 5 arbeiteten und jeden Monat Hunderte oder wahrscheinlich eher Tausende Euro für Miete oder Hypotheken hinblätterten, während sie selbst exakt null Euro für ihre Wohnung ausgab. Ich wollte, dass sie diese Menschen als «Schafe», «Idioten» oder «Trottel» bezeichnete. Ich wollte, dass sie Marx zitierte und mich einen Konzernsklaven schimpfte. Doch sie sagte nichts dergleichen. «Ich finde das völlig OK, wenn es das ist, was sie wollen», war alles, was sie an Verachtung für die Vollzeitarbeiter aufbringen konnte. Zuerst war ich enttäuscht – ich dachte, vielleicht sind ihre Ansichten nicht provokativ genug, um sie in dieses Buch aufzunehmen. Doch nachdem ich bereits einen so großen Teil des Buches geschrieben hatte, wurde mir mit einem Mal klar, dass sie mit ihrer Lebensweise, gerade *weil* sie so normal ist, eine besondere Relevanz für mein Thema hat. Extreme sind auf den ersten Blick interessant, doch oft sind sie so weit von unserem eigenen Leben entfernt, dass es schwer ist, einen Bezug dazu zu bekommen. Darum glaube ich, dass jemand, der *gerade so* nicht mehr als normal durchgeht, für uns in unserem Alltag wahrscheinlich am interessantesten ist und am ehesten zum Handeln animiert. *Menschen wie Barnie.* Sie lebt den

Lebensstil unserer Freiheitsformel, allerdings hat sie ihn auf die Spitze getrieben. Sie trifft rationale Entscheidungen darüber, wie sie ihr Leben strukturieren will. Sie verweigert sich nicht dem System, sie geht lediglich nicht darin auf. Sie hat sich systematisch über ihre Lebenshaltungskosten hergemacht und herausgefunden, wie weit sie ihre Freiheitsformel drücken kann (momentan auf rund 200 Euro). Sie probiert aus, wie sie was aus ihrem Leben entfernen und dennoch glücklich sein kann. Wenn sie weiß, dass sie absolut zufrieden damit ist, im Chaos eines besetzten Hauses ohne Strom und fließend Wasser zu leben, warum soll sie dann Londoner Mieten bezahlen? Wenn sie weiß, wie wenig Geld sie zum Leben braucht, und wenn sie es vorzieht, reich an Zeit und arm an Geld zu sein, warum sollte sie länger arbeiten, als sie muss? Wenn es ein ungenutztes Gebäude gibt, das vollkommen in Ordnung ist, warum sollte sie es nicht nutzen? Natürlich ist unsere Definition von «vollkommen in Ordnung» wahrscheinlich eine andere als ihre, doch ihre Definition ist auf Herz und Nieren in der Praxis erprobt – was unsere Definition wohl eher nicht beanspruchen kann.

Angesichts der Tatsache, dass wir alle dazu neigen, den Verlust einer Sache weitaus heftiger zu empfinden als ihren Erwerb, ist es wichtig, unserem Leben keine neuen Dinge hinzuzufügen, ohne zu bedenken, ob wir sie auch werden behalten können beziehungsweise wie schmerzlich es wäre, wenn wir sie wieder aufgeben müssten. Es ist leicht, sich durchzuwursteln, immer überzeugt, dass man die Entscheidungen in seinem Leben selber trifft, wenn man in Wirklichkeit nur reagiert. «Living life by default» – also gewissermaßen das passive Übernehmen aller Voreinstellungen des Lebens – hat es der Autor David Cain in einem vielgelesenen Artikel über dieses Thema genannt. «In aller Regel werden wichtige Aspekte des menschlichen Lebens (Beruf, Freunde, Gewohnheiten, Zuhause) durch Zufälle und nicht bewusst entschieden. Das Gefühl, dass da eine große Lücke klafft, hat seinen Ursprung wahrscheinlich oft in der Tatsache, dass eine ernsthafte Diskrepanz existiert zwischen dem, was man in einem dieser Bereiche gegenwärtig hat, und dem, was am besten für einen wäre.»

Es fällt uns schwer, diese Erkenntnis zu akzeptieren, weil wir glauben wollen, dass wir die wichtigen Aspekte unseres Lebens selbst bestimmen – unseren Job, unseren Wohnort, unser Land, unseren Partner, unsere Freunde. Doch in Wirklichkeit führen wir oft lediglich Entscheidungen fort, die wir zu einem früheren Zeitpunkt getroffen haben, als wir weder uns selbst noch unsere Optionen so gut kannten, wie es heute der Fall ist. Also leben wir dort, wo wir studiert haben. Wir sind befreundet mit unseren Kollegen oder Ex-Kollegen – nicht weil sie zu uns passen, sondern weil wir den ganzen Tag mit ihnen verbringen. Wir leben in dem Land, in dem wir aufgewachsen sind, egal, wie schwer dieses Land es einem macht, dort zu leben. «Wenige Menschen stellen sich gezielt die Frage, welches die perfekte Stadt oder das perfekte Stadtviertel für sie wäre, oder versuchen Menschen zu finden, die wirklich genau so denken wie sie. Die meisten von uns leben 70, 80 Jahre lang und verteidigen das, was ihnen mitgegeben wurde, weil sie glauben, das sei, was sie sind», schreibt David. Mir gefällt, dass Barnie sich dem so entschieden verweigert.

Es ist natürlich immer ein großer Schritt, grundlegende Veränderungen an der Struktur unseres Lebens vorzunehmen, selbst wenn es nur vorübergehend ist. Oft ist es leichter, darum zu kämpfen, dass alles so bleibt, wie es ist oder wie es schon immer war, selbst wenn die Struktur unseres Lebens nicht funktioniert. Doch es geht auch anders, glaubt der Motivationstrainer und Autor Steve Pavlina: «Auf der anderen Seite liegen nicht Tod und Verderbnis. Dort ist Erneuerung. Wenn Sie Ihren Besitz und Ihre Beziehungen auf ein wackliges Fundament gebaut haben, dann ist es gut möglich, dass sie zusammenbrechen werden, sobald Sie aufhören, dafür zu kämpfen, dass sich nichts verändert. Lassen Sie sie zusammenbrechen … manche Menschen sehen darin eine Katastrophe. Das ist es nicht. Es ist eine Chance. Wenn Ihre alte Welt zusammenbricht, können Sie sich davon erholen und eine neue aufbauen. Sie haben die Chance, neu anzufangen und jetzt alles besser zu machen.»[32]

Teil 3 – Handeln

Nun ist es an der Zeit, alles, was wir bis hierher gelernt haben, in die Praxis umzusetzen. Wenn Chancen im digitalen Zeitalter ein wenig anders daherkommen als früher, heißt das durchaus nicht, dass es weniger davon gibt. Die Welt wird schwieriger für Menschen, die auf Anweisungen warten, doch sie war nie offener und einladender für diejenigen, die flexibel genug sind, sich ihre eigenen Chancen zu erarbeiten. Im digitalen Zeitalter kann jeder Erfolg haben – und die nächsten sieben Kapitel sollen Ihnen zeigen, wie das geht.

Kapitel 10

Werden Sie zum Marketinggenie

Alle wollen die Welt verändern, aber keiner sich selbst.

Leo Tolstoj

2008 machte ich zum ersten Mal einen Rucksackurlaub in Thailand. An meinem zweiten Tag dort stand ich mitten auf einer lebhaften Einkaufsstraße in Bangkok, unfähig mich zu bewegen. Es war, als hätte jemand die Pausentaste gedrückt, wie bei einem Video. Ich war stehengeblieben, weil ich etwas so Trauriges, so Verstörendes, so himmelschreiend Ungerechtes gesehen hatte, dass es bei mir einfach einen Kurzschluss auslöste.

Inmitten dieses Gewusels aus Geschäftigkeit und Vergänglichkeit war eine runzlige alte Frau auf dem Bürgersteig in sich zusammengesunken. Die Haut hing schlaff über ihre Knochen, und es sah aus, als sei sie implodiert. Ihr Körper, der vor allem aus Knochen zu bestehen schien, hatte das Aussehen eines bizarr zerklüfteten Baumstumpfs, der lose in ein grünes Tuch gewickelt war. Schon dieser erste Anblick war herzzerreißend. Aber es wurde noch schlimmer. Ihr Kopf berührte fast das Pflaster, und in ihrem Mund hatte sie eine kleine Pfeife in Gestalt eines Vogels, in die sie in unregelmäßigen Abständen hineinblies, ohne auch nur eine Andeutung von Rhythmus oder Melodie hervorzubringen. Vor ihr stand ein Tablett mit solchen Plastik-Vogelpfeifen zum Verkauf. Der Preis lag bei etwa zehn Cent.

Ich stand wie hypnotisiert und versuchte zu verstehen, welche Tragödie sich da vor meinen Augen abspielte und warum niemand sonst sich dafür zu interessieren schien. Rings um uns beide herum hasteten die Menschen weiter und gingen ihren Geschäften nach. Ich glaube, es war exakt in diesem Moment, dass ich den Glauben an die Fairness der Welt verlor.

Ihnen ist wahrscheinlich schon vor langer Zeit aufgefallen, dass die Welt nicht fair und es daher völlig überflüssig ist, wenn ich mir die Mühe mache, Ihnen das zu erläutern und diese Geschichte zu erzählen. Ich weiß, ich hatte immer den Gedanken im Hinterkopf, dass alles doch irgendwie halbwegs fair zugehen muss. Ich meine, ich war nicht naiv, ich wusste, dass nicht alle Menschen die gleichen Chancen oder materiellen Güter besitzen. Aber ich dachte, das müsse irgendwie auf eine andere Weise, die vielleicht nicht auf den ersten Blick sichtbar wird, ausgeglichen werden. Ich dachte, dass es wahrscheinlich irgendwelche kosmischen Oberaufseher über das Karma gibt, die Strichlisten führen und den Spielstand im Auge behalten – die Fehlverhalten ausgleichen, die Ungerechten bestrafen usw. Man verliert in einigen Bereichen, dafür gewinnt man in anderen.

Doch hier stand ich als Urlauber in einem fremden Land. Ich war jung, ich war gesund. Ich hatte eine umfassende Krankenversicherung, wie es mir zustand. Ich hatte die Universität besucht. Ich hatte immer gute Jobs gehabt, in denen ich respektvoll behandelt wurde und in denen meine Ideen und meine Kreativität gefragt waren. Ich war in eine weiße Mittelschicht-Familie hineingeboren, meine Eltern liebten mich auf teilweise regelrecht obsessive Weise. Meine Gesundheit war nicht bedroht. Ich war nicht behindert. Ich war nicht gezwungen, meinen Tag damit zu verbringen, wie ein zusammengekrümmtes Häuflein auf der Straße zu liegen und ab und zu in ein kleines Plastikpfeifchen zu blasen, während ich Stunde um Stunde von Tausenden Menschen ignoriert wurde bei meinem Versuch, etwas zu verkaufen, das mir weniger als zehn Cent einbringen würde. Wie konnten diese Frau und ich am gleichen Ort und zur gleichen Zeit existieren, genau dort auf dieser Straße, als wäre all das vollkommen normal und akzeptabel? Warum gibt es keine Zusammenrottungen von mistgabelschwingenden Habenichtsen, die uns das entreißen wollen, was wir nicht erarbeitet, sondern lediglich ererbt haben?

Seit diesem Tag habe ich viele andere Länder bereist und Szenen gesehen, die vielleicht schockierender waren als diese, in noch ärmeren Ländern mit noch weniger sozialer Absicherung als Thailand. Trotzdem sind diese Szene und diese Frau in meine Erinnerung eingebrannt. Ich denke oft an sie, auch jetzt, während ich in meinem hübschen, geheizten Büro sitze und den Arbeitern zuschaue, die im eiskalten Dezember auf der Baustelle gegenüber Zement schaufeln.

Es gibt keine Gleichheit, keine Gerechtigkeit, kein Karma. Es gibt kein Recht oder Unrecht. Keine höhere Macht wacht über uns. Niemand wird einschreiten. Es besteht keine Beziehung zwischen Arbeit und Lohn, zwischen Talent und Erfolg. Vielleicht ist *unfair* noch nicht einmal der richtige Begriff, um das alles zu beschreiben. Das Leben ist eigentlich nicht *unfair*, es ist einfach *gleichgültig*. Es wählt keine Gewinner oder Verlierer aus. Es beachtet uns einfach nicht. Es hat keinerlei Probleme damit, die gleichzeitige Existenz von Milliardären und Bettlern, von Triathleten und Krüppeln, radikalen Muslims und militanten Atheisten, Kapitalismus und Kommunismus, Workaholics und Faulenzern, Alkoholikern und Abstinenzlern, Chanukka und Holocaust, von mir und jener Pfeifenverkäuferin zu akzeptieren.

Man mag das moralisch abstoßend finden, neu ist es jedenfalls nicht. Warum sollte es auch anders sein? Die Irrationalität des Menschen als Individuum wird nicht geringer, wenn wir uns zu einer Gruppe zusammenschließen, eher tritt sie noch deutlicher hervor. *Irrationalität im Quadrat.* Wenn Sie je versucht haben, etwas Komplexeres als ein Grillfest zu organisieren, dann wissen Sie: Sobald mehr als vier Menschen versuchen, etwas zu tun, geht es meist total in die Hose, und dann fängt es an zu regnen. So gibt es zwangsläufig auch beim Aufbau der sozialen und ökonomischen Strukturen, die die Ressourcen der Erde unter sieben Milliarden vollkommen unterschiedlichen Menschen aufteilen sollen, eine ganze Menge Unfairness, Irrationalität, Probleme, Ungleichgewichte, Korruption … und Regen.

In gewisser Hinsicht hat das sogar Vorteile, zumindest für uns. Schon die Tatsache, dass Sie den Luxus, die Zeit, die Fähigkeit und das Bedürfnis haben, dieses Buch zu lesen, ist ein Indiz dafür, dass Sie ein stolzes Mitglied im exklusiven Club der reichsten fünf Prozent der Menschheit sind. Jener fünf Prozent, die ein Dach über dem Kopf, Zugang zu sauberem Wasser, die Fähigkeit zu lesen und zu schreiben sowie einen Job haben. Auch wenn es wahrscheinlich lediglich der Zufall unserer Geburt ist, der uns in unsere derzeitige Lage gebracht hat – wir zählen zu den Gewinnern des Lebens.

Herzlichen Glückwunsch ... und tut mir leid wegen dem ganzen Regen.

Ginge es fair zu auf der Welt, dann wären die Chancen nicht so ungleich verteilt. Sie würden an diejenigen gehen, die sie am meisten verdienen, die am meisten Talent haben, am schwersten arbeiten. Ich weiß nicht, wie Sie das sehen, aber ich gehe davon aus, dass sie nicht an eine so faule Socke wie mich gingen. Wenn aber die Welt nicht fair ist, dann müssen wir auch nicht die Besten sein. Wir müssen nicht härter arbeiten als unsere Konkurrenz. Und wir müssen nicht nett oder fair sein. Natürlich können wir uns dazu entschließen, nett und fair zu sein, wenn wir das wollen, aber diese Entscheidung liegt vollkommen bei uns. Wir können dafür keine Belohnung erwarten, außer wir gewähren sie uns selbst – vielleicht stellen wir fest, dass wir nachts besser schlafen oder ein wenig aufrechter gehen können, wenn wir wissen, dass wir nach unserer eigenen Definition das Richtige getan haben.

Wenn die Welt nicht fair ist, müssen wir nicht die ganze Route im Kopf haben. Wir können nach Abkürzungen und Ausnahmen suchen, nach Orten, an denen all die sich überschneidenden komplexen Systeme des Lebens eine kleine Lücke des Wohlstands lassen, gerade groß genug, dass wir hindurchschlüpfen können. Nach meiner Erfahrung ist die wichtigste Abkürzung das *Marketing*.

Wenn ich mich umschaue, dann sehe ich immer noch viele Menschen, die so tun, als sei die Welt fair. Menschen, die sich Tag für Tag abschuften, still und leise ihre Qualifikationen optimieren und glauben, dass man sie irgendwann entdecken wird, wenn sie nur hart genug arbeiten. Dass Talent, Fähigkeiten, Wissen und Erfahrung belohnt werden. *Dass heute ihr Tag sein wird.*

Doch dieser Tag kommt nie. Sie erleben nie ihren großen Durchbruch. Ich glaube, dass der Einfluss von Hollywood, Religion, unseren Eltern und den Medien in unterschiedlichem Ausmaß, aber letztlich gemeinsam dafür sorgt, den Mythos am Leben zu halten, dass Talent und harte Arbeit durch Erfolg belohnt werden. Doch die tragische Wahrheit sieht so aus, dass es zu jedem Erfolgshelden 999 fast identische Kandidaten gibt, die im Verborgenen vor sich hin schuften, ohne Anerkennung und ohne finanziellen Erfolg, obwohl sie mindestens ebenso intelligent, so fleißig und so talentiert sind wie diejenigen, die es geschafft haben.

Denn leider ist das Leben keine perfekt funktionierende Maschine, in die man Talent und harte Arbeit hineingibt und die am anderen Ende die entsprechende Menge Erfolg ausspuckt. Marketing ist eine der Methoden, mit denen man die Maschine neu justieren kann. Es erlaubt Ihnen, Aufmerksamkeit zu kaufen, zu stehlen und umzulenken.

In einer unfairen Welt gelangt nicht der Talentierteste an die Spitze, sondern der beste Vermarkter

Die Bibel gilt weithin als das meistverkaufte Buch aller Zeiten. Sie ist im Grunde genommen die mittelalterliche Ausgabe von *Harry Potter*. Es gibt darin sogar auch Zauberei, die hier als *Wunder* bezeichnet wird. Ich stelle mir gerne vor, die Bibel in all ihren verschiedenen Formen sei nie geschrieben worden und heute käme ein enthusiastischer bärtiger junger Mann namens Jesus aus dem Nahen Osten in die Konzernzentrale von Random House oder MacMillan, um dort jedem zu versichern, das Manuskript unter seinem Arm, das er als seine Biografie und die Lehre Gottes beschreibt, würde der größte Bestseller aller Zeiten werden. Man würde ihn auslachen, hinaus auf die Straße jagen und ihm seine Sandalen hinterherwerfen.

Wir bekamen früher in der Schule alle paar Jahre ein kleines rotes Neues Testament von der Gideon-Bewegung, und, um es einmal unverblümt zu sagen: Es war schrecklich zu lesen. Wenn es je ein Buch gab, das von einem guten Lektorat profitieren könnte, dann ist das die Bibel. Es ist wahrhaft schwere Kost. Jede Menge Füllmaterial. Moralisierend im Ton, sprachlich teilweise sehr unklar und hochtrabend. *Eine Menge Heimsuchungen.* Hätte er durch ein Wunder (und darin war Jesus gut, also ist es durchaus nicht unmöglich) jemanden davon überzeugen können, sein Manuskript zu lesen, so hätte dieser Jemand ihm zweifelsohne gesagt, dass er drauf und dran sei, sich eine große Chance entgehen zu lassen.

Jesus, warum denkst du nicht in Richtung Serie? Das ist ja nicht einmal eine Trilogie! Ich meine: Wirklich, Jesus – das sind doch ganz grundlegende Dinge. Hier wird Blut getrunken, aber es gibt keinen einzigen Vampir?!?! Menschen erstehen von den Toten auf, aber nicht als Zombies?!?! Weite Teile müssen umgeschrieben werden, andere muss man ganz streichen. Die Rechercheabteilung wird ihren Spaß dabei haben, ein paar von den heftigeren Wundern zu bestätigen. Im Bauch eines Wals überleben? Wasser zu Wein? Ich meine, im Ernst, Jesus? Künstlerische Freiheit schön und gut, aber das kann man wohl kaum noch plausibel nennen. Was soll das heißen, du hast es gar nicht geschrieben? Die Klärung der Rechte wird ein Albtraum werden.

Doch trotz ihrer offensichtlichen Mängel ist die Bibel das erfolgreichste Buch aller Zeiten. Warum? Wie? Was? usw. Nun, weil sie die erste Erfolgsgeschichte des viralen Marketings weltweit ist. Sie verstand, dass man, um Erfolg zu haben, nicht das beste Buch, sondern lediglich das am besten vermarktete Buch sein muss. Und wie hat sie das geschafft, fragen Sie?

Erstens verstand die Bibel – oder genauer gesagt, ihre frühen religiösen Anhänger – die Wirksamkeit von *Street Teams.* Diese hießen damals noch etwas anders: *Jünger, Missionare* oder *Kreuzritter,* doch letzten Endes war es das Gleiche. Sie waren frühe Versionen der heutigen Handelsreisenden. Sie gingen umher, bauten Kirchen (Sales Points), um Aufmerksamkeit für das Buch zu generieren (Werbung), und hielten Lesungen ab (Verkaufsseminare). Sie verbreiteten den Inhalt mit Hilfe von Missionaren (Empfehlungsmarketing) und brachten Leute um, die negative Bewertungen verfassten (Customer Relationship Management). Sie gingen gar so weit, den Leuten zu versichern, dass alle, die nicht an den Inhalt des Buches glaubten, für alle Ewigkeit in der Hölle schmoren würden. *Brillant.* Niemand will in der Hölle schmoren – ich meine, wie unangenehm! Also kauften die Leute natürlich ein oder zwei Exemplare und versuchten, dem feurigen Schicksal der Verdammnis aus dem Weg zu gehen. Stellen Sie sich vor, man würde Zahncreme auf diese Weise anpreisen! Kaufen Sie unsere Zahncreme oder Sie (und Ihr Zahnfleisch) werden auf ewig in der Hölle schmoren! Das ist doch ein überzeugendes Verkaufsargument.

Natürlich gelten einige der Verkaufsmethoden, mit denen die Bibel an den Mann gebracht wurde, heutzutage als ungehörig. Und wenn Sie glauben, dass die Bibel das Wort Gottes enthält, dann sind Sie wahrscheinlich ein geduldigerer Leser dieses Buches, als ich es war. Das ist genau das, was ich meine. Dass man etwas nicht mag, bedeutet nicht, dass es schlecht ist. Und nur weil man etwas mag, muss es nicht gut sein. Es gibt schlicht keine absolute und unparteiische Messlatte für Qualität. Keine Skala wie die Richterskala, nur eben für Talent. Qualität liegt im Auge (und den Ohren) des Betrachters. McDonald's, Coca-Cola, Budweiser, Reality-TV, Paris Hilton, die Gehälter von Fußballprofis, die Filme von Adam Sandler oder Vin Diesel, sie alle sind meiner bescheidenen Meinung nach weitere Beispiele für den Vorrang von Marketing und Vertrieb vor wirklichem Talent und Qualität. Denn die Qualität einer Sache ist vollkommen irrelevant, solange niemand etwas von der Existenz dieser Sache weiß, weil sie einfach zu schlecht vermarktet wird.

Ich nenne dies *Gangnam's Law*. Gangnam's Law stellt fest, dass die Popularität einer Sache in der Regel mehr mit ihrem Marketing als mit ihrer Qualität zu tun hat. Dieses Gesetz verdankt seinen Namen natürlich dem

Hit-Song bzw. -Video *Gangnam Style*, in dem ein Mann so tanzt, als würde er auf einem Pferd sitzen, und dazu weitgehend unverständliche Worte singt. Eine künstlerische Leistung, die so herausragend ist, dass sie allein auf Youtube mehr als zwei Milliarden Mal angeschaut wurde. Bei einem Lied von vier Minuten Länge entspricht dies einer Investition von über 16 000 Jahren Zeit der Menschheit, rund eineinhalb mal so viel Zeit, wie wir gebraucht haben, um die Gesamtheit der Wikipedia zu schaffen.

Es ist zwar immer eine Versuchung, sich ausschließlich auf seine spezielle Fähigkeit, auf *das, was man kann*, zu konzentrieren. Doch in einer unfairen Welt kommt es viel häufiger darauf an, *wie die Menschen von dem, was man kann*, erfahren sollen. Erfolg im digitalen Zeitalter hat damit zu tun, dass man das verstanden hat und bereit ist, diese Erkenntnis zu seinem Vorteil auszunutzen. Wie das geht, darüber werden wir im nächsten Kapitel reden.

Kapitel 11
Vorsingen statt betteln

Die Welt interessiert sich nicht mehr dafür, was du weißt, nur noch dafür, was du mit dem, was du weißt, tun kannst.

Professor Tony Wagner, Harvard University

Alle paar Wochen lese ich in einer englischen Zeitung einen deprimierenden Artikel über einen arbeitslosen Universitätsabsolventen, der trotz all seiner Bemühungen einfach keinen Job finden kann. Der Artikel beginnt mit Statistiken über die wachsende Zahl der Uni-Absolventen, die keine ihrer Ausbildung entsprechende Beschäftigung finden, und die Tatsache, dass die durchschnittliche Verschuldung von Studenten sich ebenfalls auf einem Rekordstand befindet. Was geschieht mit unseren Universitätsabsolventen?, fragt der Autor. Dann schildert er die Geschichte eines bestimmten Akademikers. Es gibt ein Foto, auf dem man ihn oder sie mit konsterniertem Blick vor dem Laptop sitzen sieht. Neben der abgebildeten Person befindet sich ein großer Stapel Papier, der all die Bewerbungen darstellen soll, die diese Person verschickt hat, obwohl sie ihre Bewerbungen wahrscheinlich durch die Bank digital versendet hat. Der Artikel teilt uns die exakte Anzahl von Jobs mit, für die sie sich beworben hat. Die Zahl liegt über 100, manchmal gar bei mehreren Hundert. Der Absolvent wird zitiert mit Aussagen wie: «Es ist wirklich frustrierend. Ich weiß nicht, was ich falsch mache. Niemand will mir eine Chance geben.»

Dieser Mensch tut mir immer sehr leid. So sehr, dass ich dieses Buch schreiben wollte, um ihm zu helfen zu verstehen, was da schiefläuft. Warum er alle Ratschläge befolgt, die andere ihm geben, alles tut, was frühere Generationen getan haben, und dennoch nicht die gleichen Ergebnisse bekommt.

Doch das Erste, was mir beim Lesen solcher Artikel immer wieder einfällt, ist Einsteins berühmtes Zitat: «Die Definition von Dummheit ist, immer wieder das Gleiche zu tun und doch ein anderes Ergebnis zu erwarten.»

Wenn Sie jener Akademiker sind, schon 100 Bewerbungen verschickt und statt eines Jobs lediglich ein paar erfolglose Vorstellungsgespräche bekommen haben, dann ist die logische Konsequenz, nicht mit der 101. Bewerbung weiterzumachen. Wenn es bei den ersten hundert Malen nicht funktionierte, dann wird es das wahrscheinlich auch dieses Mal nicht tun. Es muss an Ihrem Ansatz etwas Grundlegendes nicht in Ordnung sein. Etwas, das Sie niemals lösen werden, wenn Sie weiter zu Hause sitzen und noch mehr Lebensläufe und Copy-and-Paste-Anschreiben nach dem Gießkannenprinzip verschicken – an Menschen, die Sie nie getroffen haben, mit denen Sie nie gesprochen haben und denen Sie nie Ihre Fähigkeiten demonstriert haben.

Was hat sich im digitalen Zeitalter verändert?

Ich glaube, dass Chancen sich im digitalen Zeitalter ein wenig anders ergeben als vorher, und das erklärt teilweise, warum Universitätsabgänger Schwierigkeiten haben. Es hat direkt mit dem Ratschlag *Sei nicht der Beste, sei der beste Vermarkter* zu tun, den wir im letzten Kapitel bekommen haben. Vor dem Internet gab es keine direkte, einfache und egalitäre digitale Verbindung zwischen drei Milliarden Menschen. Wenn Informationen sich verbreiten sollten, dann mussten sie mehrere Schleusen oder Tore passieren und bedurften der Hilfe der jeweiligen Schleusen- oder Torwächter, die sie verkündeten – die Soziologie bezeichnet diese Informationsvermittler entsprechend mit dem englischen Begriff *Gatekeeper*. Solche Gatekeeper waren etwa Zeitungen oder das Fernsehen.

Schauen wir uns als konkretes Beispiel die Verlagsbranche an. Wenn wir vor dem Internetzeitalter ein Buch veröffentlichen wollten, konnten wir es zunächst einmal schreiben – dieser Teil war nicht das Problem: Wir konnten einfach die alte analoge Methode mit Stift und Papier wählen, wenn wir das wollten. *Bis hierher noch keine Gatekeeper*. Doch wollten wir auch Leser dafür finden, dann standen wir vor einer Wand. Wir konnten uns auf die Straße stellen und allen Passanten das Manuskript vor die Nase halten, doch das ließ sich nicht besonders gut skalieren, außerdem bekam man recht schnell schmerzende Arme. Vergessen Sie nicht: Kein Internet heißt kein Amazon und überhaupt kein Internethandel, also konnten wir unser Buch auch nicht online verkaufen. Wollten die Leute vor dem Internet ein Buch lesen, dann gingen sie in der Regel in eine Buchhandlung, um eines zu kaufen. Also musste unser Buch in der Buchhandlung neben all den anderen Büchern stehen.

Damit haben wir unseren ersten Gatekeeper gefunden: *Buchhandlungen*.

Nun können wir bis heute nicht direkt an die Buchhandlungen herantreten. Der Tag ist nicht lang genug, dass jeder Buchladen mit jedem Möchtegern-Autor verhandeln kann. Nein, sie beziehen ihre Bücher nur von einem paar Dutzend verschiedener Verlage, um die Sache überschaubar zu halten.

Wir haben unseren nächsten Gatekeeper gefunden: *Buchverlage*.

Also wir müssen an einen dieser Verlage herantreten und ihn davon überzeugen, dass es in seinem finanziellen Interesse ist, unser Buch zu veröffentlichen und es in unserem Namen an die Buchläden weiterzugeben. Doch ebensowenig wie die Buchhandlungen die Zeit haben, mit jedem einzelnen angehenden Autor zu verhandeln, kann ein Verlag das leisten. Wir können versuchen, unser Manuskript direkt und unaufgefordert an die Verlage zu senden, aber das tun viele Menschen, deshalb wird es wahrscheinlich einfach in einem riesigen Stapel unverlangter Manuskripte in der hintersten Ecke irgendeines Praktikantenbüros versauern und nie von irgendjemandem gelesen werden. Daher ist es am besten, einen Literaturagenten zu finden, der einen vertritt. Agenten haben Zugang zu den Verlagen und können dafür sorgen, dass das Manuskript gelesen wird.

Wir haben unseren dritten Gatekeeper gefunden: *Literaturagenten.*

Zwischen uns und unseren potenziellen glücklichen Lesern stehen nun nicht weniger als drei Gatekeeper, die alle von unserem Buch überzeugt werden müssen, bevor es die Massen erreichen kann. Und wir müssen sie nicht nur überzeugen, wir müssen ihnen allen einen Anteil vom Verkaufspreis abtreten.

Vor dem Internet waren Gatekeeper ein großes Problem.

Selbst wenn jemand ein großartiges Produkt oder eine tolle Dienstleistung entwickelte, war es schwer, die potenziellen Kunden zu erreichen, weil die Gatekeeper im Weg standen. Das war es, was das Internet so aufregend und revolutionär machte: Es war wirklich egalitär (zumindest anfangs, heute könnte man darüber diskutieren, was aus ihm geworden ist), und mit seiner Hilfe hatte wirklich jeder die Chance, dass seine Stimme gehört wurde. Wir hatten etwas geschaffen, an dem jeder teilhaben konnte. Der Blog einer Hausfrau mit zwei Kindern konnte direkt mit der *New York Times* konkurrieren. Jeder konnte ein Publikum für seine Gedichte, seine Musik, Produkte, Bücher, Ideen oder Katzenbilder finden.

Alle konnten gleich sein im Internet! Nieder mit den Gatekeepern!

Eine Zeitlang funktionierte das ziemlich gut. Wir konnten viele Gatekeeper beseitigen. In der Verlagsbranche kam Amazon mit seinem Kindle E-Reader daher und verwirklichte die Vorstellung von E-Publishing für die Massen. Heute kann jeder sein Buch selbst veröffentlichen. Amazon ist ein Gatekeeper, aber ein sehr schludriger, der fast jedes Buch akzeptiert. Wir können mit Buntstift-Zeichnungen illustrierte Gedichte über Einhörner als Buch hochladen, und Amazon wird uns zumindest die Chance geben, das zu verkaufen. Der Internethandel hat zur Beseitigung von Gatekeepern beigetragen, weil er die Verbreitung von immer mehr Produkten ermöglicht und den sogenannten Long Tail des Handels von seinen Einschränkungen befreit hat.

Das Ergebnis ist, dass die traditionellen Gatekeeper der Verlagsbranche – Verlage, Agenten und Buchhandlungen – langsam ihre Macht verlieren. Denn sie sind nicht mehr die Hüter des großen literarischen Tores, das Autoren und Leser voneinander trennt. Internet und Selbstveröffentlichungen haben es geöffnet, und jeder kann passieren, ohne den Wegzoll zu entrichten, der vorher zu entrichten war. Clay Shirky hat diese Entwicklung als «Massenamateurisierung» der Verlagsbranche bezeichnet. Gatekeeper verschwanden, und wir ersetzten die Produktion einer kleinen Anzahl von Experten durch die explosionsartige Vermehrung von Amateuren.

Eine Konsequenz dieser neuen digitalen Utopie, die weniger leicht vorauszusehen war, ist die Frage, wie zum Teufel man sich überhaupt noch Gehör verschaffen soll, wenn plötzlich jeder eine Stimme hat. Wenn jeder etwas sendet, wie können wir dann noch Leute auf unsere Frequenz locken und sie davon überzeugen, dass wir es wert sind, gehört zu werden? Wie können wir sicherstellen, dass das Beste an die Oberfläche schwimmt? Und wie können wir diese ganzen Einhorngedichte unter den Teppich kehren?

Der nächste Schritt ist eine logische Folge: Je mehr Menschen schöpferisch tätig sind, einen Beitrag leisten, etwas verkaufen und die nunmehr weit offenen Tore der Literatur durchschreiten, desto mehr Wettbewerb herrscht auf der anderen Seite dieser Tore. Das Internet hat das Vertriebsproblem durch ein neues Problem ersetzt: *das Finden.*

Alles ist jetzt verfügbar, doch fast nichts ist zu finden.

Das neue Problem ist in gewisser Weise vergleichbar mit dem Gatekeeper-Problem, allerdings sind die neuen Torwächter unsere Aufmerksamkeitsspanne und die verfügbare Zeit.

Kehren wir noch einmal zu dem armen Universitätsabsolventen zurück, der zu Hause sitzt und Bewerbungen verschickt. Das Internet hat die Jobsuche ebenso verändert wie das Verlagswesen. Je nach Spezialisierungsgrad eines Jobs kann es sein, dass ein Unternehmen, das eine bestimmte Qualifikation benötigt, einfach nur diese Fähigkeit und einen Städtenamen googeln muss, um jemanden zu finden, den es dann direkt kontaktieren kann.

Ein Arbeitgeber muss nicht auf Bewerbungen warten. Er kann direkt auf LinkedIn oder Xing gehen und eine Datenbank mit Millionen von Einträgen nach einem Kandidaten mit exakt dem gewünschten Fähigkeitsprofil durchsuchen. Er kann recherchieren, wer diesen Job bei seiner Konkurrenz macht, und denjenigen abwerben. Er kann auf Empfehlung seiner Angestellten jemanden einstellen. Er kann über eine Arbeitsvermittlung einen Subunternehmer oder Freiberufler beschäftigen. Er kann den Job an jemanden in einem anderen Land outsourcen, der für viel weniger Geld zu arbeiten bereit ist.

Genau wie Buchhandlungen und Verlage keine Zeit haben, mit den Legionen von Möchtegern-Autoren zu verhandeln, die ihre Bücher an den Leser bringen wollen, haben viele Unternehmen heute keine Zeit, in der Vielzahl der Bewerbungen die *Spreu* vom *Weizen* zu trennen. Deshalb gehen sie dazu über, diese Aufgabe an Headhunter und Personalvermittler outzusourcen oder auf persönliche Empfehlungen ihrer aktuellen Belegschaft zu vertrauen.

Natürlich werden nicht alle diesen Weg gehen, und für viele Jobs wäre das auch gar nicht sinnvoll. Genauso wenig, wie es sinnvoll ist, dass jeder sich selbst verlegt. Doch für eine wachsende Zahl von Menschen wird es eben sinnvoll.

Uni-Absolventen können nach wie vor zu Hause sitzen und Bewerbungen wie am Fließband produzieren, doch wenn alle das tun, dann sind sie aus dem Rennen, sobald jemand ins Spiel kommt, der bessere Noten, mehr Erfahrung oder die Bereitschaft mitbringt, für weniger Geld mehr zu arbeiten. Die Hürden für eine Bewerbung liegen mittlerweile so niedrig; lange ist es her, dass man über den Freund eines Freundes von einer unbesetzten Stelle erfuhr oder warten musste, bis man ein Stellenangebot aus der Lokalzeitung ausschneiden konnte. Heute ist alles online auf einer Handvoll großer Jobportale zu finden, auf denen jeder andere auch nachschaut. Wie im Fall der jungen Autoren mit ihren selbstpublizierten Büchern müssen auch arbeitsuchende Akademiker mit immer mehr Menschen um die Aufmerksamkeit möglicher Arbeitgeber kämpfen. Je länger es dauert, desto schwerer wird es. Je länger wir arbeitslos sind, desto weniger wahrscheinlich ist es, dass jemand uns eine Chance gibt – einfach deshalb, weil niemand sonst uns eine Chance gegeben hat. Die Unternehmen gehen davon aus, dass wir irgendwie fehlerhaft sein müssen. Es ist, als würde man bei Amazon ein Buch finden, das im Jahr 2011 veröffentlicht wurde, aber keine Besprechungen hat. Das ist verdächtig.

Wie kommen wir aus dieser Situation heraus? Wie verbessern wir unsere Chancen? Wie werden wir entdeckt?

Wir müssen unsere Herangehensweise ändern. Wie die Bibel, wie die Filme von Adam Sandler, wie *Gangnam Style* müssen wir zum Marketinggenie werden. Wir müssen einen Weg finden, uns von der Masse abzuheben und zu demonstrieren, was wir leisten können. Wäre die Welt fair, müssten wir das nicht tun, die Menschen würden alles sehen, was wir anzubieten haben. Aber die Welt ist nicht fair. Wir müssen *vorsingen,* statt um eine Chance zu *betteln.*

Vorsingen statt betteln

2010 war der Werbetexter Alec Brownstein – einer der Universitätsabsolventen vom Anfang dieses Kapitels – arbeitslos. Er wusste, dass er für eine der Top-Internetwerbeagenturen in New York arbeiten wollte, aber er wusste auch, dass diese Agenturen alle jeden Monat Hunderte von Bewerbungen erhielten und dass er einen ungewöhnlichen Ansatz brauchte, um ihre Aufmerksamkeit zu bekommen. Seine Lösung war simpel, aber genial. Statt einfach Bewerbungen an sie zu verschicken und das Beste zu hoffen, gestaltete er eine einfache einseitige Webseite und buchte Google-AdWords-Anzeigen (das ist eine Art gesponserte Suchresultate, mehr darüber später). Er zahlte dafür, dass diese Anzeigen erschienen, wenn jemand den Namen eines der Geschäftsführer der sechs Unternehmen, für die er arbeiten wollte, googelte. Er ging davon aus, dass diese sechs Menschen wahrscheinlich von Zeit zu Zeit ihren eigenen Namen googelten, um zu sehen, was andere über sie geschrieben hatten, also gestaltete er für jeden von ihnen eine Anzeige, in der einfach stand: «Hey, **Name des Managers** – sich selbst zu googeln macht viel Spaß. Mich einzustellen auch.»

Eine unglaublich clevere und gleichzeitig total einfache Idee. Diese Google-Anzeigen kosteten Alec insgesamt sechs Dollar. Seine Ahnung hinsichtlich der Eitelkeit von Managern stellte sich als richtig heraus. Seine Anzeigen veranlassten vier der sechs Manager, die er hatte erreichen wollen, dazu, ihn zu kontaktieren und zu einem Vorstellungsgespräch einzuladen. Aus diesen vier Vorstellungsgesprächen ergaben sich zwei Jobangebote. Er nahm eines an und bekam seinen Traumjob.

Wie gesagt, es war eine wirklich clevere Idee – doch dass sie funktionierte, war weder eine Überraschung noch ein Glückstreffer. Immerhin bewarb Alec sich bei Internet-Werbeagenturen. Deren Aufgabe ist es, intelligenten digitalen Content zu schaffen, der Aufmerksamkeit erregt, genau wie es seine Anzeigen taten. Anstatt mit nichts weiter als seinem Lebenslauf und der Zusicherung, dass er etwas von der Materie verstand, bei ihnen um einen Job zu *betteln,* bewies er ihnen sein Talent durch *Vorsingen*. Er stellte all die Fähigkeiten unter Beweis, die sie suchten. Mit einer tollen Idee und sechs Dollar schuf er etwas so Eindrucksvolles, dass Menschen wie ich noch Jahre später darüber reden. Das ist genau das, was die Agenturen, bei denen er sich bewarb, für ihr Geschäft wollen, insofern ist es keine Überraschung, dass er einen Job bekam.

Ein ganz ähnliches Beispiel liefert Andrew Horner, der 2010, zwei Jahre nach seinem Uni-Abschluss, immer noch ohne Arbeit war. «Kein Arbeitgeber würdigte meinen Lebenslauf eines zweiten Blicks, kein Personalchef lud mich zum Vorstellungsgespräch ein; selbst Personalvermittler riefen nur zögerlich zurück … ich wusste, dass meine Talente eine exzellente Ergänzung für praktisch jedes Unternehmen waren, doch dieser ganze Prozess der Jobsuche hatte alles Selbstvertrauen, das ich je besessen hatte, aufgefressen.»

Seine Lösung war etwas, das man *umgekehrte Bewerbung* nennt (sie steht nach wie vor online unter http://www.reversejobapplication.com/). Statt sich bei Unternehmen zu bewerben, gestaltete er eine Webseite, die all seine Fähigkeiten und seinen Charme demonstrierte, und forderte Unternehmen auf, sich *bei ihm zu bewerben* – um die Chance, ihn einzustellen. Er drehte den normalen Bewerbungsprozess buchstäblich um, daher der Name.

Bei der Auflistung seiner Fähigkeiten bezeichnete er sich etwa als «Vorreiter auf dem Gebiet der unerfahrenen Professionalität. Während der Jahre meiner Arbeitslosigkeit hatte ich reichlich Gelegenheit zu vermeiden, mir bei Ihren Konkurrenten schlechte Angewohnheiten anzueignen.» Er drehte jeden negativen Aspekt in etwas Positives um und verwandelte damit seine Position der Schwäche (jemand, der Bewerbungen verschickt) in eine der Stärke. Statt einer *Push*- bediente er sich einer *Pull*-Strategie, er lieferte eine praktische Demonstration all der Gründe, warum man ihn einstellen sollte (seine IT-Fähigkeiten, seine Kreativität, seine sprachliche Gewandtheit, sein Talent, Medienaufmerksamkeit zu generieren).

Wie Alec Brownstein mit seinen Google-Anzeigen tat Andrew Horner nichts weiter, als eine einfache, einzelne Internetseite zu gestalten, und er hatte das Selbstvertrauen *vorzusingen,* anstatt um eine Chance zu *betteln*. Es ist viel leichter, jemanden von Ihrem Wert zu überzeugen, wenn Sie ihm zeigen können, was Sie bereits geleistet haben, als ihm zu erklären, was er Ihnen erlauben soll, für ihn zu tun.

Ich glaube, diese beiden Beispiele bringen perfekt auf den Punkt, wie sich im digitalen Zeitalter Chancen ergeben und wie wichtig es ist, hinauszugehen und seine Fähigkeiten zu demonstrieren, um diese Chancen zu bekommen. Es ist nicht mehr so wichtig, was Sie wissen – heute ist es entscheidend, unter Beweis zu stellen, dass Sie alles, was Sie wissen, einsetzen können, um zur Wertschöpfung Ihres Arbeitgebers beizutragen.

Fallstudie – Das Gute an schlechten Ideen

Die allgemeine Sichtweise ist, dass es zwei Arten von Ideen gibt – *gute* und *schlechte*. Gute Ideen sind leicht zu erkennen, weil sie mit erfolgreichen Menschen, Produkten, Unternehmen und Dienstleistungen verbunden sind. Schlechte Ideen sind ebenso leicht zu erkennen, weil sie zu erfolglosen Menschen, Produkten, Unternehmen und Dienstleistungen gehören. Unser Maßstab dafür, ob eine Idee gut ist, ist in der Regel die Frage, ob sie sich hat umsetzen lassen, und nicht die Idee an sich. Psychologen nennen das einen *Bestätigungsfehler* (*Confirmation Bias*) – wir akzeptieren Informationen, die unsere Erwartungen bestätigen, und wir ignorieren andere, die das nicht tun. Wir vergessen, dass es Millionen von unsichtbaren Faktoren gibt, die darüber entscheiden, ob etwas Erfolg hat oder scheitert (wie wir bereits in Kapitel 5 gesehen haben) – Aufwand, Talent, Geld, Glück, Ausführung, Timing und Marketing. Größtenteils Marketing. Eine brillante Idee in den Händen einer inkompetenten Person ist weitaus weniger wert als eine beschissene Idee in den Händen eines brillanten Marketingstrategen. Hier sind ein paar Beispiele für den schmalen Grat zwischen gut und schlecht, zwischen Dummheit und Genie und für die Macht des Neuen:

Iwanttodrawacatforyou.com – Ein echtes Angebot, bei dem seit 2011 mehr als 15 000 Menschen 9,95 Dollar bezahlt haben, um von einem Mann namens Paul ein einzelnes, schwarzweißes Bild einer Katze gezeichnet zu bekommen. Es funktioniert genau deshalb, weil es eigentlich nicht funktionieren dürfte. Weil es eine schlechte, vielleicht sogar ein wenig dämliche, aber jedenfalls witzige Idee ist. Die Webseite erlebte ihren großen Durchbruch auf der Rabatt-Seite Groupon, wo sie ihre ersten 1000 Bilder verkaufte, und von da an wurden es schnell mehr.

Somethingstore.com – Eine Webseite, auf der man für zehn Dollar *etwas* bekommt. Man hat keine Ahnung, was man kauft, bis es mit der Post ankommt. Man kann in keiner Weise beeinflussen, was es sein wird. Furchtbare Idee. Großer Geschäftserfolg. 221 757 Menschen haben ein *Something* gekauft, seit die Seite 2008 ihren Betrieb aufnahm. Das sind mehr als zwei Millionen Dollar Umsatz.

Kashiwa Mystery Cafe – Das absolute Gegenteil von «Der Kunde hat immer Recht». Der Witz bei diesem japanischen Restaurant besteht darin, dass Sie nicht das bekommen, was Sie bestellt haben, sondern das, *was der Gast vor Ihnen bestellt hat.* Ihre Bestellung bekommt dann wiederum der nächste Kunde. Und Sie, Sie können nur ein Gericht gut kochen? Kein Problem. Ich habe von einem Restaurant in Kambodscha gehört, in dem es nur ein Gericht gibt, ein Familienrezept, das dort seit mehr als 20 Jahren jeden Tag zubereitet wird.

Kann sich bitte jemand erbarmen und mir einen Job geben? – Im Jahr 2014 war der 36 Jahre alte Waliser Dave Robbins arbeitslos. Er hat sich nach eigenen Angaben für mehr als 1000 Jobs beworben und lediglich zwei Antworten bekommen. Also entschloss er sich, genau wie ich es empfehle, etwas anderes zu probieren. Er machte eine E-Bay-Auktion mit dem Titel *Somebody Please Take Pity and Give Me a Job.* Er bot an, eine Woche seiner Arbeitskraft an den Höchstbietenden zu versteigern und jede Arbeit zu verrichten, die von ihm verlangt wurde. Leider lag das höchste Gebot bei lediglich 10,50 Pfund. Doch dann wurden die Medien auf die Geschichte aufmerksam, er stellte ein neues Angebot bei E-Bay ein, und beim zweiten Mal erlöste er erstaunliche 8300 Pfund.

Zach «Danger» Browns Kartoffelsalat – Zach Brown aus Ohio stellte im Jahr 2014 einen witzigen Projektplan auf die Crowdfunding-Plattform Kickstarter, in dem er um gerade einmal zehn Dollar für das Zubereiten eines Kartoffelsalats bat. Weil seine Projektbeschreibung so witzig, albern und simpel war und er, verglichen mit dem, was die meisten Crowdfunding-Kampagnen anvisieren, um einen so kleinen Geldbetrag bat, verbreitete sich die Nachricht davon so rasant über soziale Netzwerke wie Reddit, dass er am Ende 55 000 Dollar gesammelt hatte, die er für ein großes Kartoffelfestival unter dem Titel *PotatoStock* ausgab.

Toms Schuhe – Tom macht Schuhe. Einfache, schlichte Schuhe, die für einen hohen Preis verkauft werden. Dieser hohe Preis kommt dadurch zustande, dass das Unternehmen für jedes Paar Schuhe, das es verkauft, ein weiteres Paar an ein bedürftiges Kind schickt. Seit 2006 hat es mehr als fünf Millionen Paar gespendet. Wohltätigkeit durch Kapitalismus. Gewissensberuhigung durch Konsum. Ziemlich unlogisch, meiner Meinung nach. Aber alle gezeigten Beispiele funktionieren nicht, weil wir ein Paar Schuhe oder einen Kartoffelsalat oder ein Katzenbild kaufen, sondern weil wir die Geschichte kaufen, die wir später darüber erzählen können, wie wir dieses Paar Schuhe, diesen Kartoffelsalat oder dieses Katzenbild erworben haben. Letzten Endes ist die Anekdote, das Erlebnis wichtiger als alles andere. Es gibt (fast) keine schlechten Ideen, es gibt nur schlecht vermarktete Ideen.

Kapitel 12
Vertrauen Sie auf Systeme, nicht auf Ziele

Verlierer haben Ziele. Gewinner haben Systeme.
Scott Adams, Schöpfer von Dilbert

2009 waren meine Freundin und ich nach einem Jahr in Neuseeland auf dem Rückweg nach Europa und legten für ein paar Wochen einen Zwischenstopp in Japan ein. Als Technikfan hatte ich schon immer einmal Tokios Neonreklamen sehen, in einem Kapselhotel übernachten und wahllos irgendwelche Knöpfe auf einer dieser verrückten Science-Fiction-Toiletten drücken wollen. Doch das Erste, was wir über Tokio lernten, als wir versuchten, das besagte Kapselhotel ausfindig zu machen, war, dass Japan zwar in vielen Bereichen einen technologischen Vorsprung haben mag, dass es aber andererseits ernsthafte Probleme mit den Grundlagen des urbanen Lebens hat – beispielsweise mit einer logischen Stadtplanung.

Versucht man in Tokio, zu einer bestimmten Adresse zu kommen, so bedeutet das, dass man vier verschiedene Nummern finden muss – je eine für den Bezirk, Unterbezirk, Block und Hauskomplex. Das klingt einfach, doch da es keine zentrale Planung gibt und viele Bezirke einfach das Resultat einer Teilung früherer Verwaltungseinheiten sind, gibt es keine fortlaufenden Nummerierungen. Wenn man also an Block 6 und 7 vorbeigeht und davon ausgeht, dass der nächste Häuserblock zweifelsohne die Nummer 8 tragen wird – die Nummer, die man sucht –, dann wird man anschließend ziemlich konsterniert vor Block 17 stehen und feststellen, dass auf diesen Block 12 folgt. Und nicht nur das: Fragt man Passanten nach dem

Weg, zeigt sich sehr schnell, dass auch diese keine Ahnung haben, wo sich irgendetwas befindet.

Zuerst war das ziemlich frustrierend, da wir uns die Mühe gemacht hatten, eine Reihe von besonders skurrilen Attraktionen herauszusuchen, von denen wir uns signifikante Erkenntnisse über die japanische Kultur erhofften. Ein Liebeshotel mit einem als Verließ gestalteten Zimmer, der größte Manga-Laden der Welt und ein Restaurant, das wie eine Nervenklinik eingerichtet ist. Leider konnten wir nur in der Hälfte der Fälle die Sehenswürdigkeiten, die zu finden wir uns aufgemacht hatten, *auch tatsächlich finden.*

Nachdem wir einige Tage lang auf diese Weise durch die Stadt getrottet waren, ging uns plötzlich auf, dass es eigentlich gar nicht so schlimm war, dass wir nur in der Hälfte der Fälle am Ende auch fanden, was zu besichtigen wir losgezogen waren. Was wir unterwegs entdeckten, sei es durch Zufall oder Fügung, war immer wirklich interessant – meist wahrscheinlich interessanter als das, was wir ursprünglich hatten finden wollen. Eine ganz im Kirchenambiente gehaltene Bar, in der wir unter einem riesigen Jesus am Kreuz saßen und neonfarbene Cocktails aus abgetrennten Puppenköpfen tranken. Ein Baseballfeld mitten in einem Häuserblock, auf dem wir uns vergeblich abmühten, einen der Bälle zu treffen, die die Wurfmaschinen auf uns abfeuerten. Ein Sexshop, in dem Uniformen aus Fastfood-Restaurants und gebrauchte Unterwäsche verkauft wurden. Eine menschenleere Beatles-Bar, die sich in einem Keller versteckte.

Ein Ziel zu haben, war ein hilfreicher Anstoß, um uns aus dem Hotel zu bekommen und in eine bestimmte Richtung in Bewegung zu setzen, in einen neuen Bezirk der Stadt, wo die Götter des glücklichen Zufalls im Folgenden unseren geografischen Mut damit belohnten, dass wir etwas vollkommen Lächerliches entdeckten und uns daran erfreuen konnten.

Ich glaube, dass die Chancen in einer unfairen, ungerechten, zufallsgesteuerten Welt auf ganz ähnliche Weise verteilt werden – und das schließt an all die Dinge an, die wir in den letzten beiden Kapiteln behandelt haben. Natürlich ist es eine große Versuchung, sich ein ganz konkretes Ziel für sich selbst und für sein Leben zu setzen, so wie es meine Freundin und ich in Japan taten. Das kann sein, einen Marathon zu laufen, ein Buch zu schreiben und zu veröffentlichen, für Google zu arbeiten, den Mount Everest zu besteigen oder sich mit 30 auf dieser einen Insel zur Ruhe zu setzen, die die gleiche Form wie das eigene Gesicht hat. Das Problem mit einer derart klar definierten Ziellinie ist nur, dass sie die ganze Zeit sehr klar und sehr unangenehm in unserem Bewusstsein präsent sein kann, solange wir sie noch nicht überschritten haben. Und mehr noch – unsere Entschlossenheit und unsere Konzentration auf dieses Ziel können auch dazu führen, dass wir interessante Abzweigungen, die sich auf dem Weg dorthin präsentieren, entweder völlig übersehen oder zumindest nicht zu erkunden bereit sind.

Ziele sind schön, aber sie können uns einengen, inflexibel und blind dafür machen, wie die Welt funktioniert und wie wenig davon wir tatsächlich kontrollieren können. Am besten auf den Punkt gebracht hat das der Dilbert-Schöpfer Scott Adams in seinem Buch *Die Kunst des erfolgreichen Scheiterns*.

«Wenn Sie das Ziel haben, zehn Pfund abzunehmen, dann werden Sie jeden Augenblick bis zum Erreichen dieses Ziels – wenn Sie es denn erreichen – das Gefühl haben, dass Sie Ihr Ziel noch nicht erreicht haben. Anders ausgedrückt: Zielorientierte Menschen existieren in einem Zustand praktisch dauerhaften Scheiterns, von dem sie hoffen, dass es temporär sein möge. Wenn Sie Ihr Ziel erreichen, feiern Sie und fühlen sich großartig, aber nur so lange, bis Ihnen klar wird, dass Sie gerade die einzige Sache verloren haben, die Ihrem Leben einen Sinn und eine Richtung gab.»

Die Lösung, die Adams vorschlägt, besteht darin, dass man statt mit Zielen lieber mit Systemen arbeitet. Systeme sind toleranter gegenüber einem *Scheitern,* weil sie ein nicht ganz so reglementiertes und fixiertes Bild davon haben, was *Erfolg* bedeutet. Denn – auch wenn es abgedroschen klingen mag – letztlich ist das, was zählt, der Weg und nicht das Ziel. Wenn wir uns an einem System orientieren, können wir jeden kleinen Meilenstein würdigen, der einen Fortschritt auf diesem Weg bedeutet, egal, ob damit schon irgendein idealisiertes Ziel erreicht ist. Zwar wissen wir nicht unbedingt, wohin genau der Weg uns führt, doch wir können entspannt die Fahrt genießen und uns sicher sein, dass wir immer besser werden in dem, was wir tun – sei es malen, schreiben, programmieren oder unser Unternehmen voranbringen.

Systeme geben uns einen Schubs in die richtige Richtung, ohne die genaue Route vorzuschreiben, die wir dorthin nehmen sollen. Ich glaube, das passt besser zu einer Welt, die nicht fair ist und in der Talent einfach nicht ausreicht, um den Erfolg zu garantieren. Ein System zwingt uns, hinauszugehen und uns zu vermarkten, unsere Fähigkeiten der Öffentlichkeit zu demonstrieren – aber es sagt uns nicht, wohin uns das bringen wird. Scott Adams erzählt über die Anfänge seines großen Erfolgs *Dilbert*: «… in jenen Jahren wachte ich jeden Tag mit dem gleichen Gedanken auf, buchstäblich während ich mir den Schlaf aus den Augen rieb und den Wecker ausschaltete … *Heute ist mein Tag*. Egal, von welcher Erfolgsgeschichte wir sprechen – schaut man genauer hin, wird man immer entdecken, dass Glück eine große Rolle gespielt hat. Man kann es dem Glück leichter machen, einen zu finden. Das Beste, was man tun kann, ist, im Spiel zu bleiben. Es gibt im Universum genug Glück für jeden; man muss einfach nur so lange die Hand heben, bis man dran ist. Es hilft, wenn man Scheitern als den Weg betrachtet und nicht als eine Wand.»

Jeder hat etwas, in dem er gut ist. Etwas, das ihm leichter fällt als anderen Menschen. Etwas, das er anbieten kann, das andere Menschen potenziell brauchen können. Wir alle sprechen zumindest eine Sprache fließend, eine Sprache, die irgendwo jemand lernen will. Wir alle haben zumindest ein Spezialgebiet, über das wir stundenlang reden können, weil wir viel darüber wissen und uns dafür begeistern können. Es gibt keinen Mangel an Ideen. Keinen Mangel an Chancen. Keinen feststehenden, ausgetretenen Weg zum Erfolg. Das Wichtigste ist, dass wir uns einfach auf den Weg machen.

Dass wir anfangen zu gehen. Anfangen zu rennen. Einen Blog beginnen. Ein Unternehmen gründen. Einen Club ins Leben rufen. Einem Club beitreten. *Einfach nur anfangen.*

Gehen Sie hinaus und singen Sie vor. Entwickeln Sie ein System, das dafür sorgt, dass Sie jene Fähigkeit jeden Tag ausüben. Werden Sie jeden Tag ein wenig besser – und werden Sie besser darin, andere davon wissen zu lassen. Es ist wie bei Touristen, die sich in Tokio verlaufen haben: Wer weiß, welche verrückten und spannenden Orte wir finden werden, wenn wir einfach dorthin gehen, wo unser Talent uns hinführt.

Es gibt keinen Mangel an Chancen, sondern lediglich ein Problem mit deren Verteilung

Ich bin ein ziemlich behaarter Mann. Ich gehöre zu der Art von behaarten Männern, die selbst von anderen behaarten Männern als *behaart* beschrieben werden. Ich würde sagen, dass vorsichtig geschätzt etwa 90 % meines Körpers von einer dichten Behaarung bedeckt sind. Ironischerweise ist die größte haarlose Fläche meines Körpers meine Schädeldecke. Denn wie viele behaarte Männer bekam ich mit Ende 20 eine Glatze. Menschen, die nur meinen Kopf sehen, würden wahrscheinlich zu dem Schluss kommen, dass ich an Haarmangel leide. Dass ich ein *Haarproblem* habe. Aber das ist so, als wollte man die Größe eines Eisbergs bestimmen, wenn man nur das sieht, was aus dem Wasser herausragt.

Ich habe kein Haarproblem. Ich habe ein *Haarverteilungsproblem.*

Und genauso ist es, wenn jemand sich über den Mangel an Chancen beschwert: Was er wirklich meint, ist, dass es ein *Chancenverteilungsproblem* gibt.

Da die Welt ein gigantisches, riesiges, gleichgültiges Kuddelmuddel des Zufalls ist, sollte es uns nicht überraschen, dass die Chancen darin nicht gleichmäßig verteilt sind. Woran es in der Tat mangeln mag, das sind Chancen dort, wo wir uns zur Zeit gerade befinden, für das, was wir tun wollen, und für die Art, auf die wir es tun wollen, oder an dem Ort, an dem wir sie suchen.

Doch die Welt ist riesengroß und vielfältig; sie bietet Millionen von potenziellen Chancen dafür, wie, wo und womit wir unser Leben verbringen könnten. Sie verteilt diese Chancen bloß nicht gleichmäßig, und wenn wir davon etwas abbekommen möchten, können wir nicht erwarten, dass sie uns sucht und findet – wir müssen dorthin gehen, wo diese Chancen ausgegeben werden, und wir müssen vor ihnen auf und ab springen und schreien «Ich, ich, ich!»

Ich bin dran.

Wenn es dort, wo wir uns befinden, an Chancen mangelt, müssen wir dorthin gehen, wo sie reichlich vorhanden sind. Wenn wir einen schönen Lebenspartner finden wollen, dann sollten wir nach Skandinavien oder Israel oder Argentinien ziehen oder wo auch immer unsere Vorstellung von Schönheit im Überfluss vorkommt. Die Wahrscheinlichkeit, einen schönen Partner zu finden, steigt dramatisch an, wenn jeder, den wir sehen und mit dem wir reden, schön ist. Ich glaube, man nennt das Mathematik. Und in gleicher Weise müssen wir uns, wenn wir einen Job wollen, dort in Position bringen, wo die Arbeitslosigkeit sehr niedrig ist, zum Beispiel in einem Land mit boomender Wirtschaft, anstatt in einem Land auf unsere Chance zu warten, dessen Wirtschaft gerade in einer Rezession dahindümpelt. Irgendwo sind unsere Fähigkeiten bestimmt sehr gefragt. Oder wir können eine Fähigkeit erwerben, die sehr gefragt ist, und etwa Webdesigner oder Elektrotechniker werden.

Es hat wenig Sinn, sich dort zu positionieren, wo Chancenmangel herrscht, und sich dann zu beschweren, dass es wenig Chancen gibt. Es ist Unsinn, in London, München oder New York für den Mindestlohn zu arbeiten, wenn wir in Leicester, Magdeburg oder New Jersey den Mindestlohn verdienen und damit sehr viel weiter kommen können.

Wenn wir Spanisch lernen wollen, können wir für ein halbes Jahr in die spanische Provinz ziehen, wo wir gezwungen sein werden, es zu lernen. Der schnellste Weg, sich zu verlieben? Auch hier wieder gilt: Verbessern Sie Ihre Chancen. Wenn wir uns mit 100 Angehörigen des Wunschgeschlechts treffen, dann besteht eine sehr hohe Wahrscheinlichkeit, dass wir uns in einen davon verlieben. Während unser Diplom in englischer Literatur vielleicht in Oldenburg, Oldham oder Omaha nicht viel bringt, ist es vielleicht im japanischen Okinawa ausgesprochen nützlich, wo einem Sprachunterricht für die Einheimischen ein angenehmes Einkommen sichern könnte.

Mir ist klar, dass das für viele von uns eine unbequeme Erkenntnis ist, und ich wünschte, es wäre anders. Doch wenn wir im digitalen Zeitalter Chancen wollen, dann müssen wir *vorsingen*. Die Chancen kommen durch die Hintertür, nicht durch den Haupteingang. Also müssen wir unser Netzwerk vergrößern, so viele Zusammenkünfte und Networking Events wie möglich besuchen und dort einen Eindruck hinterlassen. Unser eigener Jünger werden. Unser eigener Bibelverkäufer. Unser eigener Evangelist. Unsere Fähigkeiten präsentieren. Gerade letzte Woche sah ich hier in Berlin bei einem IT-Event einen Programmierer mit einem T-Shirt herumlaufen, das den Aufdruck «ICH BIN DER ANGESTELLTE, DEN SIE SUCHEN» trug, und er verteilte auch die entsprechenden Visitenkarten. Ich habe an diesem Abend vielleicht mit 20 Menschen gesprochen. Er ist der Einzige, an den ich mich erinnern kann. Ich bin sicher, er hat inzwischen einen Job – aus genau diesem Grund.

Seit der erste Affe von seinem Baum herunterkletterte, migrieren die Menschen, um bessere Arbeitsbedingungen oder bessere Chancen zu finden. Natürlich gibt es eine Menge zu bedenken – Visa, Familie, Freunde, Sprache, Kultur. Doch es steht außer Frage, dass es möglich ist – und es wird immer leichter, dank der weltweiten Verbreitung der englischen Sprache, dank sozialen Netzwerken wie Couchsurfing oder Meetup.com und dank der Möglichkeit, jederzeit nach Hause zu skypen.

Ich will nicht so tun, als sei das alles ein Kinderspiel, und ich weiß, dass viele Menschen nicht das Selbstbewusstsein haben, ihren Kopf aus der

Kanzel des Lebens zu strecken und «Nimm mich!» zu rufen. Es ist unbequem, das tun zu müssen. Aber andererseits ist es auch unbequem, arbeitslos zu sein. Unbequem, schlecht bezahlt zu werden. Unbequem, in einer wirklich teuren Stadt zu leben, in der 70 % des Einkommens allein für die Miete fällig wird. Unbequem, kahl zu sein. Unbequem, eine Verkäuferin von Plastikpfeifen zu sein. Unbequem, im Winter Zement schaufeln zu müssen. Unbequem, dass niemand kommt und uns erwählt. Es ist unbequem, dass wir vielleicht einen Ort, den wir lieben, und Freundschaften, die uns viel bedeuten, hinter uns lassen müssen. Doch es gibt einen Punkt, an dem die Unbequemlichkeit von Untätigkeit, Passivität oder Unfairness größer wird als die Angst vor dem Scheitern, vor dem Handeln, vor der Notwendigkeit, diesen ersten positiven Schritt zu machen.

Chancen folgen den Darwin'schen Gesetzen. Sie gehen nicht an die Intelligentesten oder die Stärksten, sondern an die Flexibelsten. *Wir müssen die Flexibelsten sein.*

Vergrößern Sie Ihre Glücksoberfläche

Ein Rahmen, in dem sich all diese komplementären Ideen gut zusammensetzen lassen, ist die Idee der *Glücksoberfläche.* Dieses Konzept wurde von dem Unternehmer Jason Roberts geprägt. «Wenn man Energie für eine Leidenschaft aufwendet, dann entwickelt man eine Kompetenz, und eine Kompetenz gleich welcher Art ist wertvoll. Doch oft kann dieser Wert noch gesteigert werden durch die Anzahl der Menschen, die davon wissen. Der Grund dafür ist einfach: Wenn andere Menschen von Ihrer Kompetenz erfahren, wird ein Teil davon Schritte unternehmen, sich diesen Wert zunutze zu machen, und das wird oft in einer Form geschehen, die Sie nie hätten vorhersehen können. Vielleicht wird man Sie engagieren oder als Ihr Partner fungieren oder in Sie investieren wollen ... es wird ein glücklicher Zufall sein.»[1]

Mathematisch ausgedrückt, ist unsere Glücksoberfläche:

Talent (das, worin wir gut sind) x Anzahl der Menschen, die davon wissen

Jeder Mensch hat seine eigene Glücksoberfläche. Sie ist wie ein großes Netz, das wir hinter uns herziehen, um Chancen einzufangen. Ob diese Chancen die Gestalt von neuen Freundschaften, Liebhabern, gut bezahlten Projekten, geschäftlichen Chancen, lukrativen Jobangeboten, Fernsehinterviews, Buchverträgen oder All-Inclusive-Trips nach Jamaika annehmen, können wir im Voraus nicht wissen.

Doch je größer wir unsere Glücksoberfläche machen, indem wir a) eine Kompetenz erwerben und b) mit dieser Kompetenz netzwerken/vorsingen und sie vermarkten, desto mehr Chancen werden in unserem Netz hängenbleiben. Und umso mehr Auswahl haben wir, aus der wir uns das Beste herauspicken können.

Vergessen Sie nicht, was wir in den letzten Kapiteln behandelt haben:

1. Die Welt ist nicht fair.
2. Sie haben keine Kontrolle darüber, *welche* Chancen Sie bekommen. – Es gibt einfach zu viele unbekannte Unbekannte. Wir wissen nicht, wer hinter der nächsten Ecke wartet oder wer im Flugzeug neben uns sitzen wird oder dass der Bursche, der am hintersten Tisch unserer Bar sitzt, nach jemandem sucht, der genau unser Kompetenzprofil hat.
3. Aber wir können beeinflussen, *wie viele* Chancen sich uns bieten. – Das erreichen wir, indem wir die Größe unserer Glücksoberfläche maximieren. Wir maximieren sie dadurch, dass wir uns stärker vermarkten. Indem wir diesen Flieger besteigen. Indem wir mit diesem Burschen am anderen Ende der Bar eine Unterhaltung anfangen. Indem wir unser Netzwerk vergrößern. Je flexibler wir in dem sind, was wir tun und wo wir es zu tun bereit sind, je mehr wir uns darauf konzentrieren, einem System zu folgen, statt einem vorgeschriebenen Ziel nachzujagen, je größer unser Netz wird, desto mehr Chancen werden wir darin einfangen.

Die meisten Menschen richten ihr Augenmerk vor allem darauf, ihre Kompetenzen zu verbessern. Die Vorstellung, mit ihren Kompetenzen vorzusingen, behagt ihnen weitaus weniger. Unter meinen Freunden sind Programmierer, die Jahre ihres Lebens investiert haben, um diese großartigen technischen Lösungen für irgendein kleines Problem zu erarbeiten. Ihr Talent ist nicht zu leugnen, ihre Einsatzbereitschaft unübersehbar. Doch wenn es darum geht, das Programm auf den Markt zu bringen, dann investieren sie vielleicht 0,1 % der Zeit, die sie für das Programmieren ihrer Lösung aufgewendet haben, in das Vermarkten des Produkts, damit die Welt davon profitieren kann.

Als ob die Tatsache, dass sie die beste Lösung für das Problem gefunden haben, automatisch dafür sorgen würde, dass diese sich wie von Zauberhand durchsetzt und Wertschätzung erfährt. Als ob die Welt fair wäre.

Marketing? *Bäh!*

Marketing ist unbequem, es ist nicht ihre Kernkompetenz. Sie müssten mit Menschen reden. Sie befürchten, ihnen ungelegen zu kommen. Mit dem Ergebnis, dass ihre *Glücksoberfläche* und die Glücksoberfläche ihres Projekts sehr klein bleiben. Ihr perfektes kleines Taj Mahal existiert, doch da sie keine Wegweiser aufgestellt haben, werden sich logischerweise nur sehr wenige Touristen dorthin verirren.

Mit Marketing können wir die fehlerhafte Maschine, die wir unser Leben nennen, neu justieren, um auf unsere Talente aufmerksam zu machen, um unsere *Glücksoberfläche* zu vergrößern, um die Chancen zu bekommen, die wir verdienen. Mit Marketing hämmern wir die Wegweiser in den Boden: «TAJ MAHAL DIESE RICHTUNG ➔», «TAJ MAHAL 200 METER», «FAST GESCHAFFT», «NOCH EIN KLEINES STÜCK!»

Wie gesagt: Das Universum bietet uns mehr als genügend Chancen, doch wir müssen die Wahrscheinlichkeit erhöhen, dass sie uns finden, indem wir unsere Glücksoberfläche vergrößern. Alles, was wir bis hierher in diesem Buch gelernt haben, arbeitet auf dieses Ziel hin. Durch die Fähigkeit des Internets, Gatekeeper zu beseitigen, ist dieser Prozess leichter als je zuvor. Und zwar unabhängig davon, was verändert werden soll: unser Wohnort (sich positionieren, wo Überfluss herrscht beziehungsweise wo unsere Fähigkeiten gefragt sind), unsere Lebensweise (mithilfe der Freiheitsformel unsere Kosten minimieren, damit wir so lange im Spiel bleiben, bis wir das große Los ziehen) oder die Art und Weise, wie wir arbeiten (ein System schaffen, mit dem wir uns langsam weiterentwickeln können, ohne dass wir uns ständig als Versager fühlen, weil wir ein vorgegebenes Ziel noch nicht erreicht haben).

Wenn wir diese Techniken anwenden, werden wir uns eines Tages ganz am Anfang der Chancen-Schlange wiederfinden und sagen können: «Heute war wirklich mein Tag …»

Kapitel 13

WENN $r > g$, DANN Selbstständigkeit > Angestelltenverhältnis

> Die Zukunft ist schon da – sie ist nur nicht besonders gleichmäßig verteilt.
>
> *William Gibson*

Im Jahr 2014 veröffentlichte ein weithin unbekannter französischer Ökonom namens Thomas Piketty einen eher trockenen, 700 Seiten starken Wälzer, der überraschend zu einem weltweiten Bestseller wurde. Das Werk trug den Titel *Das Kapital im 21. Jahrhundert.* 700 Seiten dicke, von Wirtschaftswissenschaftlern geschriebene Bücher, die Sätze enthalten wie «Das Erbschaftsgesetz, das sich von der Französischen Revolution herleitete, und der Code Civil, der ihm folgte, ruhten vor allem auf zwei Säulen: der Abschaffung von *substitutions héréditaires* und *primogeniture* sowie der Einführung des Prinzips, dass vererbter Besitz zwischen Brüdern und Schwestern zu gleichen Teilen aufgeteilt wird (*equipartition*)», sind in aller Regel nicht das Material, aus dem Bestseller geschnitzt sind. Warum also traf *Das Kapital im 21. Jahrhundert* den Zeitgeist so genau?

Meine alte Englischlehrerin sagte einmal, dass es die Aufgabe von großer Literatur sei, «den Leser auf etwas hinzuführen, das er immer vermutet hat, aber nie in Worte fassen konnte». Ich glaube, diese Erkenntnis liefert uns auch den Grund für den großen Erfolg von *Das Kapital im 21. Jahrhundert.* Dieses Werk fasste in Worte, was die Menschen schon lange vermutet hatten. Zugegeben, es waren jede Menge Worte, ganz abgesehen von den ebenfalls enthaltenen Grafiken und Statistiken. Vielleicht mehr Worte, als manch einer sich gewünscht hätte. Aber es *fasste*.

Was war es, das die Leute schon lange vermutet hatten? Dass die finanzielle Ungleichheit in den Industriestaaten zunimmt. Dass Ungleichheit zwar ein natürlicher Bestandteil des kapitalistischen Systems, mittlerweile jedoch völlig außer Kontrolle geraten ist. Das Spiel ist nicht mehr fair. Nicht nur werden die Reichen reicher und die Armen ärmer, das alles geschieht mit immer größerer Geschwindigkeit.

Diese Tatsache war umstritten, weil viele Politiker (und die Reichen der Gesellschaft) uns seit jeher versicherten, dass der Wohlstand nach unten rieselt – von ihnen, die ganz oben sitzen, zu den Massen unter ihnen, durch die segensreiche Einwirkung des freien Marktes. Wir müssen nichts weiter tun als sie in Ruhe lassen und sie nicht mit lästigen Dingen wie gesetzlichen Regelungen behelligen. Dann investieren sie ihr Kapital in die Art von Unternehmen, die die Art von Arbeitsplätzen schaffen, die ihrerseits die Art von Löhnen generieren, die es uns erlauben, unser eigenes Kapital aufzubauen. So können wir dann irgendwann wie sie werden. Piketty zeigt (zumindest in den Augen seiner Anhänger), dass Wohlstand durchaus nicht nach unten rieselt, sondern im Gegenteil nach oben fließt. *Und dort bleibt er auch.*

Das Herzstück des Buches ist eine einfache Gleichung (nun ja, einfach gemessen an den hochfliegenden Maßstäben des restlichen Buches), die nach Pikettys Worten «die fundamentale Kraft zur Divergenz» repräsentiert und «die übergreifende Logik meiner Schlussfolgerungen auf den Punkt bringt».[2]

Diese Gleichung lautet: $r > g$

r = durchschnittliche Kapitalrendite (um wie viel bestehendes Vermögen an Wert gewinnt)

g = Wirtschaftswachstumsrate (wie schnell die Wirtschaft an Wert zunimmt)

Wenn die Wirtschaft schnell wächst, ist bestehendes Kapital weniger wichtig, weil alle reicher werden und Vermögen bilden, das zu Kapital werden kann.

Wächst die Wirtschaft hingegen langsam, haben Menschen ohne Vermögen weniger Chancen, welches zu erwerben. Menschen, die bereits Vermögen besitzen, haben außerdem weniger Anreiz, es zu investieren. Sie können ihr Geld in sicheren Anlagen parken, die ein paar Prozent Zinsen bieten, wie etwa Staatsanleihen oder einem Sparkonto, und damit immer noch besser fahren als die Gesamtwirtschaft. In einem solchen Szenario fließt der Reichtum nicht von Reich zu Arm. Wer Kapital hat, lehnt sich entspannt zurück und lebt von den Zinsen, ohne weiterarbeiten zu müssen. Während Menschen wie wir, die auf einen Job angewiesen sind, um ihren Lebensunterhalt zu bestreiten, Jahr um Jahr immer weiterarbeiten müssen und dennoch Mühe haben werden, Kapital zu erwerben.

Allgemein gesagt: Wenn *r* größer ist als *g*, hat die Gesellschaft ein Problem.

Piketty kommt zu dem Schluss, dass es tatsächlich eine Zeit gab, in der wir kein Problem hatten und *r* kleiner war als *g*. Es handelt sich um die Periode zwischen dem Ende des Ersten Weltkriegs und dem Beginn des gigantischen technologiegetriebenen Globalisierungsschubs, der in den 70er und 80er Jahren seinen Anfang nahm. Doch dieser Zeitabschnitt ist in der Menschheitsgeschichte ziemlich einzigartig. «Es gab auch eine außergewöhnlich hohe Wachstumsrate. Das war teilweise dem Wiederaufbau nach dem Krieg geschuldet, aber teilweise auch dem demografischen Wandel. Es gab in der Mitte des 20. Jahrhunderts einen Babyboom von ungewöhnlicher Größe», schreibt er.

Inzwischen sind wir wieder beim Normalzustand von $r > g$ angekommen. «So ziemlich überall, auch in den USA, sieht man, dass die Spitze der Wohlstandsverteilung zwei- oder dreimal so schnell wächst wie das Durchschnittsvermögen und wie die Größe der Wirtschaft.»[3]

Die Renditen für Kapitaleigner sind viel größer als die Renditen der Menschen, die für dieses Kapital arbeiten. Was wahrscheinlich erklärt, warum nur jeder fünfte Deutsche glaubt, dass die wirtschaftlichen Bedingungen in Deutschland «fair» sind, während fast 90 % den Eindruck haben, dass die Kluft zwischen arm und reich «größer und größer wird».[4]

Die wichtigste Schlussfolgerung in *Das Kapital im 21. Jahrhundert* ist, dass wir die Wirtschaft anders regeln sollten. Weg vom Besteuern von Kapital und Arbeit, hin zum Besteuern von Vermögen. Piketty schlägt eine progressive jährliche Steuer vor. Das heißt, es würde nicht das Einkommen besteuert werden, das man mit seiner Arbeit verdient, sondern die Vermögenswerte, die man mit diesem Einkommen erworben hat – Dividenden aus Aktienbesitz, Mieteinnahmen, die Ersparnisse auf dem Bankkonto. Piketty ist zu einer Art Aushängeschild der linken antikapitalistischen Szene geworden, was aber nicht heißt, dass er ein Problem mit der Idee der Vermögensbildung hätte. Er will die Menschen nicht daran hindern, reich zu werden – schließlich gehört die Aussicht, reich zu werden, zu den größten Motivationskräften, die das kapitalistische System antreiben. Piketty will einfach eine Wirtschaft, in der es leicht ist, reich zu werden, aber sehr schwer, reich zu bleiben. Was eigentlich ziemlich logisch klingt.

«Es würde so funktionieren: Angenommen, Sie besitzen ein Haus im Wert von 500 000, das mit einer Hypothek von 490 000 belastet ist. In diesem Fall beläuft sich Ihr Nettovermögen auf 10 000 Dollar, worauf Sie in meinem System keine Steuern zahlen müssen … Mein Ziel ist es nicht, Vermögen höher zu besteuern. Die Idee ist im Gegenteil, die Besteuerung von Vermögen für die meisten Menschen zu senken, aber sie für diejenigen zu erhöhen, die bereits ein großes Vermögen haben.»[5]

Das mag einleuchtend klingen, doch es wäre ein großer steuerrechtlicher Paradigmenwechsel – und man kann wohl annehmen, dass die bereits Wohlhabenden einen guten Teil ihres Vermögens auszugeben bereit wären, um zu verhindern, dass er Realität wird. Die gleichen Wohlhabenden, die ohnehin den größten Teil der Machtpositionen besetzen, von denen aus eine solche Reform verwirklicht werden könnte. Es ist also nicht sehr wahrscheinlich, dass es dazu kommen wird. Es wäre ein größerer Aufstand oder eine breite Front mobilisierter, engagierter Bürger nötig, um diese Reform durchzubringen. Allerdings ist Pikettys Buch ein Bestseller geworden, also gibt es vielleicht doch eine Chance, dass sie verwirklicht wird und dass die Debatte über finanzielle Ungleichheit weitergeht. Allerdings würde ich mein nicht existierendes Kapital nicht darauf verwetten.

Als jemand, der das Buch gelesen (genauer gesagt: quergelesen) hat, sich aber nicht darauf verlassen will, dass sich die Gesetzeslage ändern wird, um meinen künftigen Wohlstand sicherzustellen, hatte ich am Ende der Lektüre eine andere Schlussfolgerung – *ich muss Kapital erwerben.* Ein Verdacht, den ich nach jahrelanger Selbstständigkeit schon geraume Zeit gehegt hatte und den Pikettys Forschungen nachdrücklich unterstrichen.

Wenn r größer ist als g, dann ergibt es keinen Sinn, sich an g abzuarbeiten. Es bringt nichts, Arbeit zu verrichten, die sich nicht skalieren lässt. Zeit für Geld eintauschen ergibt keinen Sinn. Das ist eine der zentralen Thesen dieses Buches und aller darin noch folgenden Kapitel. Wenn wir als Angestellte arbeiten, sind unsere Chancen, reich zu werden oder auch nur Kapital zu erwerben, stark durch die Gesetze der Physik eingeschränkt – es gibt uns nämlich nur einmal. Das ist bedauerlich, denn wir sind klasse. Als Angestellte tauschen wir Zeit gegen Geld. Wenn wir unser Einkommen erhöhen möchten, haben wir also zwei Möglichkeiten: a) Wir können mehr Stunden arbeiten und b) wir können pro Stunde mehr verlangen. Mehr zu arbeiten ist keine skalierbare Lösung, weil wir jeden Tag nur 24 Stunden zur Verfügung haben und nebenher noch eine ganze Menge von anderen unbequemen und zeitintensiven menschlichen Notwendigkeiten nachkommen müssen, wenn wir nicht zusammenbrechen wollen: essen, schlafen, mit Freunden ausgehen, Sport treiben und Facebook checken.

Mehr Geld pro Stunde zu verlangen, ist möglich, allerdings nur bis zu einem bestimmten Punkt, an dem unsere Gehaltsvorstellungen viel höher sind als die anderer Menschen, die bereit wären, unseren Job zu machen. Deshalb würde unser pragmatischer Chef diese an unserer Stelle einstellen. Wir können dieses Problem umgehen, indem wir uns besser qualifizieren.

Doch je mehr wir verdienen und je stärker wir spezialisiert sind, desto größer wird der Anreiz für jemand anderen, seine eigene Vermögensbildung voranzutreiben, indem er eine neue Technologie erfindet – sei es eine Maschine, Software oder irgendeine andere Art künstlicher Intelligenz –, die unser Spezialistentum durchbricht. Im Lauf der Zeit werden die komplexesten Aspekte unseres Jobs vereinfacht und standardisiert, und der Lohn, den wir dafür verlangen können, wird sinken.

«Die hochbezahlten und mittelqualifizierten Jobs verschwinden zunehmend – jene Jobs, die die Mittelschicht in der letzten Generation getragen haben … Heute wird jeder Mittelschicht-Job schneller herausgerissen und zerlegt als je zuvor», schreibt der *New York Times*-Kolumnist Thomas L. Friedman. «Meine Generation hatte es leicht. Wir konnten einen Job ‹finden›. Doch unsere Kinder werden sich mehr als jede Generation vor ihnen ihre eigenen Jobs ‹erfinden› müssen.»[6]

Wenn Überfluss herrscht und *r* kleiner ist als *g*, ist es sinnvoll, Angestellter zu sein und sein Talent gegen ein verlässliches Gehalt einzutauschen. Wenn man gut bezahlt wird, die Arbeit Spaß macht und man seinen Job gerne macht, spricht nichts gegen ein solches Arrangement. Richtig gemacht, ist es sowohl für uns als auch für unseren Arbeitgeber von Nutzen. Doch die Entwicklungen der letzten Jahre, wie sie in Kapitel 4 ausführlich dargestellt wurden, markieren ein Ende der traditionellen Beziehung zwischen Angestellten und Arbeitgebern. Sinkende Arbeitsplatzsicherheit, eine Zunahme von zeitlich begrenzten Formen der Beschäftigung, Lohnsteigerungen zunehmend unterhalb der Inflation, $r > g$ – alles in allem ein schlechterer Deal für die Angestellten.

Ganz im Gegensatz dazu hat es immer mehr Vorteile, sein eigener Chef zu sein. Unser eigenes Unternehmen zu besitzen, egal, wie klein, selbst wenn es nur ein Nebeneinkommen ist, und die Chance wahrzunehmen, etwas anderes als unsere Zeit zu verkaufen. Etwas, das sich skalieren lässt und es uns erlaubt, mit der Vermögensbildung zu beginnen und Kapital aufzubauen.

Viele der Kompetenzen, die wir brauchen, um in der heutigen Wettbewerbssituation einen Job zu finden – die Eigeninitiative und die Fähigkeit der Selbstvermarktung, die wir in den letzten drei Kapiteln besprochen haben –, sind genau dieselben Kompetenzen, die wir benötigen, um unser eigenes Unternehmen zu gründen. Wir können sie einsetzen, um einen Kunden dazu zu bringen, uns eine feste Stelle anzubieten, doch genauso gut können wir die gleichen Fähigkeiten in ein Produkt oder eine Dienstleistung stecken, die wir wieder und immer wieder an viele solche Kunden verkaufen können.

Ich weiß, vielen Menschen ist die Vorstellung fremd, ihr eigener Chef zu sein, doch eigentlich war es noch nie so leicht wie heute, erforderte noch nie so wenig Kapital, war noch nie weniger riskant und war nie realistischer, dass Menschen ihren Lebensunterhalt teilweise oder komplett selbstständig verdienen. Wir sind heute ohnehin gezwungen, die entsprechende Geisteshaltung zu erlernen und unternehmerisch zu denken. Wir können klein anfangen. Wir können es neben unserem eigentlichen Job machen. In den nächsten Kapiteln erfahren Sie alles, was Sie wissen müssen, um ein kleines, skalierbares Internetunternehmen zu gründen, und Sie hören die Geschichten von ganz normalen Menschen, die diesen Schritt erfolgreich gewagt haben.

Kapitel 14
Werden Sie Ihr eigener Chef

Chancen sind meist als harte Arbeit verkleidet, weshalb viele Menschen sie nicht erkennen.

Ann Landers

Anders als die meisten Kinder, die davon träumen, Fußballer, Astronaut oder Rockstar zu werden, wollte ich immer Unternehmer werden, das Unternehmen *Fletchycorp* gründen und mir die Welt untertan machen. Ich war mir nie ganz sicher, was das Geschäftsfeld von Fletchycorp sein würde, die Feinheiten einer Unternehmensbilanz waren für mein zehnjähriges Ich immer ein wenig verschwommen. Wenn überhaupt, dann waren solche Dinge eher unangenehme Details, die mich von meinen Fantasien ablenkten, wie ich Leute einstellte und entließ, der *New York Times* Interviews gab und mir eine Privatinsel anlegen ließ, die wie mein Gesicht aussah.

Später studierte ich an der Universität. Das einzige Fach, in dem ich in der Schule gut gewesen war, war Wirtschaft, also studierte ich das. In der Highschool, am College und auf der Universität bekam ich oft zu hören, ich sei ein Naturtalent in diesem Fach, und so war mir klar, dass ich eines Tages mein eigenes Unternehmen gründen würde. Doch trotz der vielen Jahre Unterricht hatte ich nie das Gefühl, dass mein Wissen darüber, wie *Unternehmen eigentlich funktionierten,* über den Stand des zehnjährigen Möchtegern-Diktators hinausging, der ich einmal gewesen war.

Das erklärt wahrscheinlich, warum meine ersten unternehmerischen Gehversuche vollkommen in die Hose gingen. Ich hatte zwar einige theoretische Kenntnisse, aber keine wirkliche Erfahrung. Ich wollte Geld verdienen. Aber ich wollte nicht wirklich arbeiten oder unbequeme Dinge tun wie das Haus verlassen oder Schulden machen oder mit fremden Menschen reden. Heute, nach sechs Jahren Selbstständigkeit, habe ich endlich das Gefühl, dass ich im Prinzip verstanden habe, wie man eine Idee aus seinem Kopf nehmen und mit ein wenig Glück und einer riesigen Menge Arbeit zu einer einfachen Internetfirma ausbauen kann. Aber dazu kommen wir noch.

Wie ein Business genau funktioniert, kann von außen betrachtet recht seltsam wirken – es wirkt wie eine verwirrende Mischung aus Diebstahl, Zauberei und dem Bösen. Doch wie ich mittlerweile aus eigener Anschauung weiß, ist es in Wirklichkeit unglaublich einfach, sowohl online als auch offline.

Ein Unternehmen löst einfach ein Problem.
Gegen Geld. Immer wieder.

Diese Sätze schreibe ich zum Beispiel in Tel Aviv, wo ich einen Monat lang Urlaub mache. Im Flugzeug, das mich zu diesem exotischen, fremden Ort bringen sollte, musste ich mir keine Sorgen darüber machen, dass ich nicht wusste, wie ich vom Flughafen von Tel Aviv zu meiner Unterkunft im Stadtzentrum gelangen würde (wie immer hatte ich natürlich vorher nichts recherchiert). Ich machte mir keine Sorgen, weil ich wusste, dass andere Menschen – genauer gesagt Millionen von Menschen – bereits das gleiche Problem gehabt hatten. Jeden Tag landen Tausende von Menschen auf dem Flughafen von Tel Aviv, und viele von ihnen sind genauso unorganisiert wie ich und haben nicht die leiseste Ahnung, wie sie ins Stadtzentrum kommen sollen.

Aus diesem Grund kann man mit jedem Unternehmen Geld verdienen, das verspricht, dieses Problem für uns zu lösen. In den meisten Fällen kommen dabei an irgendeinem Punkt Räder ins Spiel. Und genau so war es: Nach meiner Ankunft stellte ich fest, dass es eine Reihe von Busunternehmen, Bahnunternehmen, Autovermietungen und Taxiunternehmen gab, die alle nur zu gerne bereit waren, mir gegen ein gewisses Entgelt eine mit Rädern versehene Abhilfe gegen meine Ahnungslosigkeit und schlechte Planung zur Verfügung zu stellen. Ich entschied mich für ein Taxi, das kostete ein wenig mehr als der Bus, brachte mich aber schneller ans Ziel. Am Steuer saß (höchstwahrscheinlich, ich habe nicht gefragt) ein selbstständiger Fahrer, der sein eigenes kleines Ein-Mann-Unternehmen betrieb und Fahrt um Fahrt die Logistik-Probleme anderer Menschen löste.

Das Taxi brachte mich zu einem Zimmer, das ich über einen Onlinedienst namens Airbnb gemietet hatte. Bei Airbnb kann man das Gästezimmer oder die ganze Wohnung anderer Menschen mieten, wenn diese sie gerade nicht brauchen. Airbnb existiert, um zwei Probleme zu lösen:

1. Hotels sind meistens teuer, steril und langweilig.
2. Menschen haben manchmal leerstehende Zimmer oder leerstehende Häuser, die ihnen Kosten verursachen, selbst wenn sie nicht darin wohnen.

Airbnb verbindet diese beiden Probleme und ermöglichte es mir, von einem Mann namens Shmulik, der in seiner hübschen Zweizimmerwohnung ein nicht genutztes Zimmer hat, dieses Zimmer zu mieten. Unsere Transaktion war für beide Seiten von Vorteil, doch ohne den Service von Airbnb wäre es praktisch unmöglich oder wenigstens höchst unwahrscheinlich gewesen, dass wir beide zueinanderfinden. Nun verdient Shmulik ein wenig Geld mit seinem leeren Zimmer, ich spare ein wenig Geld und lerne einen neuen Freund kennen, und Airbnb verdient eine Provision dafür, dass es unser beider Problem aus der Welt schafft.

Heute Morgen, an meinem ersten Morgen in der Stadt, wachte ich hungrig auf. Der Betreiber des Cafés um die Ecke weiß, dass es jeden Morgen genug hungrige Menschen gibt, um ein Frühstücksangebot auf der Karte zu rechtfertigen, das mich dazu verführte, nicht zu Hause (nun ja: in

Shmuliks Zuhause) zu frühstücken. Ein paar Stunden später wurde ich müde und konnte nicht mehr schreiben. Kein Problem, es gibt ja *Koffein*. Die Coca-Cola Company produziert große Mengen eines seltsamen, braunen Getränks, das bis knapp unter der gesetzlich zulässigen Grenze mit Zucker und Koffein gesättigt ist. Das Unternehmen macht einen bemerkenswert guten Job, dieses Getränk an alle nur denkbaren Ecken der Welt auszuliefern, wo Zucker- und Koffeinjunkies eine Nachfrage generieren können. Coca-Cola mag nicht das beste Produkt sein, doch es hat sicherlich den besten Vertrieb. Es ist offiziell mit lediglich zwei Ausnahmen (Kuba und Nordkorea) in allen Ländern der Welt erhältlich, und angeblich ist «Coke» das zweitbekannteste Wort der Welt – nach «OK». Es löste mein Zucker-und-Koffein-Problem, so wie es das nach eigenen Angaben weltweit jeden Tag mehr als 1,4 Milliarden Mal tut.

Soweit ganz einfach, oder? *Problem finden, Lösung verkaufen.*

Wenn die Kosten für das Anbieten der Lösung – dafür, meine Flasche mit Coca-Cola zu füllen, mein Taxi zu fahren, mein Frühstück zuzubereiten oder mir ein Zimmer zu vermieten – geringer sind als das, was ich den jeweiligen Anbietern dafür zahle, verdienen sie Geld. Mit diesem Geld können sie weiter die Probleme anderer Menschen lösen. Oder sie nehmen das Geld und kaufen sich, wie ich es mir einst erträumte, eine Insel, die eine Form wie ihr Gesicht hat.

Das soll nicht heißen, dass alles einfach ist. Aber das zugrundeliegende Prinzip ist klar und, wie ich hoffe, leicht verständlich.

Bei einem Online-Unternehmen mag das *Wie* anders sein, weil das Internet bestimmte Vorteile bietet, wie etwa dass man vom ersten Tag an in die ganze Welt verkaufen kann oder dass man etwas Digitales verkaufen kann, doch das *Was* verändert sich nicht. Sie müssen immer noch ein Problem finden und es lösen. Sie müssen diese Lösung für mehr verkaufen, als es kostet, sie anzubieten, und Sie müssen diese Transaktion immer wieder durchführen.

Das ist alles.

Nicht alle Unternehmen sind gleich

Natürlich sind alle Unternehmen verschieden. Manche sind groß wie McDonald's, andere sind winzig wie der kleine Italiener, der das Café gegenüber meinem Haus besitzt, das nur eine Stunde am Tag offen zu haben scheint und, wie ich vermute, der Mafia zur Geldwäsche dient. Manche sind hochprofitabel wie Coca-Cola (und, wenn auch aus unterschiedlichen Gründen, möglicherweise die Mafiageschäfte), andere haben wie Amazon einen hohen Umsatz, aber niedrige Gewinne. Manche verkaufen Tausende verschiedene Produkte unterschiedlichster Art wie mein Supermarkt, andere verkaufen nur eine Art von Produkt wie der Verlag dieses Buches.

Wenn Sie darüber nachdenken, Ihr eigenes Unternehmen zu gründen – und ich glaube, dass es in unserer Zeit immer sinnvoller wird, dies zu tun –, dann müssen Sie zuerst ein Problem finden und es lösen, und zwar idealerweise auf eine Art, die sich skalieren lässt.

Wenn Unternehmen wachsen, dann wächst oft auch die Menge an Geld, die sie verdienen, doch ebenso wächst die Menge an Arbeit, die sie verrichten müssen. Wenn skalierbare Unternehmen wachsen, dann wächst die Menge an Geld, die sie verdienen, doch die Menge an Arbeit wächst nicht – zumindest wächst sie nicht im gleichen Maß. Wenn man möglichst viel Zeit haben möchte, um Beatles-Songs auf der Gitarre zu üben oder auf einer Wiese Schmetterlinge zu fangen oder endlich diese Insel in Gesichtsform erschaffen zu können, liegt es auf der Hand, welche Option vorzuziehen ist.

Grob vereinfachend kann man sagen, dass es um den Unterschied zwischen einem *Dienstleistungsunternehmen* und einem *Produktunternehmen* geht. Ersteres macht etwas wieder und immer wieder, für jeden neuen Kunden, so wie ein traditioneller Mietmakler, ein Psychologe, ein Anwalt oder ein Zahnarzt. Letzteres macht etwas einmal und verkauft es dann mit minimalen Variationen immer wieder.

Der Taxifahrer ist ein gutes Beispiel. Solange die Gesetze der Physik nicht außer Kraft gesetzt sind, kann er immer nur an einem Ort zu einer Zeit sein. Will er doppelt so viel Geld verdienen, muss er all seine Kosten verdoppeln – ein zweites Auto, ein zweites Ich, doppelt so viel Benzin. *Sein Geschäft lässt sich nicht skalieren.*

Das Tolle an der digitalen Revolution ist, dass sich Online-Unternehmen potenziell hervorragend skalieren lassen. Ein Beispiel aus meinem eigenen, winzigen Internet-Imperium: Gestern Nacht schlief ich in Schmuliks Gästebett ein. Nicht besonders originell, ich weiß, ich habe das schon wiederholt getan. Sie wahrscheinlich auch. Was meinen Schlaf von dem eines Angestellten unterschied, war, dass ich beim Aufwachen reicher war. Ich schloss meine Augen und entschwebte an jenen netten, magischen Ort, an dem nichts einen Sinn ergibt. Träumen ist ein Vergnügen, für das man eigentlich nicht auch noch bezahlt werden sollte, doch genau das wurde ich.

Weil meine Internetunternehmen weder schlafen noch träumen. Sie sind einfach da und sind verfügbar, rund um die Uhr. Und da die Welt viele verschiedene Zeitzonen hat, gibt es theoretisch immer irgendwo jemanden, der wach genug ist, um meine Produkte zu kaufen oder meine Partnerlinks anzuklicken. Weil ich weder besonders begabt bin noch meine Angebote irgendwie weltbewegend sind, wurde ich in den acht Stunden, in denen ich schlief, durch mein Internetgeschäft und meine Bücher wahrscheinlich nur um 20 Euro reicher. Aber das ist immer noch ein sehr profitabler Schlaf, und es ist eigentlich nur meine Schuld, dass ich nicht mehr verdiente. Bessere Produkte + besseres Marketing = profitablerer Schlaf und profitablere Tage.

Die wichtige und fundamentale und besondere Erkenntnis hier ist, dass es für uns realistisch ist – sofern wir uns dazu entschließen –, ein Unternehmen aufzubauen, in dem wir eine Arbeit nur einmal erledigen und dennoch mehrmals dafür bezahlt werden, und zwar passiv, ohne dass wir anwesend sein müssen. *Passives Einkommen.* Hat man das einmal erlebt, ist es, als würde eine kleine Glühbirne angehen; die Dunkelheit verschwindet und man ruft: «So muss es sein!» Leider werden einem diese Dinge nicht dort beigebracht, wo es nötig wäre – nämlich immer und überall.

Ich lernte den Unterschied zwischen einem guten Internetunternehmen (passiv, skalierbar) und einem schlechten (aktiv, nicht skalierbar) kennen, weil ich von jeder Sorte eines gründete.

Mein Weg in die Selbstständigkeit, Teil 1 – The TeeDirectory

Im Jahr 2008 hatte ich gerade aufgehört, für ein deutsches Internet-Startup aus der Bekleidungsbranche namens Spreadshirt zu arbeiten. Spreadshirt ist eine Online-Plattform, auf der jeder selbsterstellte Designs hochladen und zum Verkauf anbieten kann. Die Designs können auf mehrere Dutzend verschiedene Produkte aufgedruckt werden, deren beliebtestes das T-Shirt ist. Spreadshirt löst ein großes Problem für kleine Bekleidungsanbieter. Wer Textilien anbieten will, muss die Nachfrage abschätzen und für die Produktion im Voraus bezahlen, ohne zu wissen, wie viel davon man absetzen kann. Das ist ineffizient und kostet diese Unternehmen eine Menge Geld, wenn Produkte nicht gehen und dann irgendwann mit großem Verlust verkauft werden müssen, um das Lager zu räumen. Bei Spreadshirt existiert Ihr Design erst, wenn es verkauft, auf eines der Blankoprodukte gedruckt und zum Kunden verschickt wird. Anders ausgedrückt: Spreadshirt beseitigt das finanzielle Risiko beim Bekleidungsverkauf. Es beseitigt auch alle Logistik- und Fulfillmentprobleme, weil es die verkauften Produkte direkt an Ihre Kunden verschickt.

Ich arbeitete bei Spreadshirt im Internet-Marketing und lernte in diesem Jahr sehr viel über die Bekleidungsindustrie. Ich sah, dass es viele ausgezeichnete Designer gab, die die Spreadshirt-Plattform nutzten, um toll aussehende Produkte zu kreieren, aber nicht das Marketing-Knowhow hatten, sie auch zu verkaufen. Bei Spreadshirt boten 100 000 Shop-Partner ihre Designs an, und es gab mindestens zehn Wettbewerber, bei denen ähnlich große Armeen von Designern Produkte kreierten.

Das waren Millionen von kleinen Online-T-Shirt-Marken, alle mit tollen Produkten und alle darum bemüht, Kunden dafür zu finden. Ich beschloss, dieses Problem auf einfache Weise zu lösen, indem ich eine zentrale Datenbank für T-Shirt-Marken bereitstellte. Kunden könnten dort nach spezifischen Motiven suchen, Bewertungen anderer Kunden lesen und von Sonderangeboten und Rabattaktionen erfahren. Die Unternehmen würden mir eine Gebühr dafür zahlen, in meiner Suchmaschine bevorzugt dargestellt zu werden. Ich wusste auch, dass viele dieser Marken ihre eigenen Affiliate-Programme haben. Solche Programme stellen fest, dass man einen Kunden weiterleitet, und zahlen eine kleine Provision dafür – meist 10–20 % dessen, was der Kunde ausgibt.

Ich nannte meine geplante Website *The TeeDirectory,* eine Kurzform von *The T-Shirt Directory.*

Da ich mich weder mit Programmieren noch mit Webdesign auskenne, war mir klar, dass ich diese Website nicht allein erstellen konnte. Mir fehlten einfach die technischen Kenntnisse. Doch es gibt ähnliche Bewertungs- und Verzeichnisseiten für zahlreiche andere Produkte und Dienstleistungen, daher gab es genügend Beispiele für die Such- und Galeriefunktionen, die ich kopieren konnte, um zu verdeutlichen, was ich auf meiner Seite haben wollte.

Ich beschrieb in einem detaillierten Prozessdokument, wie die Website aussehen und funktionieren sollte. Jede Einzelseite war in Gestalt einfacher Mockups dokumentiert, die ich mit Microsoft Word und einem Zeichenwerkzeug erstellt hatte und mit unzähligen Textfeldern annotiert hatte. Es sah, ehrlich gesagt, ziemlich schrecklich aus. Da ich zu der Zeit auf Reisen war, entschloss ich mich, einen Telearbeiter in den USA mit der Programmierung der Seite zu beauftragen. Der Vorteil war, dass wir eine gemeinsame Sprache hatten, was die Kommunikation erleichterte. Auch stand der Dollar gerade ziemlich schwach gegenüber dem Euro, daher waren die Kosten niedriger, als wenn ich mir bei meiner Rückkehr nach Europa dort jemanden gesucht hätte.

Ich schaltete eine Stellenanzeige auf einer Telearbeits-Plattform namens Upwork. Im Laufe der Jahre habe ich Upwork – das bis vor Kurzem noch oDesk hieß – in Dutzenden von Fällen genutzt, um Telearbeiter für meine geschäftlichen Aktivitäten zu engagieren. Man kann dort für beinahe alles jemanden finden – Programmieren, Grafikdesign, Buchhaltung, Produktion von Content oder virtuelle Assistenz. Sie entscheiden, was Sie wollen, und Telearbeiter rund um die Welt machen ein Angebot für dieses Projekt. So war es auch in meinem Fall – ich bekam Angebote zwischen 250 und 2500 Dollar. Ich engagierte einen Anbieter, der gute Bewertungen hatte und einen fairen Festpreis verlangte (nicht den billigsten, aber auch nicht den teuersten). Es handelte sich, wie sich herausstellte, um eine kleine digitale Agentur in Baltimore, bestehend aus einem Designer und zwei Programmierern. Wir einigten uns auf eine Zahlung in drei Raten: ein Drittel im Voraus, ein Drittel nach Fertigstellung des Designs und ein Drittel, nachdem die Website programmiert war.

Ich schickte ihnen mein Prozessdokument und wir begannen, zusammen die Spezifikationen der Seite zu erarbeiten. Die Seite sollte auf der Basis von Wordpress erstellt werden, dem am weitesten verbreiteten Tool für das Verwalten von Websites und Blogs, allerdings in stark modifizierter Form, weil ich Funktionen haben wollte, die Wordpress nicht bietet. Meine Telearbeiter und ich begegneten uns nie persönlich und sprachen weder per Telefon noch über Skype miteinander; es wurden lediglich E-Mails hin und her geschickt. Und dann, einen Monat später, hatten sie mein Prozessdokument abgearbeitet und schickten mir die ersten Entwürfe für die Seiten zu, aus denen meine Website bestehen sollte. Von meinen Entwürfen mit den viele Kästen war nichts mehr zu erkennen, und das war gut so. Sie hatten wirklich Hervorragendes geleistet und meinen Plänen so viele Ideen und Verbesserungen hinzugefügt, dass es fast eine völlig neue Website war. Wir machten eine letzte Runde von Besprechungen und Veränderungen. Einen weiteren Monat später präsentierten sie mir die fertige Lösung. Alles in allem zahlte ich ihnen etwas mehr als 1250 Dollar.

Als Nächstes musste ich die Seite mit Content füllen. Das ging teilweise automatisch, zum weitaus größeren Teil jedoch tat es das nicht. Also fing ich an, das Verzeichnis per Hand zu füllen. Sobald ich eine klare Vorstellung davon hatte, wie man schnell Content hinzufügen konnte, erstellte ich ein weiteres schrecklich aussehendes Prozessdokument und engagierte über Upwork drei Telearbeiter, die mir beim Auffüllen halfen. Es dauerte rund drei Monate, kostete mindestens 150 Stunden meiner eigenen Zeit und weitere 400 Euro, bevor ich mit der Seite online gehen konnte – mit mehr als 500 T-Shirt-Marken, alle bewertet und suchbar. Mindestens 50 davon boten Affiliate-Systeme an. So verdiente die Seite Geld. Über Google-Suchen, die mit T-Shirts zu tun hatten – wie etwa «Spiderman T-Shirt USA» oder «Skaterclothing Germany» –, fanden die Kunden meine Website, schauten sich dort um, klickten auf ein paar Affiliate-Links und wurden weitergeleitet, um sich T-Shirts zu kaufen.

Innerhalb von sechs Monaten machte die Website Gewinn. Ich behielt einen der Telearbeiter, eine Studentin namens Ivy, die die Seite die nächsten drei Jahre lang für mich betrieb. Ich loggte mich gelegentlich ein, schaute nach, ob alles OK war, und versuchte, bestimmte Seiten zu optimieren, damit sie bei Google-Suchen bessere Ränge erreichten. Am Ende des ersten Jahres machte ich monatlich etwa 1500 Euro Gewinn. Ich lag über meiner Freiheitsformel und investierte pro Woche lediglich ein paar Stunden meiner Zeit. Ivy arbeitete weiter, ich vermarktete weiter und am Ende des zweiten Jahres generierte die Seite rund 3000 Euro im Monat. Sie blieb rund dreieinhalb Jahre lang meine Haupt-Einnahmequelle. In den letzten beiden dieser dreieinhalb Jahre arbeitete ich überhaupt nicht, ich loggte mich nicht einmal mehr ein. Ivy hielt die Seite am Laufen und arbeitete rund zehn Stunden die Woche für etwa 10 Euro Stundenlohn. Mein ursprüngliches Designer/Entwickler-Team fügte auf Stundenlohnbasis gelegentlich neue Funktionen hinzu und beseitigte Fehler (nach meiner Erinnerung berechneten sie um die 40 Euro pro Stunde, aber da sie die Seite erstellt hatten, wussten sie, wie sie funktionierte, und konnten alle Veränderungen schnell umsetzen). Es war in vielerlei Hinsicht das perfekte Unternehmen. Es löste ein Problem. Aber mehr noch, es ließ sich fantastisch skalieren, weil wir nur Informationen lieferten. Nur Text auf einer Seite.

Mein Geschäft war nicht nur skalierbar, es ließ sich auch von überall betreiben. Ich verbrachte viele dieser frühen Jahre auf Reisen und dachte darüber nach, wie viel Glück ich hatte und warum nicht mehr Menschen versuchten, ein solches Unternehmen zu gründen. *Ein Unternehmen, das passives Einkommen generiert.*

Mein Weg in die Selbstständigkeit, Teil 2 – The Hipstery

Etwa eineinhalb Jahre nach dem Start des TeeDirectory, als es bereits mehr als meine monatliche Freiheitsformel einbrachte, beschloss ich, alles zu vergessen, was ich gelernt hatte, alle Gründe zu ignorieren, die es zu einem derart fantastischen Geschäft machten, und ein nicht besonders gutes zweites Unternehmen zu gründen, das das genaue Gegenteil war. Ich nannte es *The Hipstery*.

Ich wusste von meiner Arbeit bei Spreadshirt und vom Betreiben der TeeDirectory-Website, dass viele dieser kleinen T-Shirt-Unternehmen T-Shirts produzierten, die sie nicht verkaufen konnten. Diese Produkte verstaubten im hintersten Winkel irgendeines Lagers und blockierten Geld, mit dem die Unternehmen neue Ware hätten produzieren können, die sich verkaufte.

Genau wie das TeeDirectory ihnen half, ihre Produkte zu vermarkten, sollte mein neues Unternehmen ihnen helfen, einen Teil der überschüssigen Ware in ihren Lagern zu verkaufen. The Hipstery versprach ein überraschendes Produkterlebnis. Die Leute sollten die Website besuchen und einen witzigen Fragebogen mit sechs Fragen über sich selbst beantworten. Danach wurden sie aufgefordert, ein Überraschungs-T-Shirt von uns zu kaufen, von dem wir versprachen, dass es perfekt zu ihrem Geschmack passen würde, den wir aus ihren Antworten ermittelt hatten. Wir wählten das am besten passende Shirt für sie aus und schickten es ihnen zu. Wie es aussah, blieb ein Geheimnis bis zu der Sekunde, in der sie zu Hause das Paket öffneten.

Manche Geschäftsmodelle lassen sich skalieren. *The Hipstery nicht.*

The TeeDirectory bot eine vollkommen digitale Ware an – Information. Ob dieser Satz hier von niemandem gelesen wird, nur von meiner Mama (*hallo!*) oder von einer Million Menschen, ist für meinen Arbeitsaufwand nicht von Belang: Ich muss ihn nur einmal schreiben. Ob das TeeDirectory an einem Tag von zehn oder von 100 Menschen besucht wurde oder ob wir in einem vielgelesenen Blog erwähnt worden waren und an einem Tag plötzlich 10 000 Besucher vorbeikamen – wie viel zusätzliche Arbeit mussten wir leisten? So ziemlich gar keine. Vielleicht hatten wir ein paar E-Mails mehr zu beantworten als sonst, aber das war es.

The Hipstery verkaufte physische Waren – T-Shirts. Anfangs hatten wir an einem normalen Tag vielleicht fünf Bestellungen. Das bedeutete, wir mussten fünf T-Shirts auswählen und zusammenfalten, fünf Rechnungen vorbereiten, fünf Bestellungen verpacken, fünf Bestellungen verschicken. All das nahm Zeit in Anspruch und erforderte, dass jemand physisch präsent war. Natürlich kaufte ich im Voraus eine gewisse Menge T-Shirts aus überzähligen Lagerbeständen, aber ein plötzlicher Anstieg der Nachfrage sorgte immer für Probleme, schnell genug ausreichend Nachschub zu besorgen. Außerdem musste ich vorab Geld in T-Shirts investieren, ohne zu wissen, wie beliebt die verschiedenen Motive sein würden (Kunden, denen ihre Überraschung nicht gefiel, konnten das gekaufte T-Shirt umtauschen). Und weil ich T-Shirts in verschiedenen Größen verkaufte, musste ich sie in vier verschiedenen Größen (von S bis XL) und für zwei Geschlechter vorhalten. Also musste ich neben der Beliebtheit der Motive auch den Bedarf nach Geschlechtern und Größen im Voraus abschätzen.

Was glauben Sie nun, was an den Tagen passierte, an denen wir in der Presse erwähnt wurden und statt fünf plötzlich 250 Bestellungen bei uns einliefen? Ich verrate es Ihnen: Das blanke Chaos brach aus, das war es, was passierte.

Weil wir direkten Kundenkontakt hatten, mussten wir auch Kundenservice bieten. Beim TeeDirectory hatten wir keine direkte Verbindung zu unseren Kunden, wir schoben nur Internet-Traffic hin und her, wir waren Mittelsmänner. Wir verkauften nichts. Wir mussten nichts verschicken. Wir mussten keinen Kundendienst anbieten. Im Fall der Hipstery musste ich all dies tun. 250 Bestellungen bedeutete, dass wir 250 T-Shirts einpacken mussten (meist gingen sie uns aus, also mussten wir uns abstrampeln, um Nachschub aufzutreiben, oder selbst welche bedrucken), 250 T-Shirts falten, 250 Rechnungen vorbereiten, 250 Bestellungen verpacken, 250 Bestellungen abstempeln und zur Post bringen. Kundenservice für 250 Bestellungen anbieten. Auf dem Postweg verlorengegangene Bestellungen ersetzen. Rücksendungen von Kunden bearbeiten, die mit ihrem Überraschungs-T-Shirt nicht zufrieden waren.

Natürlich war es theoretisch möglich, Helfer einzustellen und damit einige dieser nervtötenden Aufgaben outzusourcen. Aber das ist gar nicht so leicht, wenn man so wie ich mit wenig Geld ins Rennen geht – und wenn man keine Ahnung hat, ob morgen null oder 150 Bestellungen einlaufen werden. Wie kann man dann Belegschaft und Warenlager entsprechend vorbereiten? The Hipstery ließ sich einfach nicht skalieren. Oft hoffte ich, dass wir einen schwachen Verkaufstag haben würden, weil das ganz einfach mit weniger Arbeit verbunden war. An der Hipstery war nichts Passives. Mehr Bestellungen bedeuteten einfach mehr Arbeit. Als wir größer wurden, wurde es ein wenig besser, aber die individuelle Natur des Geschäftsmodells machte das Outsourcen und Optimieren wirklich schwierig.

The Hipstery war das bei Weitem coolere Unternehmen. Es wurde von seinem kleinen, loyalen Kundenstamm geliebt, schaffte es aber nie, mir Geld einzubringen oder einen signifikanten Profit zu generieren. Was es aber erstklassig konnte, war, fast meine gesamte Zeit zu fressen und mir jenen täglichen Stress zu bescheren, der wahrscheinlich dazu führte, dass mir die Haare ausgingen. Nach ein paar Jahren schloss ich das Unternehmen.

Das TeeDirectory dagegen machte stetig weiter Geld und war das perfekte Unternehmen – ein skalierbares Geschäft. Der Schlüssel zur Gründung Ihres eigenen Internetunternehmens – eines Unternehmens, das es Ihnen erlauben wird, jederzeit zu reisen, und das Ihnen keine Glatze bescheren wird – liegt darin, dass Sie meine Fehler vermeiden und lediglich ein skalierbares Geschäft betreiben. Von Anfang an.

Den Gegensatz zwischen The TeeDirectory und The Hipstery kann man an vielen Stellen beobachten. Ein Gitarrenlehrer kann Einzel- oder Gruppenstunden geben, doch dieses Geschäftsmodell lässt sich wie The Hipstery nicht besonders gut skalieren, weil er nur zwei Arme hat. Er ist zwar selbstständig, aber er tauscht immer noch Zeit gegen Geld, wie ein Angestellter. Doch wenn er will, kann er seine Stunden auf Video aufzeichnen, eine komplette Serie aus diesen Videos machen und diese bei einem Dienst wie Sofatutor oder Udemy als Gitarrenkurs online verkaufen. So kommt er dem TeeDirectory näher, weil er sein Produkt digital und passiv verkauft. Auf die gleiche Weise können Standup-Komiker einen Youtube Channel eröffnen, Yogalehrer können zu Herstellern von Yogamatten werden, Reisebüros zu Suchmaschinen für Flugverbindungen, Flohmärkte zu E-Bay, Kunstgewerbemärkte zu Marktplätzen für Kunstgewerbe wie etwa Etsy, Kleinanzeigen in Zeitungen werden zu Online-Anzeigenseiten wie Craigslist, Schallplattenläden werden zu Spotify, Immobilienmakler zu Immoscout, Vermittler von Ferienwohnungen zu Airbnb – und Menschen, die hart arbeiten, werden zu Menschen, die mehr Mittagsschläfchen halten.

Kreieren, mehrmals verkaufen, outsourcen.

Es ist ein langsamer Wandel von analog zu digital, von Dienstleistungen zu Produkten (Produkte sind standardisiert und deshalb leichter passiv zu verkaufen), von Programmsortimenten (wie Kabelfernsehen) zu Streaming-Angeboten (wie Netflix), von nicht skalierbaren zu revolutionären, großen, zentralisierten Online-Marktplätzen.

Es gibt einen ziemlichen Hype um den Begriff des passiven Unternehmens, propagiert vor allem von Leuten, die Rezepte für die Gründung solcher passiver Unternehmen verkaufen wollen. Doch das Unternehmen, das ohne den Input von Arbeit hohe Gewinne abwirft, gibt es nicht. Das ist ein Märchen. «Es gibt im Internet keine Content-getriebene Umsatzmaschine, die man einmal einrichten muss und dann nie mehr warten muss», sagt Pamela Slim, die Autorin von *Escape from Cubicle Nation*. Was es aber gibt, sind Unternehmen, die von Anfang an mit dem Ziel des passiven Verkaufens konzipiert werden, und diese Zielsetzung beeinflusst alle Entscheidungen, die ihre Struktur betreffen. «Es erfordert Zeit, Arbeit und Energie, das Interesse an einem Produkt wachzuhalten … und dazu sind Marketinganstrengungen nötig, die nicht ‹passiv› sind», warnt Slim.

Im nächsten Kapitel wollen wir uns die sechs Schritte anschauen, die Sie gehen können, wenn Sie versuchen wollen, die Fesseln des Angestelltendaseins abzuwerfen und Ihr eigenes kleines Internetunternehmen zu gründen.

Kapitel 15
Wie man in sechs einfachen Schritten ein Internetunternehmen aufbaut

Wenn du immer tust, was du schon immer getan hast, wirst du immer bekommen, was du schon immer bekommen hast.

Henry Ford

Ich habe ein einfaches Sechs-Schritte-Programm entwickelt, dem man (so hoffe ich) folgen kann, um die Grundlagen einer internetbasierten, passiven Selbstständigkeit zu erlernen.

Bevor wir damit beginnen, eine kurze Anmerkung: Es ist durchaus nicht unwahrscheinlich, dass wir mit unserer Geschäftsidee nicht beim ersten Mal gleich richtig liegen, dass wir unser Angebot ein wenig nachbessern müssen. Machen Sie sich deshalb keine Sorgen, das ist vollkommen normal. Es ist ein Prozess aus kleinen Schritten. Es geht darum, intuitive Ideen zu entwickeln und sie zu testen. Je schneller und je kostengünstiger wir das tun können, desto besser. Und vergessen Sie nicht die wichtigen Dinge, die wir in den bisherigen Kapiteln besprochen haben, denn sie können uns helfen, diesen unter Umständen langen Zeitraum (das können durchaus Jahre sein) zu überbrücken: Halten Sie die Lebenskosten niedrig, es gewinnt der beste Vermarkter und nicht die beste Idee, Scheitern ist kein Problem, orientieren Sie sich an Systemen, nicht an Zielen.

Die Tools und Dienste, die uns auf diesem Weg unterstützen können, sind ständigen Veränderungen unterworfen, deshalb will ich mich nicht allzu sehr auf diese technischen Aspekte konzentrieren. Solche Angaben sind immer schnell veraltet. Stattdessen will ich über die Prinzipien sprechen, die den einzelnen Schritten zugrunde liegen.

Wenn Ihnen dieses Kapitel zu detailliert ist, blättern Sie einfach auf Seite 219 ff. vor, wo ich Ihnen vier Menschen vorstelle, die alle erfolgreich ein kleines Internetunternehmen aufgebaut haben. Dort können Sie alle Prinzipien in ihrer praktischen Anwendung sehen.

Fangen wir an …

1. Das Problem

Definition: Das Problem ist ein konkretes Ärgernis oder ein soziales Bedürfnis, dem Sie mit Ihrem skalierbaren Produkt oder Ihrer Dienstleistung abhelfen wollen.

Wenn wir unsere Diagnose des Problems abgeschlossen haben, sollten wir in der Lage sein, es in einem einzigen Satz zu formulieren. Einem Satz, den jeder verstehen kann, ob er nun das spezifische Problem hat oder nicht.

Ein Problem finden

Je kleiner das Problem, um so besser. Wir brauchen nicht mehr als eine winzige Unannehmlichkeit, einen nicht funktionierenden Prozess aus unserem Alltag. Wir wollen nicht das nächste Google erfinden, sondern lediglich ein Lifestyle-Unternehmen gründen.[7] Fangen Sie klein an und bleiben Sie klein. Um ein Problem zu finden, ist es am leichtesten, mit dem eigenen Leben zu beginnen. Dazu sollte man immer einen Notizblock in der Tasche haben. Jedes Mal, wenn wir eine Information oder ein Produkt brauchen, aber nicht gleich finden können oder wir einfach nur etwas bemerken, das uns frustriert, weil es so ineffizient ist, schreiben wir es auf.

Jede dieser Notizen markiert einen Reibungspunkt, den wir versuchen können, mit einer cleveren Lösung aus der Welt zu schaffen. Hier sind ein paar größtenteils alberne Probleme, die ich mir in den letzten Tagen notiert habe:

- Handschuhe kann man leicht verlieren.
- Es ist schwer, im Dunkeln den Lichtschalter zu finden.
- Schienbeine finden die Möbel ohne Schwierigkeiten (siehe auch: *Es ist schwer, im Dunkeln den Lichtschalter zu finden*).
- Es gibt im Internet nicht viel an englischsprachigen Informationen darüber, wie man in Deutschland ein Gewerbe an- und abmelden kann.
- Weder Lonely Planet noch Rough Guide haben einen speziellen Reiseführer für Ghana.
- Die meisten Menschen wollen ein Haustier, aber nicht die Verantwortung, sich um ein Tier zu kümmern.
- Ich habe einen alten Staubsauger, dessen Staubbeutel man auswechseln muss, aber ich vergesse immer, welche zu kaufen und welche Sorte ich brauche.

Steckt in irgendeinem davon eine Geschäftsidee? Wahrscheinlich nicht. Wer weiß. Ich würde keine davon ausprobieren, weil die Lösung keines dieser Probleme mir besonders am Herzen liegt. Aber sie könnten es wert sein, genauer darüber nachzudenken. Normalerweise ist es am besten, zuerst in den Bereichen nach Problemen zu suchen, in denen man sich am besten auskennt oder für die man sich am meisten interessiert, was oft das Gleiche ist. Meine Erfahrung bei Spreadshirt vermittelte mir das Wissen und die Kontakte, mit denen ich sowohl The TeeDirectory als auch The Hipstery gründen konnte.

Jeder ist Experte für irgendetwas. Welches Thema fasziniert Sie so, dass Sie stundenlang darüber reden können? Werfen Sie einen Blick in Ihr Bücherregal – welche Themen tauchen dort immer wieder auf? Wenn einer Ihrer Freunde Kandidat bei *Wer wird Millionär* wäre und bei einer Frage nicht mehr weiterwüsste, bei welchem Fachgebiet würde er sofort Sie als Telefonjoker anrufen? *Da fangen Sie an.*

Wenn es Ihnen immer noch schwerfällt, ein gutes Problem zu finden, dann ist die beste Idee, mit so vielen Menschen wie möglich zu sprechen.

Fragen Sie sie, was sie arbeiten. Bitten Sie sie, Ihnen ihren Tag zu beschreiben. Bitten Sie sie, Ihnen die Aspekte zu beschreiben, die sie an ihrer Tätigkeit hassen. Fragen Sie sie, ob es etwas gibt, das ihr Leben leichter machen würde. Fragen Sie sie, wie viele Menschen sie kennen, die das gleiche Problem haben. Dann können Sie nach Hause gehen und einen Plan zu seiner Lösung erarbeiten. Stellen Sie Ihren Gesprächspartnern diesen Plan vor und fragen Sie sie, ob damit ihr Problem gelöst wäre. Fragen Sie sie, was sie für eine solche Lösung bezahlen würden, wenn sie existierte. Das Wichtige hierbei ist, dass wir Feedback sammeln und eine möglichst detaillierte Beschreibung des Problems bekommen.

Wer nicht persönlich mit Leuten sprechen will, kann E-Mail und Facebook nutzen oder Foren und Blogs konsultieren. Das Problem der Problemfindung, wenn es denn eines gibt, ist eher, dass es zu viele potenzielle Probleme gibt, nicht zu wenige. Der Trick ist einfach, sich selbst darauf zu trainieren, sie zu bemerken, zu formulieren und zu recherchieren.

2. Die Lösung

Definition: Die Lösung ist das Produkt/die Dienstleistung, die wir anbieten werden, um das Problem zu lösen.

Merkmale einer guten Lösung: Sie verbessert eine bestehende Lösung
Idealerweise finden wir *eine bessere Methode,* etwas zu tun, das es bereits gibt. Auf diese Weise wissen wir auch, dass ein Bedarf für diese Dienstleistung besteht. Airbnb ist keine neue Idee, es ist lediglich ein intelligenteres und besser skalierbares Online-Reservierungssystem für Ferienunterkünfte, darum funktioniert es. Es nimmt eine alte Lösung – das Vermitteln von Ferienwohnungen – und schafft etwas, das sich besser skalieren lässt und für die Nutzer effizienter ist. Bei Airbnb können wir viele Fotos der Wohnungen und Häuser sehen. Wir können Bewertungen von Leuten lesen, die dort Urlaub gemacht haben. Wir müssen nicht unser Haus verlassen und

mit anderen Menschen sprechen. Hier ist eine Liste von Internet-Startups, die eine existierende Lösung verbessert und sich so ein Geschäftsfeld erobert haben (Ihr Unternehmen wird viel kleiner sein, das hier sind nur bekannte Beispiele):

Problem	**Lösung vor dem Internet**	**Verbesserte Lösung im Internet**
Es ist schwer, im Fernsehen gute Sendungen zu finden	Pay-TV	Pay-TV + eine niedrige Gebühr, jederzeit kündbar, kann auf allen Ihren Geräten gestreamt werden = *Netflix*
Ich will unterwegs meine Musik hören	Tragbare Musikabspielgeräte	Mp3-Player + eine niedrige Gebühr, jederzeit kündbar, Musik hören, so viel man will, auf allen Geräten synchronisierbar = *Spotify*
Hotels sind langweilig und haben keine Annehmlichkeiten wie eine Küche	Ferienwohnungen/ Wohnungsvermittler	Mietmakler + zentrale Plattform, die Mieter und Vermieter zusammenbringt, mit guten Fotos sowie Bewertungen und Besprechungen = *Airbnb*
Ich muss schnell wohin und habe kein Auto	Taxis	Taxis + automatische Bezahlung sowie Bewertungen und Besprechungen = *Uber*
Ich liebe Kleidung, aber ich hasse Bekleidungsläden	Versandhauskatalog-Bestellungen	Katalogbestellungen + Internethandel und kostenlose Rücksendung mit normaler Post = *Zalando*
Ich möchte originelle Geschenke kaufen, die man nicht in jedem Laden findet	Flohmärkte und Spezialgeschäfte	Flohmärkte + persönliche Verbindung zum Schöpfer des Produkts, breiteres Spektrum an Produkten, von zu Hause bestellbar = *DaWanda*

Ich probiere gerne neue Kosmetika aus, verfolge aber nicht, was Neues auf den Markt kommt	Kosmetik-Versandhauskatalog, z. B. Avon	Kosmetika + monatliches Abonnement und die Chance, Feedback zu den neuesten Kosmetikprodukten zu geben = *Glossybox*

Sie lässt sich skalieren

Lösungen, bei denen wir ein langes Gespräch mit dem Kunden führen müssen, um ihn zum Kaufen zu bewegen, oder bei denen wir physisch präsent sein müssen, lassen sich nicht besonders gut skalieren. Das ist der Grund, warum wir Dienstleistungen, wie sie Mietmakler, Anwälte oder Sprachlehrer anbieten, meiden und uns lieber digitalen Informationsprodukten zuwenden, die einmal kreiert werden und dann mit minimalem Mehraufwand wiederholt verkauft werden können: E-Books, Online-Videokursen, Website-Templates, Anleitungen, Marktplätzen, Partnerprodukten.

Sie ermöglicht wiederholte Umsätze

Wir werden eine Menge Arbeit aufwenden und eine Menge Geld für Marketing ausgeben, um unsere Kunden zu finden. Es ist toll, wenn wir nach so viel Einsatz nicht eine einmalige Lösung verkaufen, sondern eine Lösung, die wir in Form eines Abonnements anbieten können. Es ist wie der Unterschied zwischen dem Verkauf eines Fitnessgeräts und dem Abschluss eines Mitgliedsvertrages im Fitnessclub, der sich jeden Monat automatisch verlängert. Dollarshaveclub.com ist ein schönes Beispiel. Dieses Unternehmen verkauft Rasierklingen – ein absolutes Massenprodukt, aber im monatlichen Abonnement, zu Preisen ab gerade einmal drei Dollar pro Monat. Dollarshaveclub muss hart arbeiten, um einen Kunden zu werben, doch sobald sie ihn haben, sorgt das Abonnement (das jederzeit gekündigt werden kann) dafür, dass sie Monat für Monat an diesem Kunden Geld verdienen.

Sie kann leicht/billig getestet werden

Am Anfang haben wir nur eine vage Ahnung davon, wie viele Menschen das Problem haben und wie viel sie uns zu zahlen bereit wären, wenn wir das Problem für sie lösen. Deswegen brauchen wir eine Lösung, die es uns erlaubt, diese Ahnung so einfach und so preisgünstig wie möglich zu testen. Möglichkeiten, dies zu tun, sind:

1. Gestalten Sie eine einfache Website für Ihre Dienstleistung/Ihr Produkt, als ob dieses Produkt bereits existierte. Dann wenden Sie sich an potenzielle Kunden und holen sich deren Feedback. Schauen Sie, wie viele von ihnen versuchen, das Produkt zu kaufen, oder ihre E-Mail-Adresse hinterlassen, um später zu kaufen. Auch das proaktive Kontaktieren potenzieller Kunden, bevor wir starten, ist eine gute Idee.
2. Wenn Ihre Lösung ein Produkt ist, gibt es die Möglichkeit des Crowdfunding über Websites wie Kickstarter, Indiegogo oder Seedmatch, um das nötige Startkapital aufzubringen. Hier können wir unsere Idee Menschen überall auf der Welt mitteilen; diese sagen uns die Mittel zu, die wir brauchen – und wenn es genug Leute gibt, die unsere Lösung für eine gute Idee halten, und das Finanzierungsziel erreicht wird, können wir mit der Realisierung loslegen.

Wenn die Lösung, die wir kreieren wollen, zu groß ist, als dass wir sie allein stemmen könnten, und es zu kompliziert ist, die Nachfrage zu testen, dann sollten wir sie uns als einen Kuchen vorstellen. Wir sollten akzeptieren, dass wir nicht das ganze Ding essen können, und es in kleinere und noch kleinere Stücke aufteilen. Konzentrieren Sie sich auf das Stück mit der potenziell größten Wertschöpfung in Verbindung mit der niedrigsten Anfangsinvestition. Behalten Sie dieses Stück. Schneiden Sie alles andere gnadenlos weg.

3. Der Kaufzyklus

Definition: Der Prozess, den unser angehender Kunde durchläuft, wenn er das Produkt/die Dienstleistung kauft, die wir anbieten.

Überlegen Sie einmal, wie Sie etwas kaufen, sagen wir einen neuen Staubsauger. In der Regel wird Ihnen nicht eines Tages plötzlich klar, dass Sie einen neuen Staubsauger brauchen, und Sie gehen in den nächsten Laden, der solche Geräte führt, und kaufen den ersten, der Ihnen unter die Augen kommt. Manche Leute mögen das so machen, wobei wir ihnen viel Glück wünschen, aber die große Mehrheit der Menschen tut das nicht. Sie durchlaufen stattdessen einen sogenannten Kaufzyklus. Dieser könnte zum Beispiel so aussehen:

Kaufzyklus-Stadium	Aktion des Kunden
Wahrnehmung von Bedürfnissen	Staubsauger geht kaputt oder Werbung überzeugt davon, dass das Umsteigen auf ein neues Modell sich lohnt
Bewertung von Alternativen	Besuch in einem Laden. Oder Besuch einiger Websites, um zu sehen, welche Modelle auf dem Markt sind
Verringern von Risiken	Erstellen einer Auswahl, Konsultieren von Bewertungsseiten wie Stiftung Warentest, Ciao.de oder Befragung von Freunden über Facebook (schließlich sind wir alle Experten für Staubsauger, oder?), Preis-Check/Garantie-Check
Entscheidung	Kauf (online oder offline)
Erreichen von Ergebnissen	Der Staubsauger kommt an, der Hausstaub hat verloren

Wie sieht der Kaufzyklus für unser geplantes Produkt/unsere Dienstleistung aus?

Der gleiche Zyklus läuft so ziemlich bei jedem Produkt/jeder Dienstleistung ab, von der Frage *in welches Restaurant wollen wir heute Abend gehen?* bis zu *was soll unser nächstes Auto sein?* Je genauer wir den Zyklus für unser Produkt/unsere Dienstleistung kennen und wissen, wohin die Leute sich in jedem Stadium wenden, desto besser können wir unsere Lösung positionieren und die Kunden dazu animieren, von uns zu kaufen und nicht bei unserer Konkurrenz. Als Anbieter von Lösungen können wir sogar theoretisch für jede Stufe des Kaufzyklus etwas schaffen, das sie kaufen können. Wenn wir beim Staubsaugerbeispiel bleiben:

Kaufzyklus-Stadium	Potenzielle Lösung, die wir anbieten können	Geschäftsmodell für eine Lösung
Wahrnehmung von Bedürfnissen	*staubsaugerreparatur.de* – eine Website, die Menschen davon überzeugt, dass ihr Staubsauger sich noch reparieren lässt, und ihnen Reparaturanleitungen verkauft	Verkauf von E-Book/Kurs/Anleitung
Bewertung von Alternativen	*staubsaugerbewertung.de* – eine Website mit Bewertungen von Staubsaugern, wie Stiftung Warentest	Provision durch Affiliate-Marketing/gebührenpflichtige Mitgliedschaft/Werbung
Verringern von Risiken	*billigestaubsauger.de* – eine Preisvergleichsseite wie Idealo	Provision durch Affiliate-Marketing/Werbung
Entscheidung	*meinstaubsauger.de* – Internetshop, in dem man Staubsauger kaufen kann	Verkauf vieler verschiedener Staubsaugermarken

Bei welchem Schritt des Kaufzyklus soll unsere Lösung ansetzen?
Hier müssen wir abwägen. Die ersten Schritte des Kaufzyklus erlauben es uns, Informationen zu verkaufen, und wie wir am Beispiel von The TeeDirectory gelernt haben, lassen sich Informationen sehr gut skalieren. In diesem Bereich bestehen die besten Chancen, ein passives Geschäftsmodell zu entwickeln. Andererseits gilt: Je früher im Kaufzyklus wir ansetzen, desto häufiger müssen wir den Kunden bei der Hand nehmen und durch den restlichen Zyklus zerren – wir müssen ihm erklären, was er kaufen soll, warum er es kaufen soll und wo er es kaufen soll. Je mehr Schritte noch bis

zum eigentlichen Kauf zu absolvieren sind, desto wahrscheinlicher ist es, dass er aussteigt oder unterwegs auf einen Ihrer Konkurrenten ausweicht und lieber dort kauft.

Bei The TeeDirectory war meine Lösung für dieses Dilemma, so viel wie möglich vom «Ich will ein neues T-Shirt kaufen»-Zyklus abzudecken, so dass ein Besucher, der erst einmal zu mir gefunden hatte, die Seite nicht mehr verlassen musste, bis er so weit war, bei einem der 500 bei mir gelisteten Verkäufer etwas zu kaufen und auf dem Weg dorthin meinen Affiliate-Link anzuklicken.

Kaufzyklus-Stadium	**Aktion des Kunden**	**TeeDirectory-Lösung**
Wahrnehmung von Bedürfnissen	Googelt etwas mit T-Shirt-Bezug, z. B. «batman t-shirt germany»	Spezielle T-Shirt-Suchmaschine zeigte alle Batman-T-Shirts aus dem Angebot der im Verzeichnis vertretenen Anbieter
Bewertung von Alternativen	Sucht einen Internetshop, bei dem Preis und Stil den Vorstellungen entsprechen	Filtern nach Farbe, Preis und Ort
Verringern von Risiken	Lesen von Kundenbewertungen	Jeder Shop im Verzeichnis hatte Kundenbewertungen, die ihn nach Qualität, Lieferfristen und -geschwindigkeit sowie einer Reihe weiterer Faktoren beurteilten. Einige der Shops hatten mehrere Dutzend Kundenbewertungen

Entscheidung	Preisvergleich; Rabatte oder Sonderangebote?	Jeder Shop hatte einen eigenen Bereich für Sonderangebote und Rabattcodes, der von den Anbietern selbst angelegt werden konnte oder von uns manuell hinzugefügt wurde. Der Kunde konnte die Angebote prüfen und die Rabattcodes mit einem Klick übernehmen
Erreichen von Ergebnissen	Wird weitergeleitet zum Shop, um das T-Shirt zu kaufen	Am oberen Rand im Browser des Kunden öffnete sich eine kleine Toolbar, nachdem der Kunde zu einem der Shops weitergeleitet wurde. Sie dankte ihm für den Besuch und forderte ihn auf, uns auf Facebook zu folgen/unseren Newsletter zu abonnieren, damit wir ihn in Zukunft über Sonderangebote informieren konnten

4. Der Purchase Funnel

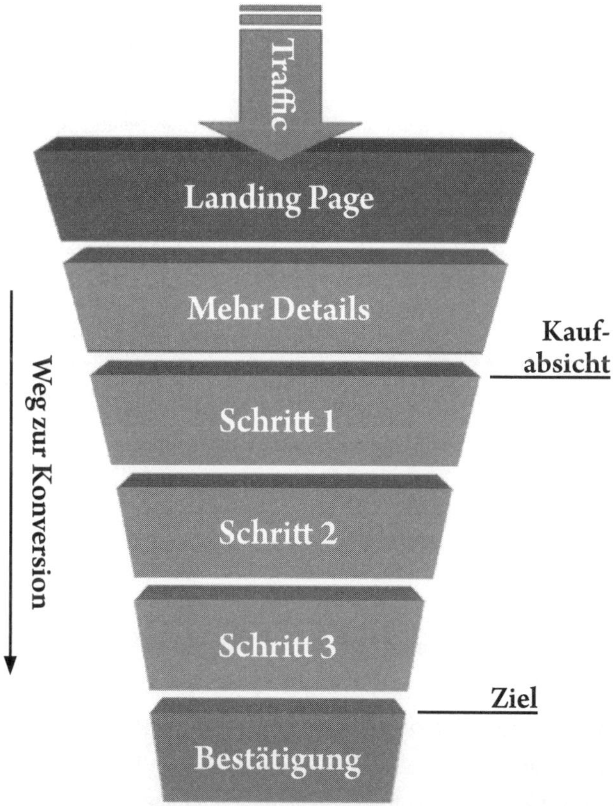

Definition: Der Prozess, den der Kunde auf unserer Webseite durchläuft und der mit dem gewünschten Ergebnis endet (Kauf, Klick auf einen Affiliate-Link, Anmelden für den Newsletter usw.). Der Purchase Funnel (zu Deutsch: Kauftrichter) ähnelt dem Kaufzyklus, allerdings betrachten wir hier nur den Weg, den der Kunde auf *unserer* spezifischen Website zurücklegt – im Marketing spricht man von der *Customer Journey*.[8]

Bleiben wir beim Staubsaugerbeispiel – wenn wir beschließen, einen Internetshop zu eröffnen, der Staubsauger verkauft, dann wird jeder Kunde eine Reihe von Schritten durchlaufen, um ein solches Gerät von uns zu kaufen. In der Regel wird er auf unserer wunderbar gestalteten und mit Sonderangeboten vollgestopften *Homepage* beginnen. Von da aus wird er sich hoffentlich ein wenig umschauen, sich von unseren Artikeln angesprochen fühlen und sich dann auf die *Produktseite* eines Staubsaugermodells weiterklicken, das ihn interessiert. Auf dieser Produktseite kann er sich eingehender über die Ausstattung des Modells und dessen Preis informieren. Wenn er überzeugt ist, wird er wahrscheinlich diesen Stabsauger in seinen Warenkorb legen und zu unserer *ersten Checkout-Seite* gelangen, wo er aufgefordert werden kann, ein Kundenkonto anzulegen. Von dort aus geht es weiter zu den Adressangaben und Zahlungsoptionen auf unserer *zweiten Checkout-Seite* und schließlich zur Seite mit der *Kaufbestätigung*. Nachdem der Kunde den Kauf bestätigt hat, erscheint die *Bestellabschlussseite*, was bedeutet, dass wir gerade reicher geworden sind. *Dieser Prozess ist im Purchase Funnel dargestellt.*

Unsere Aufgabe ist es, jeden Teil dieses Trichters zu kennen und zu optimieren. Wir können dazu einen der zahlreichen Online-Anbieter von A/B-Tests in Anspruch nehmen, zum Beispiel den Virtual Website Optimizer. Ein A/B-Test erlaubt es uns, von jeder gewünschten Seite unserer Web-Präsenz zwei Varianten einzurichten. 50 % der Besucher der Seite bekommen die alte Seite zu sehen, die anderen 50 % die neue Testseite. Sie vergleichen, welche der beiden besser funktioniert, und nehmen diese, oder Sie optimieren diese durch weitere Runden von A/B-Tests noch weiter.

Auf diese Weise kann man zum Beispiel klären, ob mehr oder weniger Besucher Produkte in den Einkaufswagen legen, wenn wir den «Kaufen»-Button auf der *Produktseite* 10 % größer machen. Oder ihn in einem helleren Rot einfärben. Oder wenn er alle fünf Sekunden blinkt. Oder wenn wir auf der *Homepage* ein Sonderangebot einstellen, das nur zehn Minuten Gültigkeit hat, so dass der Kunde sofort bestellen muss. Steigen weniger Besucher während des Checkout-Prozesses aus, wenn wir alle externen

Links von diesen Seiten entfernen? Bewirkt das Anzeigen von Kundenbewertungen, dass mehr Produkte in den Einkaufswagen gelegt werden oder weniger? Vollenden mehr Besucher den Weg von der Produkt- zur *Kaufbestätigungsseite*, wenn man kaufen kann, ohne ein Kundenkonto anzulegen?

Es ist nicht das Ziel, den gesamten Purchase Funnel auf einen Schlag zu optimieren, sondern jeden einzelnen Schritt in diesem Trichter anzuschauen und sie alle nacheinander zu optimieren – von *a* nach *b*, von *b* nach *c*, von *c* nach *d* und so weiter. Denn andernfalls gibt es zu viele potenzielle Variablen zwischen a und d, was bedeutet, dass unser A/B-Test keine stichhaltige Aussage liefert oder dass wir sehr viele Daten brauchen, um den Test auszuwerten.

Google Analytics hilft dabei, einen Trichter für unsere Webseite zu erstellen. Wenn wir Schwierigkeiten mit der Einrichtung haben, können wir – wie für jeden Schritt bei der Gründung unseres Unternehmens – einfach bei einem Dienst wie Upwork jemanden für ein paar Stunden engagieren, der das für uns erledigt.

5. Traffic

Definition: Die potenziellen Kunden, die unseren Purchase Funnel durchlaufen.

Nun, da alles für unsere angehenden Kunden vorbereitet ist, müssen wir nur noch Leute erreichen, die sich irgendwo im Kaufzyklus für unser Produkt/unsere Dienstleistung befinden, und sie in den Purchase Funnel unserer Lösung umleiten. Was eine umständliche Art ist zu sagen: Wir müssen Leute finden, die einen Staubsauger kaufen wollen, und sie auf unsere Homepage lotsen. Dort gelangen sie in den Trichter, und wenn alles gut geht, machen sie uns am Ende ein wenig reicher, indem sie etwas kaufen. So einfach ist das.

Es gibt viele Orte, an denen wir Menschen finden können, die nach einem Staubsauger suchen. An manchen dieser Orte müssen wir bezahlen, andere sind umsonst. An manchen Orten wissen die Menschen schon, dass sie etwas kaufen wollen. An anderen denken sie noch darüber nach.

Unten finden Sie eine Liste von bezahlten und kostenlosen Quellen für Internet-Traffic. Von welchen davon Sie Gebrauch machen wollen, hängt stark davon ab, wo im Kaufzyklus Ihres Produkts oder Ihrer Dienstleistung Sie sich befinden und was Sie verkaufen. Wo sind Ihre potenziellen Kunden während der einzelnen Stadien des Zyklus? Dort, wo die Kunden sind, muss die Werbung für Ihre Dienstleistung sein. Bleiben wir weiter beim Staubsaugerbeispiel:

Kaufzyklus-Stadium	**Wo sich der Kunde wahrscheinlich befindet**	**Wie Sie ihn auf Ihre Seite locken**
Wahrnehmung von Bedürfnissen	Google-Suche nach «bester Staubsauger 2015»	Blogeintrag im Blog Ihres Unternehmens mit dem Titel «Definitive Liste der besten Staubsauger 2015»
Bewertung von Alternativen	Auf Seiten mit Staubsaugerbewertungen	Bannerwerbung auf diesen Seiten, die Ihre Niedrigpreisgarantie oder Ihre große Produktpalette anpreist
Verringern von Risiken	Auf einer Staubsauger-Preisvergleichsseite wie Idealo	Bieten Sie der Preisvergleichsseite ein attraktives Affiliate-Programm an, damit diese Sie an prominenter Stelle platziert

Entscheidung	Auf Ihrer Webseite	Ein optimierter Purchase Funnel, der es potenziellen Kunden erlaubt, schnell und mit so wenigen Klicks und Optionen wie möglich einen Staubsauger zu kaufen
Erreichen von Ergebnissen	An seiner Haustür, damit beschäftigt, das Paket mit seinem neuen Staubsauger zu öffnen	Eine Werbung in jedem Paket für einen kostenlosen Test des von Ihnen angebotenen Staubsaugerbeutel-Abonnements oder eine Aufforderung, Ihnen auf Facebook zu folgen und künftig Preisnachlässe zu erhalten

Es gibt viele Quellen von Internet-Traffic für unseren Trichter. Hier ist ein kurzer Überblick über die besten kostenlosen und kostenpflichtigen Optionen:

Kostenlose Traffic-Quelle	**Bezahlte Traffic-Quelle**
Suchmaschinenoptimierung	**Google AdWords**
Es liegt auf der Hand, dass Ihre Seite das Ziel haben muss, bei den Ergebnissen von Suchmaschinen für die relevanten Suchbegriffe wie «Staubsauger kaufen» oder «neuer Staubsauger» eine gute Platzierung zu bekommen (Google ist so dominierend, dass wir hier im	Mit Google AdWords kaufen Sie einfach einen Platz rechts oben bei den Suchresultaten in den Werbelinks. Sie können die exakten Suchworte festlegen, die der User eingegeben haben muss. Das führt dazu, dass der Traffic, der auf diesem Weg auf Ihre Seite gelangt,

Grunde genommen nur über Google sprechen). Auf diese Weise bekommen Sie jedes Mal, wenn jemand nach Ihren Produkten sucht, kostenlosen qualifizierten Traffic. Doch je weiter Sie im Kaufzyklus voranschreiten, desto mehr Wettbewerb gibt es durch konkurrierende Webseiten, die ebenfalls diese wertvollen kaufrelevanten Suchworte im Blick haben, deshalb wird es umso schwerer, mit ihnen auf die erste Seite der Google-Resultate zu kommen	in der Regel qualifizierter ist als der aus anderen Quellen. Dafür sind die Kosten, um den Besucher auf Ihre Seite zu locken, höher. Feine Unterschiede bei den Suchworten wie etwa eine Veränderung von «Staubsauger kaufen» zu «neuen Staubsauger online kaufen» können einen verblüffend großen Unterschied bei den Kosten ausmachen, die pro Klick anfallen
Soziale Medien	**Facebook**
Die drei bekanntesten Optionen hier sind Facebook-Fanseiten, ein Twitter-Account und ein Firmenblog. Das Ziel ist, Freunde und Follower zu sammeln, sie zu unterhalten und Vertrauen aufzubauen, bevor man ihnen konkrete Gründe liefert, etwas zu kaufen (Neuheiten, Sonderangebote, Rabattcodes usw.). Welche Plattform sinnvoll ist, hängt davon ab, was Sie verkaufen wollen. Wenn Ihre Seite sehr kurzfristige Angebote wie Liveshopping oder Flash Sales hat, ist das Schreiben von Blogposts über diese Angebote wenig sinnvoll, da sie so schnell veralten. In diesen Fällen sind Facebook oder Twitter sinnvoller,	Facebook-Anzeigen haben eine sehr niedrige Durchklickrate (0,5% wären schon sehr gut), doch wenn Sie eine existierende Fanseite haben, können Sie mit Sponsored Posts dafür sorgen, dass Ihre Updates mehr Fans Ihres Unternehmens erreichen. Das ist für einige Geschäftsmodelle hilfreicher als für andere. Die Wahrscheinlichkeit, dass Sie eine aktive Fangemeinde gewinnen, die Sie mit regelmäßigen Status-Updates und animierten GIFs zum Thema Staubsauger unterhalten können, ist schwer abzuschätzen, aber vielleicht sind Sie kreativ genug, das hinzubekommen. Facebook erlaubt eine sehr genaue Auswahl, welche Art von

weil man dort schnell eine kurze Botschaft verbreiten kann. Wenn Sie dagegen ein E-Book über Ghana verkaufen, sind jegliche Blogposts, die Ihr Wissen über und Ihre Begeisterung für Ghana demonstrieren, wahrscheinlich noch jahrelang relevant. Sie können Ihr Buch am Anfang und Ende eines jeden relevanten Posts erwähnen. Wenn Sie sich nicht die Arbeit machen wollen, einen eigenen Blog aufzubauen, können Sie auch sogenannte Sponsored Posts für andere Blogs schreiben. Die Hipstery tätigte mehr als 50 % ihrer Verkäufe im Gefolge von lustigen Gastbeiträgen, die ich auf Seiten mit mehr Traffic veröffentlicht hatte. Manchmal lieferten uns diese Artikel noch Jahre nach ihrer Veröffentlichung 50 Kunden am Tag auf unsere Seite und in unseren Trichter. Je höher die Konversionsrate unseres Purchase Funnels wurde, desto wertvoller waren diese 50 Besucher	User Ihre Werbung zu sehen bekommt, wie alt er ist, in welcher Stadt er lebt und welche Interessen er hat. Das ist ausgesprochen nützlich, wenn Ihr Produkt/Ihre Dienstleistung eine sehr klar definierte Zielgruppe hat. Sie können auch Gewinnspiele auf verwandten Webseiten oder auf Ihrer Facebook-/Blog-/Social-Media-Präsenz sponsern, bei denen Sie Produkte oder Gutschein-Codes verlosen als Gegenleistung für einen Link und eine Werbung für Ihr Produkt/Ihre Dienstleistung
	Affiliate-Programme
	Es gibt viele Marktplätze für Affiliate-Programme, bei denen man sich anmelden kann, wie E-Junkie, Zanox, CJ Affiliate by Conversant, aber sie alle verlangen eine Voraus-Gebühr. Wenn Sie Wordpress nutzen, können Sie

	stattdessen ein kostenloses oder sehr preiswertes Plugin benutzen. Aber wie überall müssen Sie auch hier, um gute Affiliates zu finden, die Sie auf ihrer Webseite bewerben, zunächst bei diesen für Ihr Angebot werben und sie davon überzeugen, dass Ihr Produkt es wert ist, vorgestellt zu werden. Das ist nicht, wie viele Leute denken, die Lösung, die nur wenig Aufwand erfordert
	Bannerwerbung
	Auch hierfür gibt es viele Marktplätze, obwohl so wenige Menschen auf Bannerwerbung klicken, dass es sehr unwahrscheinlich ist, dass sie sich für Sie lohnt. Sobald Sie für Ihre Dienstleistung Banner haben gestalten lassen (auch dafür können Sie wieder einen Grafiker bei Upwork engagieren), können Sie zu diesen Marktplätzen gehen, die Banner einmal hochladen und dann auf die Werbeflächen der relevanten Webseiten bieten. Alles andere erledigt der Marktplatz. Zu den empfehlenswerten Markplätzen gehören Project Wonderful und BuySellAd.

Im Laufe der Zeit sollte es Ihnen möglich sein, eine Konversionsrate für jede einzelne Traffic-Quelle zu ermitteln. Mit deren Hilfe können Sie, sobald Sie den durchschnittlichen Bestellwert und Ihre Gewinnmarge kennen, für jeden Besucher von jeder Traffic-Quelle einen Preis errechnen. Solange Sie den Preis Ihrer bezahlten Werbung unter diesem Preis halten, sind Sie in der Gewinnzone und Ihr Geschäft wächst. Ein wirklich guter Unternehmer weiß, dass für jeden Euro, den er in eine spezifische Form von Werbung investiert, 1,20 Euro (oder hoffentlich deutlich mehr) durch den Purchase Funnel und auf das Bankkonto des Unternehmens fließen. Sobald er diese Relation kennt, kann er seine Marketingausgaben theoretisch so lange erhöhen, wie entsprechender Internet-Traffic zur Verfügung steht, dem man die Werbung präsentieren kann.

6. Outsourcen, automatisieren und wiederholen

Definition: Optimieren Sie Ihre Geschäftsprozesse so lange, bis sie von überallher und von jedem gesteuert werden können.

Wenn wir es bis hier geschafft haben, haben wir schon sehr viel erreicht. Wir haben jetzt alle grundlegenden Fähigkeiten, um ein einfaches Internetunternehmen aufzubauen. Idealerweise wissen wir eine ganze Menge (ohne wirkliche Experten zu sein) über Webdesign, Web-Administration (mit Wordpress), Internetmarketing, Werbetexte, Kundenservice, Finanzen. Egal, was es ist, und selbst wenn wir es nicht gut beherrschen, wir versuchen uns daran oder finden jemanden, der es kann. Der Internetunternehmer muss immer ein wenig Mädchen für alles sein, aber es gibt nur eine Disziplin, in der er ein Meister sein muss: Selbstvermarktung. Egal, ob unser Unternehmen unseren Vollzeitjob ersetzt oder nebenher läuft und uns ein bisschen Taschengeld verdient: Wenn wir diese Stufe erreicht haben, sind wir besser gefahren als die meisten anderen.

Doch wir haben diese Reise angefangen, um mehr Zeit für uns zu bekommen. Ich habe viele Menschen kennengelernt, die sich ein Internetunternehmen aufbauten, weil sie «frei» sein wollten, und die am Ende ein Unternehmen hatten, das sie ebenso sehr zu seiner Geisel machte, wie ihr vorheriger Job es getan hatte. Die die gleichen Fehler machten wie ich mit The Hipstery. Sie sind gestresst und sie arbeiten länger und für weniger Geld, als sie es in ihrem alten Job taten. Es ist zwar eine ganze Menge Vorausplanung nötig, um ein skalierbares Unternehmen aufzubauen, doch noch weitaus schwerer ist es, wenn man zuerst abwartet und dann versucht, die Skalierbarkeit seines Unternehmens während des laufenden Betriebs zu erhöhen, wenn wir mit vielen Bällen jonglieren und vollauf damit beschäftigt sind, hin und her zu rennen und sie alle am Herunterfallen zu hindern.

In diesem Stadium ist es entscheidend, dass wir notieren, wie viel Zeit wir mit unserem Unternehmen verbringen. Je genauer wir alles aufzeichnen, desto besser. Apps wie Rescue Time erleichtern einem diese Aufgabe. Diese kleine App verfolgt, wo wir unsere Zeit verbringen, und schickt uns jede Woche einen Bericht. Und wenn wir wissen, wohin die Zeit geht, sollten wir anfangen, jeden Unternehmensprozess zu dokumentieren, angefangen mit denen, die am meisten Zeit in Anspruch nehmen. Machen Sie die Dokumentation so detailliert wie möglich, am besten auf eine Weise, die leicht geteilt und aktualisiert werden kann, zum Beispiel in einem Wiki. Transferieren Sie alles aus Ihrem Kopf in eine Prozessdokumentation.

Wenn wir diesen Schritt nicht tun, das weiß ich aus persönlicher Erfahrung, fangen wir an zu glauben, dass die Geschäftsentscheidungen, die wir treffen, kompliziert und speziell sind, dass sie auf einer intuitiven inneren Logik basieren, über die ausschließlich wir selbst verfügen. Sobald wir aber anfangen, alles zu dokumentieren, wird uns klar, dass es kein System gibt, dass wir die Entscheidungen meist aus dem Bauch heraus treffen. Indem wir sie dokumentieren, zwingen wir uns, Regeln dafür zu entwickeln. Von da aus ist es dann kein großer Schritt mehr, jemand anderen zu engagieren, der diese Entscheidungen für uns treffen kann.

Alle paar Wochen sollten wir unser Unternehmen einer 80/20-Analyse unterziehen. Welches sind die 20 % der Aufgaben, die 80 % unserer Zeit beanspruchen? Wenn eine Aufgabe absolut lebensnotwendig ist, wir sie wirklich gerne erledigen oder sie den unersetzlichen Kern unseres Geschäftsmodells darstellt, sollten wir sie selbst erledigen – alles andere sollten wir outsourcen. Das Ziel ist, dass wir in unserem Unternehmen unsere Zeit nur in Tätigkeiten stecken, die wir gerne tun oder besser tun als jeder andere. Wenn eine Aufgabe keine dieser beiden Kategorien erfüllt, engagieren wir, sobald wir es uns leisten können, jemand anderen dafür. Das können Studenten sein, die uns vor Ort unterstützen, oder Telearbeiter, die wir über einen Dienst wie Upwork engagieren. Je besser wir unsere Dokumentation hinbekommen und je geringer der Spezialisierungsgrad der Aufgabe ist, desto weniger müssen wir bezahlen, damit jemand sie für uns erledigt.

In unserem Staubsauger-Internetshop wären die wichtigsten Aufgaben zum Outsourcen sicherlich Lagerhaltung und Versand der Produkte. Beides erfordert physische Präsenz und nur eine geringe Qualifikation. Da wir ein Standardprodukt verkaufen, gibt es glücklicherweise Fulfillment-Dienstleister, die unsere Ware lagern und zum Kunden schicken können, sobald eine Bestellung bei uns einläuft. Wahrscheinlich gibt es sogar ein Plugin für unser E-Commerce-System, das den ganzen Prozess automatisiert. Das Arbeiten mit einem solchen Unternehmen wird natürlich unsere Margen verringern, aber auch unseren Aufwand. Es ist ein Tauschgeschäft, das sich lohnt, sobald wir eine bestimmte Menge an Bestellungen pro Tag hereinbekommen.

Den Kundenservice müssen wir einige Monate lang selbst übernehmen und dabei standardisierte Antwortvorlagen erarbeiten, die in einer Dokumentation dessen zusammengefasst werden, was in jeder denkbaren Situation zu tun ist. Dann können wir einen Telearbeiter engagieren, die Kundenbetreuung zu übernehmen. Wenn eine Situation eintritt, für die es keine Vorlage gibt, leitet er diesen Fall an uns weiter, wir antworten dem Kunden und ergänzen dann unsere Dokumentation um eine weitere Vorlage.

Wenn ich Ihnen diese Abfolge von Schritten vorstelle, will ich nicht so tun, als wäre das alles so leicht wie das Nachkochen eines einfachen

Rezepts, denn das ist es natürlich nicht. Wäre es so, dann würden viel mehr Menschen es tun. Doch gleichzeitig sind diese Schritte viel leichter zu befolgen, als viele Menschen glauben – selbst ich habe es geschafft, und ich bin nun wahrlich kein Genie. Die 1250 Euro, die ich in das Tee-Directory investierte, hatte ich recht schnell zusammen, weil ich mehrere Jahre lang gearbeitet und dabei meine Freiheitsformel niedrig gehalten hatte.

Auf diese Weise entsteht eine ganz neue Generation von Mikro-Unternehmern – teilweise aus Notwendigkeit, teilweise aber auch einfach aus dem Wunsch heraus, sein eigener Chef zu sein. Es sind Menschen, die aus den traditionellen Beschränkungen des Bürojobs ausbrechen, viele von ihnen stille und bescheidene Menschen, die weder BWL noch Informatik studiert haben. Menschen, die nie davon geträumt haben, sich selbstständig zu machen. Menschen, die es leid sind, einen Arbeitsplatz zu suchen, und beschließen, sich ihren eigenen Job zu gestalten. Sie haben in der Regel nicht das Ziel, einen großen Konzern aufzubauen oder möglichst viele Angestellte zu haben. Sie sind Lifestyle-Unternehmer, die einfach nur ihr eigener Herr sein wollen: an etwas arbeiten, das sie interessiert, ein angenehmeres Leben führen und, wenn möglich, ortsungebunden sein. Menschen, die ein kleines Problem finden, eine Geschäftsidee daraus entwickeln und sie ausprobieren.

Ich weiß, dass jeder dieser Schritte für sich allein schon ein Buch füllen könnte, und eine Reihe solcher Bücher gibt es auch bereits. Sie müssen deshalb entschuldigen, wenn ich diese Themen nur im Überblick darstelle – es gibt noch so viel anderes, das ich ansprechen möchte, und die Anzahl der Seiten dieses Buches ist begrenzt. Wenn Sie tiefer in die Themen einsteigen wollen, die ich in diesem Kapitel behandelt habe, kann ich die folgenden Bücher empfehlen: *The E-Myth Revisited* von Michael E. Gerber, *Die 4-Stunden-Woche* von Timothy Ferriss oder, wenn Sie größere Pläne haben und mehr in Richtung Startup als in Richtung Lifestyle-Unternehmen denken, *Das Handbuch für Startups* von Steve Blank und Bob Dorf.

Zum Abschluss sind hier noch einige Beispiele von Freunden, die es ebenfalls geschafft haben, sich ihr eigenes kleines, ortsunabhängiges Internetunternehmen aufzubauen, und dabei ein ganz ähnliches Modell zugrunde legten wie das hier vorgestellte:

Fallstudie – Christian Jensen,[9] Ehevertrag online

Problem: Die exakten Kosten für das Abschließen eines Ehevertrages lassen sich nicht im Voraus ermitteln, weil oftmals Verhandlungen zwischen mehreren Anwälten nötig sind.

Lösung: Der Flatrate-Ehevertrag im Internet.

Kapitaleinsatz: 150 Euro für Onlinewerbung.

Monate, bis der monatliche Profit die Freiheitsformel überstieg: 13 Monate.

Geschichte: Ich lernte Christian Jensen 2011 während eines Winterurlaubs für digitale Nomaden kennen. Sieben von uns verbrachten zwei Monate auf einer Insel in Thailand, in sicherer Entfernung zum europäischen Winter, und gelegentlich unterstützten wir uns zwischen ausgiebigen Mittagessen und faulen Nachmittagen am Strand gegenseitig bei unseren Internetgeschäften.

Christian arbeitete als Anwalt in Dänemark. Eigentlich hasste er Anwaltskanzleien – und wenn Sie schon einmal das Pech hatten, eine zu brauchen, dann wissen Sie wahrscheinlich auch warum. Er wollte nach seinem Examen nicht in einer großen Kanzlei versauern, und weil er sich schon immer für das Unternehmerdasein interessiert hatte, suchte er nach einer Möglichkeit, juristische Dienstleistungen stattdessen online anzubieten. «Mir fiel auf, dass Eheverträge zwar eigentlich einfach sein sollen, dass aber bei deren Aufsetzen oft sehr viele Emotionen mit im Spiel sind, es gibt eine Menge Diskussionen und angespannte Verhandlungen, was dann oft viele teure Beratungsgespräche bei einem Anwalt erfordert. Für das Brautpaar ist es oft schwer, im Voraus einzuschätzen, wie viel der ganze Prozess bis zum Abschluss des Ehevertrages kosten wird.»

Also versuchte Christian, das Aufsetzen eines Ehevertrages, genau wie ich es weiter oben angeregt habe, in eine standardisierte Dienstleistung umzuwandeln. Besser noch, er machte ein standardisiertes Produkt daraus, das er online verkaufen konnte. Keine Beratungsstunden, keine persönlichen Treffen, keine abrechenbaren Stunden. Nur ein Pauschalpreis.

Er entwickelte eine einfache Webseite, die er mit Hilfe einer Freeware gestaltete, die ganz ähnlich wie Wordpress funktioniert. Zu Anfang bot sein Unternehmen nur ein Produkt an: das Ehevertrag-Komplettpaket zum Festpreis. Das Paket existierte eigentlich noch gar nicht, er würde es manuell erstellen müssen, wenn es sich zeigte, dass es tatsächlich Leute gab, die bereit waren, ihren Ehevertrag online abzuschließen. Dann investierte er 100 Euro für Suchworte bei Google AdWords – die jeweilige dänische Entsprechung von «Ehevertrag online», «billigster Weg zum Ehevertrag» und «preiswerter Ehevertrag». Zu seiner Überraschung gab es schon mit seiner einfachen Test-Webseite und dem relativ hohen Preis, den er angesetzt hatte, Interessenten, die kauften oder Rückfragen zu seinem Angebot hatten. Das machte ihn zuversichtlich, dass dieses Geschäft profitabel genug sein würde, und er fing an, einen Prozess zu konzipieren, mit dem er Eheverträge für Menschen aufsetzen konnte, die er niemals treffen würde.

Er bündelte alle nötigen Dokumente zu einem digitalen Paket und unterteilte den Bestellprozess in eine Reihe von Formularen, die der Kunde im Verlauf des Checkout-Prozesses ausfüllen musste. Die Informationen aus diesen Formularen flossen dann automatisch in die Lücken der erforderlichen juristischen Dokumente. Am Ende druckte Christian diese Dokumente aus und schickte sie den Kunden zu. Der Kunde (in diesem Fall das Paar, das den Ehevertrag abschloss) unterzeichnete sie.

Natürlich funktioniert sein Produkt nur für einfache Fälle, bei denen persönliche Beratung und Verhandlungen nicht nötig sind. «Das war die größte Herausforderung am Anfang. Die Software muss die juristischen Dokumente für jeden neuen Kunden von Grund auf erstellen. Abhängig von den Angaben des Kunden werden unterschiedliche juristische Formulierungen eingebaut. Manche Antworten verhindern, dass ein Kunde bestellt, weil die Software erkennt, dass in seinem Fall ein juristischer Beistand nötig ist.» Einige Kunden ignorieren das und bestellen dennoch, und diese bekommen einfach ihr Geld zurück.

Christian will nicht alle Fälle – er will nur die einfachen. Er empfiehlt allen Unternehmensgründern, es ähnlich zu halten. «Halten Sie Ausschau nach einem Muster von Fällen, das sich wiederholt. Ein guter Indikator ist es, wenn alteingesessene Kanzleien diese Fälle meiden, weil sie zu einfach und nicht hinreichend profitabel sind, oder wenn einige Klienten das, was Sie anbieten, selbst machen.» Auch im Fall von Eheverträgen gibt es Paare, die sich kostenlose Vorlagen herunterladen und versuchen, ihre eigene Vereinbarung aufzusetzen.

«Einfache Fälle sind nicht so interessant für die etablierte Offline-Konkurrenz. Es fallen nicht genug abrechenbare Stunden an, deshalb versuchen sie gar nicht, direkt mit Ihnen zu konkurrieren. Sie dagegen können nach und nach Ihre Software weiterentwickeln, damit sie immer komplexere Fälle erfassen kann, so wie ich es gemacht habe. Und wenn Sie erst einmal so weit sind, ist es dann wirklich schwer für die traditionellen Kanzleien, mit Ihnen zu konkurrieren, weil Sie so viel Vorsprung und viel niedrigere Kosten haben. Die Konkurrenz arbeitet manuell, während Sie sehr niedrige Produktionskosten haben. Vielleicht können die anderen Ihren Preis halten. Aber angenommen, Sie beide berechnen 100 Euro. Deren Produktionskosten liegen vielleicht bei 80 Euro, Ihre dürften eher bei fünf Euro liegen, das bedeutet, dass Sie bis zu 94 Euro für Werbung ausgeben können, um einen Kunden zu gewinnen und dennoch profitabel zu sein, während die anderen nur 19 Euro ausgeben können.»

Mittlerweile verhilft Christian jeden Monat Hunderten von Menschen zu einem Ehevertrag. Inzwischen hat er auch noch eine Reihe weiterer juristischer Dienstleistungen im Angebot, so etwa das Aufsetzen von Testamenten oder Scheidungsdokumenten, alle auf die gleiche Weise standardisiert und zum Festpreis verkauft. Keine Ausnahmen, keine Sonderfälle.

Was mich an Christian wirklich beeindruckte, war, wie analytisch er sein Geschäft angeht. Viele Kleinunternehmer, online oder offline, haben die Neigung, sich selbst ins Zentrum ihrer Geschäftsabläufe zu rücken. Sie haben ein großes Problem damit zu delegieren und outzusourcen. Christian hat dieses Problem nicht – im Gegenteil, er sieht es geradezu als seine Mission an, sich so weit wie möglich aus dem Geschäft herauszuziehen. Obendrein ist er ein gnadenloser A/B-Tester, unermüdlich damit beschäftigt, die Texte seiner Webseite zu verbessern und den Trichter zu optimieren, damit immer mehr Besucher den Weg von der Homepage bis zur Bestätigungsseite zu Ende gehen.

«Viele selbsternannte digitale Nomaden wollen nur ein 100 % automatisierbares Geschäft. 90 % automatisiert und 10 % manuell ist auch OK. Haben Sie keine Angst vor der Arbeit – Arbeit ist nicht der Feind. Zu stark spezialisierte Arbeit ist der Feind, denn diese Dinge sind schwerer outzusourcen. Solange man für die 10 % manuelle Arbeit nicht hochspezialisiertes Fachpersonal braucht, das kaum zu finden ist, ist es kein Problem. Das Ziel ist, Ihr Unternehmen so zu organisieren, dass es ohne Sie überleben kann. Es geht nicht darum, ein Mädel, das Sie in der Bar kennengelernt haben, damit zu beeindrucken, dass Sie ein zu 100 % automatisiertes, Null-Aufwand-Internetunternehmen besitzen.»

Inzwischen hat Christian es geschafft, so viele Prozesse in seinem Unternehmen zu automatisieren und standardisieren, dass er sich komplett aus dem Tagesgeschäft herausziehen kann. Das gesamte operative Geschäft liegt in den Händen eines Vollzeit-Angestellten und dreier Telearbeiter, die er nie kennengelernt hat; zwei von ihnen kümmern sich um die Backoffice-Aufgaben, und ein Programmierer in Osteuropa wartet die Systeme, mit denen sie arbeiten.

2009 verlegte Christian, der die politische Situation und die hohen Steuern in Dänemark satt hatte, seinen Unternehmenssitz nach Malta, wo es fast keine Unternehmensbesteuerung und nur eine niedrige Einkommenssteuer gibt. Dort fällt seine Freiheitsformel deutlich niedriger aus, was bedeutet, dass sein Geld viel weiter reicht als zu Hause. In Malta lebt er inmitten vieler Dänen, die aus ähnlichen Gründen dorthin gezogen sind.

«Wenn ein solches Modell im juristischen Bereich funktioniert, wo Vertrauen sehr wichtig ist, dann kann es definitiv auch in anderen Branchen eingesetzt werden. Es ist nur eine Frage des Problems, das man finden und besser lösen muss als die Offline-Konkurrenz. Und man darf nicht zu billig sein. Diesen Fehler habe ich lange gemacht. Man muss dafür sorgen, dass man genug Profit für sich selbst erwirtschaftet, und dabei dennoch dem Kunden etwas bieten, das seinen Preis wert ist.»

Fallstudie – Jan Schulz-Hofen, Plan.io

Problem: Ein beliebtes Open-Source-Projektmanagementsystem namens Redmine verlangt, dass man es auf seinem eigenen Server hostet, allerdings ist die Einrichtung und Wartung technisch anspruchsvoll.

Lösung: Plan.io hostet und administriert Redmine für Sie.

Kapitaleinsatz: 857 Euro – 350 Euro Gebühren für Server und Setup/ 7 Euro für eine Website-Vorlage/200 Euro für eine SaaS-Bezahlsoftware/300 Euro für Markenschutz (optional, aber von Jan dringend empfohlen) plus 40–50 unbezahlte Achtstundentage für den Aufbau der ursprünglichen Plan.io-Lösung und des Bezahlsystems.

Monate, bis der monatliche Profit die Freiheitsformel überstieg: 24 (aber Jan arbeitete bis zu diesem Zeitpunkt nicht Vollzeit für sein Unternehmen; er hatte weiterhin sein Einkommen als Berater).

Geschichte: Jan ist ein Lifestyle-Unternehmer, er hat mehrere kleine Internetunternehmen. Sein Hauptgeschäft ist ein Online-Projektmanagement-Tool namens Plan.io. Dieses basiert auf einer sehr populären Open-Source-Software namens Redmine, die von Hunderttausenden Usern genutzt wird, um komplexe Projekte zu managen. Man kann damit problemlos Aufgaben planen, Tickets ausstellen sowie den Überblick über

Zeiten und Ressourcen behalten. Jan benutzte es selbst jahrelang, um die Klientenprojekte seiner Internetagentur zu organisieren.

Das Problem mit Redmine ist allerdings, dass man es selbst hosten muss. Also braucht man Webspace. Man braucht das nötige Knowhow, um es einzurichten. Man muss Backups machen, Verschlüsselung und E-Mail-Integration einstellen. Darüber hinaus gibt es eine Reihe von Add-ons für verschiedene Funktionalitäten wie etwa das Generieren von Rechnungen. Manche dieser Add-ons verändern die innere Struktur des Programms. Will man später das nächste Update aufspielen, dann stürzt das gesamte Programm in ein Chaos, das man weder benutzen noch zur Herausgabe irgendwelcher Daten bewegen kann.

Ursprünglich versuchte Jan, dieses Problem für sich selbst zu lösen, um Redmine in seinem Internet-Beratungsunternehmen besser nutzen zu können. Am Ende war er so zufrieden mit seiner Lösung, dass er beschloss, sie auch anderen anzubieten. Plan.io betreut und hostet Redmine für Sie, hält es auf dem aktuellen Stand, wartet die Sicherheitseinstellungen, installiert die Bugfixes und sagt Ihnen, welche Add-ons Sie installieren können und welche nicht. Unternehmen zahlen für diesen Service eine monatliche Gebühr zwischen neun und 199 Euro, abhängig davon, wie viele Projekte und User sie haben. In den ersten Monaten lief das Geschäft langsam an, weil Jan nicht viel Geld für Werbung ausgab. Neue Kunden kamen meist aufgrund von Mundpropaganda. Doch Jan fiel auf, dass Kunden, die einmal an Bord waren, nur sehr selten wieder kündigten. Die Abwanderungsquote lag bei gerade einmal 1 oder 2 % im Monat. Das gab ihm das Selbstvertrauen, mehr in die Werbung mit Google AdWords zu investieren und Gebote für Werbeflächen auf der Homepage von Redmine selbst abzugeben.

In den Anfangsjahren investierte er bis zu 60 % seines monatlichen Umsatzes direkt wieder in bezahlte Werbung, um seine User-Basis zu vergrößern. «Wenn du erst einmal den Customer Lifetime Value[10] deiner Kunden ermittelt hast, weißt du, wie viel du für Werbung ausgeben kannst.

Tools wie Google AdWords machen es leicht, die Customer Acquisition Cost,[11] also die Kosten der Kundenakquise, auszurechnen. Wenn CAC niedriger ist als CLV, dann verfügst du über eine Gelddruckmaschine: Wenn man es richtig anpackt, kann jeder ausgegebene Euro zwei oder zehn oder 20 Euro Profit bringen.»

Heute hat Jan Tausende von Kunden, die ihm jeden Monat eine Gebühr für seine Dienste zahlen, wobei das Spektrum von kleinen Ein- und Zweimannunternehmen (auch ich bin Kunde) bis hin zu multinationalen Konzernen wie Allianz, Seagate oder MTV reicht. Wie sehr diese auf seinen Service bauen, wurde Jan klar, als in den ersten Monaten die Festplatte eines Servers kaputtging und Plan.io nur ein paar Stunden offline war. Es hagelte wütende Anrufe von rund 30 % der Kunden.

«In den frühen Tagen von Plan.io musste ich die ganze Zeit viele Rollen übernehmen – Verkaufsleiter, Telefonsupport, Serveradministrator, Buchhalter und gelegentlich sogar CEO. Als der damals einzige Plan.io-Server sich aufhängte, schwitzte ich Blut und Wasser, partitionierte Festplatten, initialisierte RAID-Arrays neu und versuchte, die Ruhe zu bewahren, während das Telefon nonstop klingelte und meine Inbox von Supportanfragen überflutet wurde. Unsere Kunden waren so in Panik, wir könnten ihre wichtigen Geschäftsdaten verloren haben, dass einige mich am Telefon anschrien und äußerst unangemessene Dinge zu mir sagten. Nach ein paar Stunden konnte der Server wieder ans Netz gehen und wir hatten keine einzige Datei verloren. Doch in diesem Moment war mir klargeworden, dass Plan.io von einem Nebenprojekt zu einem richtigen Business geworden war, auf dessen Service sich andere verließen – und dessen Verlässlichkeit sie erwarten.»

Plan.io war ein Geschäftsmodell, das sich skalieren ließ, aber gleichzeitig stellte es seinen Usern auch ein kritisches Produktivitäts-Tool zur Verfügung. Es durfte schlicht und einfach nie versagen, niemals offline gehen und niemals irgendwelche Daten verlieren. Die technische Infrastruktur, die ihm zugrunde lag, musste kugelsicher sein. Also wagte Jan den Sprung ins kalte Wasser und reinvestierte fast sein gesamtes monatliches Plan.io-Einkommen, um erfahrene Systemadministratoren und Programmierer zu seiner Unterstützung zu engagieren. Er kaufte weitere Server, um volle Redundanz zu gewährleisten, und er stellte einen Mitarbeiter für den Kundensupport ein, der vor Ort helfen und neue Kunden schulen konnte. Heute umfasst das Team zehn Mitarbeiter.

Anders als Christian – auch weil das Geschäft von Plan.io komplexer und spezialisierter ist – fiel es Jan schwer, sich aus dem Alltagsgeschäft von Plan.io herauszuziehen. Er stand zunehmend unter Stress und hatte kaum noch Zeit für seine anderen Projekte und Interessen (er betreibt nach wie vor seine Internet-Agentur sowie einen Coworking Space), deshalb stellte er sich selbst ein Ultimatum: Innerhalb eines Jahres sollten alle seine Geschäfte so weit vereinfacht sein, dass sie reibungsfrei liefen, ohne dass er ins Alltagsgeschäft eingreifen, und wichtiger noch, ohne dass er physisch präsent sein musste. Er wollte ortsungebunden sein. Wenn er es schaffte, wollte er mit mir für einen ausgedehnten Winterurlaub nach Mexiko kommen. Die Aufgabe erwies sich als größer, als er erwartet hatte, weil so viele seiner Geschäftsprozesse umgestaltet, vereinfacht und outgesourct werden mussten – doch ein paar Wochen vor Ablauf der selbstgesetzten Frist hatte er es geschafft.

Heute steht Plan.io besser da als je zuvor. Jan arbeitet mit mindestens 50 Stunden die Woche immer noch härter als die meisten der Berliner Lifestyle-Unternehmer, die ich kenne, und er ist sicherlich derjenige, der seiner Arbeit mit der größten Leidenschaft nachgeht – doch heute kann er das von überall auf der Welt tun. Sein Rat an Menschen, die es ihm gleichtun wollen, ist: «Seien Sie Ihr eigener bester Kunde. Ich habe Plan.io zuerst selbst genutzt, um meine tägliche Arbeit als Berater zu organisieren. Als Plan.io eine immer größere Kundenbasis bekam und wir eine Software für den Kundensupport brauchten, entwickelten wir eine App, die diese Funktion in den gesamten Workflow von Plan.io integrierte. Als ich der Meinung war, dass ich in der Lage sein sollte, das Geschäft per Fernzugriff zu leiten, entwickelten wir eine Chat-App, mit deren Hilfe unser Team die Tatsache kompensieren konnte, dass wir nicht die ganze Zeit alle im gleichen Raum saßen. Das ist tatsächlich die beste Methode, sein eigenes Unternehmen aufzubauen: Finden Sie ein weit verbreitetes Problem, das Sie und andere tatsächlich haben. Nehmen Sie ein Problem, das Sie von Grund auf verstehen und für dessen Lösung andere zu zahlen bereit sind. Dann gehen Sie hin und lösen es.»

Fallstudie – Kirsten Breda, ReviewPartner.de

Problem: Hotels haben weder die Zeit noch die Kompetenz, ihre Präsenz in den sozialen Medien zu managen.

Lösung: Das Managen von sozialen Medien und Online-Bewertungen als monatliches Abonnement.

Kapitaleinsatz: 100 Euro + Zeit, *sehr viel Zeit.*

Monate, bis der monatliche Profit die Freiheitsformel überstieg: 18 Monate.

Geschichte: Wenn Jan und ich uns abends trafen, erzählte er mir oft von seinem Traum, nicht mehr ortsgebunden zu sein. Allerdings würde er diese Freiheit erst dann wirklich genießen können, wenn auch seine Freundin Kirsten ortsunabhängig wäre und mit ihm reisen könnte. Kirsten war seit acht Jahren in einem Hotel fest angestellt. Ein sicherer Job, der aber mit sozialunverträglichen Arbeitszeiten und schlechter Bezahlung einherging, wie es oft im Gastgewerbe der Fall ist. Da keine Aussicht auf eine Beförderung bestand und der Job sie auch intellektuell unterforderte, war es Zeit für eine Veränderung. Auf sanften, aber stetigen Druck und Ermutigung von Jan hin, der ihr immer wieder die Vorzüge der Selbstständigkeit ausmalte, beschloss sie, den Schritt zu wagen – auch weil sie wusste, dass das Risiko für sie nicht allzu groß war. Sie kannte die Hotelbranche mittlerweile so gut, dass sie, falls sie mit ihrem Projekt scheitern sollte, jederzeit wieder eine vergleichbare Position finden würde.

Für ihr eigenes Unternehmen brauchte sie lediglich ein geeignetes Problem. Sie begann damit, dass sie sich die spezifischen Aufgaben, die sie täglich im Hotel verrichtete, genauer anschaute. Nach vielen Jahren in der Branche hatte sie eine gute Vorstellung davon, worin Hotels gut sind und wo sie Probleme haben. Sie wusste, dass Hoteliers oft ziemlich altmodisch sind und dass sie vielfach keine wirkliche Beziehung zum Internet haben. «Ich wusste, wie oft sich meine Freunde, unsere Hotelgäste und auch ich selbst auf Bewertungs-Webseiten informierten, bevor wir ein Hotelzimmer buchten. Und dass Hotels oft weder die Zeit noch das Knowhow hatten, ihre Präsenz auf diesen Seiten zu beobachten, darauf zu reagieren und sie zu optimieren.»

Also beschloss Kirsten, einen Dienst zu gründen, der nur diese eine Leistung anbot – das Management der Online-Bewertungen von Hotels. Sie nannte ihr Unternehmen ReviewPartner. ReviewPartner betreut die Facebook-Seiten seiner Kunden und überwacht alle wichtigen Bewertungsseiten wie Yelp oder TripAdvisor. ReviewPartner antwortet direkt auf Besprechungen der betroffenen Hotels (gute ebenso wie schlechte) und sorgt dafür, dass Gäste so zufrieden und beruhigt wie möglich sind. Potenzielle Gäste sehen, wie proaktiv und engagiert diese Hotels auf Online-Besprechungen und Fragen reagieren, was wiederum ihre eigenen Vorbehalte verringert, dort ein Zimmer zu buchen.

Da Kirsten nicht zu viel Geld in das Unternehmen investieren wollte, bevor die Idee sich als tragfähig erwiesen hatte, begann sie damit, dass sie bei einem der vielen Marktplätze für Themen-Webseiten für 20 Euro eine einfache Webseiten-Vorlage kaufte. Dann bat sie einen befreundeten Grafikdesigner, diese ihren Vorstellungen gemäß anzupassen und ihr ein Logo zu gestalten. Da sie weder HTML- noch Designkenntnisse mitbringt, basierte die Webseite auf Wordpress, womit Kirsten problemlos jederzeit den Content anpassen konnte. Ein paar Wochen später, nachdem sie viele Stunden, aber fast kein Geld investiert hatte, ging die Seite online. «Zwar musste ich anfangs praktisch kein Geld in das Unternehmen stecken, doch ich zahlte in anderer Weise. Ich hatte mir nie vorgestellt, eines Tages mein eigenes

Unternehmen zu gründen, und es verlangte eine Menge Mut, Nerven, Schlafmangel, das Aufgeben meines Jobs und die Bereitschaft, so lange von meinen Ersparnissen zu leben, bis ich mit meinem Unternehmen Geld verdiente. Natürlich bereue ich es nicht, aber es war dennoch eine unglaublich anstrengende Zeit.»

Die einzige Methode, mit der sie sich zu dieser Zeit entspannen konnte, war, sich in die Arbeit an ihrem jungen Unternehmen zu stürzen. Viele Stunden lang machte sie Kaltakquise bei Hotels und suchte ihren ersten Kunden. Der Verkaufsprozess dauerte länger, als sie erwartet hatte, auch wenn sie den ersten Kunden fast sofort gewinnen konnte, innerhalb der ersten Woche. Der zweite kam nur einen Tag später dazu. Sie konnte es nicht fassen. Da ihre Lösung in Form eines monatlichen Abos verkauft wird (zu unterschiedlichen Tarifen zwischen 149 und 349 Euro), bringt jeder Kunde – selbst wenn es sehr lange dauert, ihn zu finden –, sobald er einmal angemeldet ist, jeden Monat neuen Umsatz, ohne dass weiteres Verkaufen nötig ist.

Nach dem vielversprechenden Start gingen mehrere Wochen ins Land, ohne dass ihr ein weiterer Abschluss gelang. Sie war den ganzen Tag am Telefon, was sie hasst, aber sie blieb am Ball. «Diese Zeit war eine absolute Achterbahn. Zum ersten Mal war ich nicht Teil eines Teams, sondern musste mich selbst motivieren. Viele Leute zeigten Interesse für das Angebot und das gab mir Zuversicht, aber oft war es am Ende so, dass ich eine Menge Zeit in sie investiert hatte und sie dann, aus welchen Gründen auch immer, doch nicht abschlossen. In dieser Phase lernte ich viel über mich selbst, wie ich ticke, wie ich motiviert bleibe, und dass man nicht jeden Tag einen großen Erfolg feiern kann. Ein solides Fundament muss langsam aufgebaut werden.»

Kirsten hielt durch. Nach und nach lernte sie, mit wem man reden muss und wie man die Vorzüge von ReviewPartner am besten darstellt. Sobald sie ein Gefühl dafür hatte, welche Eigenschaften sie besonders unterstreichen musste und welche Größe von Hotels am ehesten interessiert war, reduzierte sie ihre Kaltakquise und engagierte einen Telearbeiter, der sie stundenweise dabei unterstützte, die aussichtsreichsten Kandidaten zu identifizieren, die sie anschließend mit einer Mischung aus Kaltanrufen, E-Mails und Briefwerbung bearbeitete. Es war ein langer und harter Weg, aber wie Jan bei Plan.io stellte sie fest, dass Kunden, die einmal an Bord waren, nicht mehr absprangen. Ihnen gefiel der Service und viele von ihnen empfahlen ihn an andere Hoteliers weiter. Innerhalb von neun Monaten hatte Kirsten 80 % vom Gehaltsniveau ihrer Festanstellung erreicht. «Ehrlich gesagt, das ging schneller, als ich erwartet hatte. Ich war immer noch gestresst und nervös, wenn ich an die Zukunft meines Unternehmens dachte, aber ich fing langsam an, daran zu glauben, dass es ein Langzeitpotenzial hatte.»

Seither sind zwei Jahre vergangen. Kirsten ist nicht reich geworden – und es ist nicht sehr wahrscheinlich, dass sie es werden wird –, doch sie verdient inzwischen mehr als in ihrem alten Job. «Für mich ging es nie darum, ein Startup zu haben oder reich zu werden, ich wollte mehr Zeit und Flexibilität und gleichzeitig ein einigermaßen stabiles Einkommen.» Jetzt hat sie einen Job, den sie von überall machen kann und den sie leidenschaftlich gerne macht. Sie ist ihr eigener Chef. Und ihr Einkommen ist nicht von einem einzigen Arbeitgeber abhängig. Sie muss keine Angestellten managen (nur gelegentlich einen Telearbeiter). Kein Büro, keine Nachtschichten. Keine Wochenenden. Nur sie und ihr Laptop.

Zwar ist es unwahrscheinlich, dass das Unternehmen sich zu einem wesentlich größeren Geschäft skalieren lässt, doch das ist auch gar nicht ihre Intention. ReviewPartner ist ein Lifestyle-Unternehmen. Selbst wenn ein Kunde kündigt – was sehr selten vorkommt –, muss sie sich keine Sorgen machen, da ihr Einkommen sich auf viele weitere verteilt. Manchmal ist sehr viel los und sie muss viel arbeiten, dann wieder ist es ruhig und sie kann statt zu arbeiten vergnüglichere Dinge tun, weil sie weiß, dass sie jederzeit per Mail oder Telefon erreichbar ist, sollte etwas Dringendes passieren. «Natürlich ist es gut, wenn man mit Leidenschaft bei seinem Job ist, aber ich habe viele Interessen, und die Selbstständigkeit hatte in erster Linie den Hintergrund, für diese genug Zeit zu bekommen. Ich bin der Meinung, dass Arbeit unseren Lebensstil finanzieren und wenn möglich auch Spaß machen sollte, aber uns nicht voll in Anspruch nehmen sollte.»

Tatsächlich war sie so zuversichtlich, ihr Unternehmen auch aus der Ferne führen zu können, dass sie am Ende ihres ersten Jahres mit Jan und mir nach Mexiko kam. Seitdem haben sie zusammen viele lange Reisen unternommen, wobei sie Urlaub und Telearbeit mischen. Ich finde Kirstens Geschichte besonders inspirierend, weil sie nicht dem traditionellen Modell des Einzelunternehmers entspricht. Kirsten gehört nicht zu den Menschen, die gerne Risiken eingehen. Sie hatte keine Erfahrung mit dem Aufbau von Webseiten oder dem Führen ihres eigenen Unternehmens. Sie begann in dem Bereich, in dem sie sich am besten auskannte, recherchierte ein Problem und verkaufte die Lösung in einer Weise, die einfach und skalierbar war und ihr ein dauerhaftes Einkommen garantierte. «Ich hoffe, meine Geschichte zeigt, dass jeder, der bereit ist, ein paar Risiken einzugehen und wirklich hart zu arbeiten, sich einen Job schaffen kann, der ihm Spaß macht und den Lebensstil ermöglicht, den er sich wünscht. Es ist nicht leicht, aber es ist die Mühe mehr als wert. Es hilft, sich Rat zu holen und Leute kennenzulernen, die das getan haben, was man selbst vorhat, aber letzten Endes sind alle Menschen verschieden und jeder muss seinen eigenen Weg finden.»

Fallstudie – Jack Kinsella, Oxbridgenotes.co.uk

Problem: Studenten müssen sich ihre Notizen aus einer ganzen Reihe von Quellen zusammenstellen – Lehrbüchern, Zeitschriftenartikeln, Vorlesungen.

Lösung: Wäre es nicht besser, statt Zeit mit der Suche nach diesen Quellen zu verschwenden, einen kompletten Satz Notizen zu haben und mit deren Hilfe zu lernen? Oxbridge Notes ist eine Plattform, die es Studenten erlaubt, ihre Aufzeichnungen an andere Studenten zu verkaufen.

Kapitaleinsatz: Zwei Wochen und 100 Euro für Werbung.

Monate, bis der monatliche Profit die Freiheitsformel überstieg: Rund 60 % waren innerhalb von zwei Monaten erreicht, doch insgesamt dauerte es zwei Jahre, bis Jack sein Einkommen nicht mehr durch freiberufliche Arbeit aufstocken musste.

Geschichte: Wie im Fall der Unternehmen von Christian und Jan, so war auch Jacks Idee das Ergebnis von persönlicher Erfahrung und Frustration. Jack hatte Jura studiert, und mit dem Examen in der Tasche erging es ihm wie Christian: Ihm wurde «schwindlig bei der Vorstellung, mein Leben mit der Arbeit für eine große Kanzlei, meine ganze Jugend an einen Schreibtisch gekettet zu verbringen, umgeben von Menschen, die alle diesen Lebensweg gewählt hatten». Er wollte stattdessen «ein Leben voller Abenteuer, eines, wo ich nicht vorhersagen kann, was ich in einem, drei oder fünf Jahren machen werde».

Während seines Jurastudiums in Oxford stellte Jack überrascht fest, wie viele Ordner mit aufwendig aufbereiteten Auszügen, Notizen und Zusammenfassungen von Kapiteln aus teuren juristischen Lehrbüchern er ansammelte. «Als ich Examen machte, hatte ich über 1000 Seiten Notizen – und das galt als knapp.» Er war ein guter Student und viele Kommilitonen gratulierten ihm zu der Qualität seiner Notizen. Regelmäßig wurde er darum gebeten, sie anderen für deren Prüfungsvorbereitung auszuleihen, in einem Fall wurden ihm sogar Notizen gestohlen. Das brachte ihn auf eine Idee … «Ich war schon immer fasziniert von Geschäftsmodellen, bei denen man etwas verkauft, das man praktisch ohne eigene Kosten in kleinen Stückelungen bereitstellen kann, zum Beispiel Musiknoten, digitale Fotos, E-Books. Mir dämmerte, dass meine Notizen vielleicht auch diesem lukrativen Club angehören könnten.»

Eine schnelle Internet-Recherche zeigte Jack, dass es ein paar Webseiten in anderen Ländern gab, bei denen Studenten ihre Notizen an andere Studenten verkaufen konnten. Studenten wollen ihre Prüfungen bestehen. Notizen sind hochverdichtete Informationen, mit deren Hilfe man Prüfungen bestehen kann. Außerdem: Wenn Sie ohnehin schon 9000 Pfund im Jahr in Studiengebühren investieren müssen (was in England durchaus üblich ist), würden Sie dann wirklich davor zurückschrecken, noch weitere 49 Euro für die Notizen eines Einserstudenten auszugeben, der die exakt gleiche Examensprüfung ein Jahr vor Ihnen absolviert hat? Jack neigte zu der Annahme, dass die meisten Studenten nicht lange überlegen würden.

Er hatte sich gerade selbst das Programmieren beigebracht, also gestaltete er eine einfache HTML/CSS-Webseite und nannte sie Oxbridge Notes («Oxbridge» ist eine in Großbritannien gängige Verschmelzung der Namen der beiden englischen Elite-Universitäten Oxford und Cambridge). Als die Seite online war, testete Jack wie Christian die Nachfrage mit Werbung bei Google und Facebook, die seiner Seite Besucher zuführte. Zu seiner Überraschung hatte er nach dem Freischalten der Werbung sehr schnell gute Verkäufe auf seiner Seite. «Vor fünf Jahren gab es in dieser Nische keine Konkurrenz, daher war die Werbung spottbillig, wodurch mein Geschäft schnell wachsen konnte.»

Nach ein paar Monaten mit stabilen Verkäufen war er zuversichtlich, dass das Geschäft genug Potenzial hatte, und er machte sich daran, die Benutzeroberfläche der Website zu verbessern. Außerdem kontaktierte er seine Freunde in Oxford und bot ihnen eine Provision von 50 % auf den Verkauf ihrer Notizen. Im Laufe der Zeit weitete er sein Spektrum auf andere Universitäten und andere Studiengänge aus. Mehr Google- und Facebook-Werbung, mehr Verkäufe, weitere Investitionen. Stück für Stück, Notizen um Notizen baute er sein Angebot immer weiter aus und investierte die ganze Zeit in Werbung und Automatisierung. «Jedes Mal, wenn ich ein neues Thema aufnehmen will, versuche ich zuerst, einen Satz erstklassiger Notizen zu bekommen. Sobald ich dann weiß, dass es einen Bedarf gibt, kann ich expandieren. Heute kann ich mit Stolz sagen, dass Oxbridge Notes Examensnotizen für Hunderte von Themen hat und jedes Jahr von Tausenden Studenten zur Examensvorbereitung genutzt wird.»

Es ist viel Arbeit, die richtigen Notizen zu finden, doch wenn sie erst einmal im System sind, können sie mehrere hundert Mal verkauft werden, ohne dass Jack einen weiteren Handschlag tun muss, da die Übermittlung an die Kunden automatisch per PDF geschieht. Heute, fünf Jahre später, liegt das Alltagsgeschäft in den Händen eines Telearbeiters, der pro Stunde bezahlt wird und der sich nach detaillierten Skripten richtet, die Jack und seine Angestellten erstellt haben und die fast jedes denkbare Szenario und die entsprechende Reaktion darauf erklären. Jack hat mittlerweile in andere Länder wie Australien und die USA expandiert. Er arbeitet 10–15 Stunden pro Woche, meistens an der Programmierung neuer Funktionalitäten. Da alles online stattfindet, ist er ortsunabhängig. Den Rest seiner Zeit verbringt er damit, Musik zu komponieren und in seiner neuen Basis Berlin seinen anderen Interessen nachzugehen.

Sein Tipp für Leute, die sich einen ähnlichen Lebensstil wünschen: Das Entscheidende ist, «Freiheiten gezielt auszunutzen. Verwirklichen Sie eine Freiheit (z. B. die Freiheit des Arbeitsortes oder die Freiheit von langen Arbeitszeiten) und setzen Sie diese anschließend gezielt ein, um die anderen zu gewinnen. Wenn Sie zum Beispiel in ein Land mit niedrigeren Lebenshaltungskosten ziehen, dann müssen Sie weniger Stunden arbeiten. Das ist die erste Freiheit. Nun können Sie die hinzugewonnene Zeit nutzen, um Kompetenzen zu erwerben, die Sie davon befreien werden, einen Chef zu haben oder an einem bestimmten Ort arbeiten zu müssen und so weiter und so weiter. Der wichtigste Schritt ist diese erste Freiheit.»[12]

Kapitel 16

Aber ich will doch gar nicht selbstständig sein!

Natürlich wird trotz meiner besten Absichten und meiner plumpen Propaganda nicht jeder den Weg in die Selbstständigkeit gehen wollen, und sei es auch nur für einen Nebenverdienst im Internet. Das ist in Ordnung. Um es mit Pamela Slim, der Autorin von *Escape from Cubicle Nation*, zu sagen: «Wie glucklich Sie sich im Alltag fuhlen, hat nicht allzu viel mit der Art Ihres Arbeitsverhältnisses zu tun. Wenn man sich selbstständig macht, werden weder auf magische Weise alle Ihre Probleme verschwinden noch wird sich automatisch Ihre Stimmung verbessern.»

Es hat durchaus auch seine positiven Seiten, Angestellter mit einem normalen Bürojob zu sein. Einen Arbeitgeber zu finden, die beiderseitigen Ziele und Erwartungen aufeinander abzustimmen und sich dann gewissermaßen füreinander zu entscheiden. Das Ganze wird in einem Vertrag festgeschrieben, der regelt, dass jeden Monat am gleichen Tag ein Betrag von X Euro auf Ihr Konto überwiesen wird. Der Arbeitgeber kann diese Vereinbarung kündigen, aber nur unter bestimmten Voraussetzungen und wenn bestimmte Fristen gewahrt werden. Dadurch gewinnen Sie eine gewisse finanzielle Sicherheit, was ein großer Vorteil ist, wenn Sie eine größere finanzielle Verpflichtung – wie etwa das Aufnehmen einer Hypothek – eingehen wollen.

Auf lange Sicht aber halte ich die Überzeugung, dass eine Vollzeitbeschäftigung sicherer ist als die Selbstständigkeit, in gewisser Weise für einen Trugschluss. Diese Vorstellung mag in der Vergangenheit zutreffend gewesen sein, vielleicht ist sie es heute noch für bestimmte Bereiche des öffentlichen Dienstes, aber aus all den Gründen, die ich in diesem Buch dargestellt habe – der rasante Wandel des Marktes, die zunehmende Automatisierung, das Überangebot an Arbeitskräften –, ist die Loyalität zwischen Arbeitgeber und Arbeitnehmer so weit erodiert, dass sie im Privatsektor nicht mehr ernstlich vorausgesetzt werden kann. Die Natur gibt uns nicht ohne Grund zwei Augen, zwei Beine und zwei Nieren – und dieser Grund ist nicht etwa, dass sie ein Fan von Symmetrie ist. Redundanz ist angesagt. Wenn Sie für Ihren Lebensunterhalt völlig von einem Unternehmen abhängig sind, dann haben Sie alles auf eine finanzielle Karte gesetzt, und das ist eine prekäre Situation. Zwar ist die Arbeitsgesetzgebung auf Ihrer Seite, doch für ein Unternehmen, das Sie loswerden will, gibt es viele Optionen.

Kürzlich beendete eine Freundin hier in Berlin ihre sechsmonatige Probezeit in einem neuen Job. Sie war der Meinung, dass es für ihren Arbeitgeber nahezu unmöglich sein würde, sie nicht zu behalten, schließlich hatte sie die Probezeit mit besten Beurteilungen absolviert – ganz offenbar machte sie also einen guten Job. Sechs Wochen später wurde sie ins Büro gerufen, wo man ihr mitteilte, ein großer Kunde habe seinen Vertrag gekündigt, man müsse sie leider entlassen. Ob dieser Vertrag wirklich nicht verlängert wurde, ist schwer zu überprüfen. Das Unternehmen war der Ansicht, es sei finanziell nicht in der Lage, die betreffende Mitarbeiterin weiter zu beschäftigen, und sie wurde entlassen – unbefristeter Vertrag hin oder her. Wie gesagt, wenn ein Arbeitgeber sich von Ihnen trennen will, dann hat er viele Möglichkeiten. In einem anderen Unternehmen, für das ich arbeitete, durchsuchte man den Browserverlauf eines Mitarbeiters, für dessen Entlassung man keinen anderen Grund hatte finden können. Er hatte sich eine Website angeschaut, die die IT-Richtlinien der Firma, die er bei seiner Einstellung unterschrieben hatte, verletzte, was dann als Begründung seiner Entlassung herhalten musste. Ich habe Ihnen die Geschichte von den Leuten in meinem Integrationskurs erzählt, die nach der neuen Festlegung des Mindestlohns durch mehrere Minijobber ersetzt wurden. Es ist nicht so, dass es weniger sicher ist, ein Angestellter zu sein – aber es ist auch bei weitem nicht so sicher, wie viele Menschen behaupten. Man ist wie ein Investor, der jeden Monat das ganze Haus auf eine Aktie wettet.

Doch auch wenn Sie zu dem Schluss kommen, dass Selbstständigkeit nicht das Richtige für Sie ist und dass Sie lieber Angestellter oder Freiberufler bleiben, gibt es eine Reihe wichtiger Dinge, die Sie tun müssen, um im digitalen Zeitalter, im Angesicht der großen Unsicherheit, des rapiden Wandels und der zunehmenden Automatisierung, erfolgreich zu sein. Schauen wir sie uns der Reihe nach an.

Ein erstklassiger Angestellter im digitalen Zeitalter

Engagieren Sie sich voll für Ihren Arbeitgeber – doch gleichzeitig ist es sinnvoll, dass Sie Ihre Kompetenzen auf dem neuesten Stand halten, die Entwicklungen auf dem Arbeitsmarkt beobachten und innerhalb Ihrer Branche Netzwerkpflege betreiben. Mein Fahrlehrer hatte ein Mantra, das er jedes Mal wiederholte, wenn wir uns einem Kreisverkehr näherten, und von dem ich glaube, dass es hier passend ist: «Sei bereit durchzustarten, aber stelle dich darauf ein stehenzubleiben.»

1. Machen Sie Notfallpläne

Viele Unternehmen haben Notfallpläne – zum Beispiel für den Fall, dass ihr größter Zulieferer insolvent wird oder ein Flugzeug in ihr Silo fliegt. Diese Pläne geben die Reaktionen des Unternehmens vor, damit sie, wenn der schlimmste Fall eintritt, nicht erst planen müssen. So haben sie eine Chance, rational und ruhig mit der neuen Situation umzugehen, anstatt in Panik zu verfallen. Für uns als Angestellte ist solch ein Vorgehen genauso sinnvoll. Was ist, wenn ich einen neuen Chef bekomme, mit dem ich nicht zusammenarbeiten kann? Was ist, wenn die Firma insolvent wird? Was ist, wenn in meiner Abteilung Personal abgebaut wird? Wie viele Monate habe ich gemäß meiner Freiheitsformel auf dem Sparkonto? Wie schnell könnte ich nach einer Entlassung meinen Lebensstil einschränken und diese Zahl vergrößern? Ein Plan, wie man in dieser Situation reagieren würde, kann (unabhängig davon, ob man dann auch tatsächlich so reagiert) dazu beitragen, den Stress und die Anspannung zu verringern. Das Unvorstellbare wird vorstellbar und man hat Zeit, sich mental vorzubereiten.

2. Hören Sie nicht auf, sich fortzubilden

Es ist Ihre Pflicht, Ihre Kompetenzen auf dem aktuellsten Stand zu halten. Glücklicherweise ist das heute leichter als jemals zuvor. Fernunterricht-Portale wie Udemy oder Sofatutor ermöglichen jedem, in seiner Freizeit zu lernen. Erwerben Sie neue Fertigkeiten, bevor Sie sie brauchen. Entscheiden Sie sich für Qualifikationen, die Ihre bestehenden Kompetenzen ergänzen, die stark mit Ihren Kernkompetenzen verzahnt und die schwer zu automatisieren sind.

Es wird viel darüber diskutiert, ob ein Spezialgebiet oder mehrere allgemeine Kompetenzen in Zukunft der bessere Schutz vor dem Verlust des Arbeitsplatzes sein werden. «Wir sind zu einer Gesellschaft geworden, die reich an Daten, aber arm an Sinn ist», glaubt der Autor Carter Phipps. Spezialisten haben ihre Berechtigung, doch «es gibt Wahrheiten, die nur von einem Generalisten erkannt werden können, der alle diese Ideen zu einem größeren Stoff der Einsicht verweben kann».[13]

In den kleinen und schlanken Organisationen unserer Tage bedeutet Spezialisierung nicht unbedingt Sicherheit für die Angestellten. Kleinere Unternehmen lösen kleinere Probleme mit kleineren Belegschaften. Wenn sie sich außerhalb des Unternehmens Hilfe holen, dann kann das durchaus daran liegen, dass sie jetzt im Moment eine bestimmte Funktion ausfüllen müssen, die aber nicht oft genug benötigt wird, um jemanden in Vollzeit einzustellen. Anwälte sind dafür ein gutes Beispiel. Aufgrund der Komplexität, des Risikos und der nötigen Spezialisierung, die ihr Beruf mit sich bringt, beziehen Anwälte ein hohes Gehalt. Das führt dazu, dass nur mittelgroße bis große Unternehmen sich überlegen, einen Juristen in ihrer Belegschaft zu haben. Der Normalbürger verpflichtet einen Anwalt, wenn er einen Anwalt braucht, und bezahlt ihn nach Stunden. Mittlerweile werden immer mehr Arbeitnehmer, ob sie es wollen oder nicht, im Grunde genommen auf die gleiche Weise eingestellt. Wir werden langsam alle zu Anwälten. Wenn Sie Vollzeitangestellter bleiben wollen, dann kann ein zu hoher Spezialisierungsgrad auf einem Gebiet, das nicht zur Kernkompetenz Ihres Unternehmens gehört, dazu führen, dass es Ihnen so ergeht wie dem Anwalt: zu teuer für die Belegschaft, zu spezialisiert, um in Vollzeit gebraucht zu werden. Wenn man nicht in diese Falle tappen will, ist ein Mix von Kompetenzen hilfreich. «In Zukunft wird es darum gehen, souverän zu sein und zu bleiben. Gemeint ist eine Verbindung aus Tiefenwissen auf einem Gebiet und allgemeiner Kompetenz in einer Reihe von Bereichen», sagt Lynda Gratton, die Autorin von *Job Future – Future Jobs.* «Wert [auf dem Arbeitsmarkt] wird in Zukunft dadurch entstehen, dass wir in der Lage sind, verschiedene Tiefenbereiche zu verbinden, um Wert zu schaffen», glaubt sie. Der Programmierer, der auch designen kann und Erfahrung im Online-Marketing hat; der Verkäufer, der auch Werbetexte schreiben kann; der Mitarbeiter der Personalabteilung, der auch Spezialist für Excel ist und sich so gut im Intranet der Firma auskennt, dass er die Intranetseite seiner Abteilung verwalten kann – diese Leute sind es, die den besseren Mix unterschiedlicher Kompetenzen bieten. Kompetenzen, die sich überschneiden, ein vertieftes Spezialgebiet kombiniert mit mehreren verwandten allgemeinen Kompetenzen oder mit Erfahrung in unterschiedlichen Bereichen und Branchen. «Im heutigen, von Unsicherheit geprägten Umfeld schlägt ein weiter Horizont Wissenstiefe», sagt Vikram Mansharamani von der *Harvard Business Review.*[14]

3. *Erkennen Sie die Vorzeichen*

Oft ist es schwer, exakt vorherzusagen, was in einer bestimmten Branche geschehen wird, doch was man auf jeden Fall machen kann, ist, den ungefähren Verlauf der Automatisierungskurve in seinem eigenen Bereich zu verfolgen und abzuschätzen, wann sie den eigenen Job erreicht haben wird.

Man kann das zurzeit im Journalismus sehr anschaulich sehen. Journalismus ist noch immer relevant. Die Menschen wollen nach wie vor Nachrichten und Kommentare lesen. Es ist nur so, dass das Internet die wirtschaftlichen Grundlagen ihrer Übermittlung zerstört. Das Resultat ist, dass Vollzeitjobs für Journalisten immer weniger werden und es zu einer Massenamateurisierung kommt. Die Zukunft des Verlagswesens wird wahrscheinlich ähnlich aussehen. E-Books müssen gedruckte Bücher nicht obsolet machen, es reicht vollkommen, wenn sie deren wirtschaftliches Fundament so weit untergraben, dass die Branche, die diese Produkte auf den Markt bringt – Buchhandlungen, Verlage, Druckereien, Literaturagenten, Auslieferungen –, wegbröckelt.

Wenn Sie in einer solchen Branche arbeiten, dann besteht Ihre Aufgabe nicht darin, Ihren Job so lange zu behalten, bis er nicht mehr gebraucht wird, sondern darin, neue Kompetenzen zu erwerben, mit denen Sie der Automatisierungskurve einen Schritt voraus bleiben können. Neue Kompetenzen zu erwerben, bevor Sie sie brauchen. Immer derjenige im Unternehmen zu sein, an den sich andere wenden, wenn sie jemanden suchen, der ihnen die neuesten Entwicklungen in der Branche erklären kann. Wandel geht immer sehr viel langsamer vor sich, als es sich zukunftsinteressierte Menschen wie ich ausmalen. Lange Zeit gibt es nur wenige Veränderungen, bis ein Umschlagpunkt erreicht ist, ganze Märkte zusammenbrechen und sich scheinbar über Nacht neu formieren.

4. Netzwerken Sie, bevor Sie Ihr Netzwerk brauchen

Wer im digitalen Zeitalter seine Chancen finden will, kann auf das Nutzen von Netzwerken nicht verzichten. Auch auf die Gefahr hin, mich zu wiederholen, sage ich es gerne noch einmal: Der beste Weg, Ihre Karriere voranzutreiben, ist, sich die Zeit zum Netzwerken zu nehmen und so Ihre *Glücksoberfläche* zu vergrößern. Wenn Sie in der Öffentlichkeit stehen, können Sie auf einer neutralen Seite wie Xing, LinkedIn, Facebook, Twitter oder in einem persönlichen Blog die Macht der sozialen Medien für sich nutzen, indem Sie Follower sammeln. Das Ziel dabei ist, sich als Branchenexperten für Ihren Bereich zu positionieren. Wenn Sie dann beschließen, dass Sie den Arbeitsplatz wechseln wollen, oder arbeitslos werden, können Sie das Netzwerk, das Sie sich aufgebaut haben, für die Stellensuche nutzen. Da Sie im Lauf der Zeit bereits Ihr Expertenwissen demonstriert haben und eine Gruppe von loyalen Online-Fans mitbringen, müssen Sie Ihrem neuen Arbeitgeber Ihren Wert nicht erst beweisen.

5. Konzentrieren Sie sich auf Bereiche, die schwer zu automatisieren sind

Excel-Tabellen verwalten und Berichte schreiben? Kein Problem. Menschen mit ihren individuellen Marotten und Launen managen? Schwierig. Unscharf definierte Jobs mit ständig wechselnden Anforderungen, wechselnder Klientel, das Anbieten einer maßgeschneiderten Dienstleistung – diese Stellen dürften vergleichsweise sicher sein. Hoher Kompetenzanteil, wenig Routine – danach sollte man Ausschau halten, wenn man den Robotern ein Schnippchen schlagen will.

6. Vereinbaren Sie Heimarbeitszeit

Auch wenn ein Angestelltenjob weniger Freiheiten bietet als die Arbeit als Freiberufler oder Selbstständiger – die Zeiten, in denen man an seinen Schreibtisch im Büro gefesselt war, sind lange vorbei. Versuchen Sie, mit Ihrem Arbeitgeber mindestens einen Heimarbeitstag in der Woche auszuhandeln. Viele Unternehmen sind ziemlich rückständig, wenn es darum geht, ihren Mitarbeitern Telearbeit zu gestatten, deshalb ist es wichtig, hier behutsam vorzugehen und den Chef davon zu überzeugen, dass dies auch für das Unternehmen von Nutzen ist. Selbst das Vereinbaren eines gelegentlichen Heimarbeitstags kann den Vorgesetzten demonstrieren, dass man nach wie vor erreichbar ist, nach wie vor E-Mails verschickt und nach wie vor produktiv arbeitet – und das kann der Ausgangspunkt dafür sein, nach und nach weitere Heimarbeitstage auszuhandeln. Zeit außerhalb des Büros zu haben hilft Ihnen, sich ohne ständige Ablenkung wichtigen Aufgaben zu widmen und an eher theoretischen Projekten zu arbeiten – was das Unternehmen daran erinnert, wie nützlich Sie sind, wenn Sie nicht in einem endlosen Kreislauf von Meetings feststecken.

Fallstudie – Fabian Dittrich, Zendesk und Helpando.it

Kompetenz: Kundenservice-Spezialist
Wochenarbeitszeit: 40+ Stunden
Ort: Planet Erde
Fabian Dittrich reist leidenschaftlich gerne. Ob er ein Jahr lang in Afrika unterwegs ist, im Landrover Südamerika durchquert oder mehrere Monate im Dschungel verbringt, um einen kranken Freund zum Schamanen zu begleiten – Fabian liebt es, unterwegs zu sein. Darum war es immer klar, dass es schwer für ihn werden würde, einen Job zu finden, der seiner Wanderlust gerecht wird. Doch überraschenderweise schaffte er es – er arbeitete als Berater für Zendesk, den Anbieter der gleichnamigen cloudbasierten Kundensupport-Plattform. Zendesk sah Fabians Nomaden-Naturell nicht als Bedrohung, sondern begrüßte es. In gerade einmal 18 Monaten war er 110 Mal für Zendesk unterwegs in verschiedene Städte und führte Trainings für Kunden des Unternehmens durch. Er demonstrierte die Zendesk-Technologie und unterstützte neue Kunden beim Setup und dem Wechsel von Konkurrenzprodukten zu Zendesk. Fabian plante diese Trips so, dass ihm ausreichend Freizeit blieb, um die neuen Orte zu erkunden. «Wenn ich zum Beispiel ein Training in Barcelona hatte, legte ich es nach Möglichkeit auf einen Donnerstag, dann arbeitete ich auch Freitag und den folgenden Montag von Barcelona aus und nutzte meine freie Zeit, um die Stadt zu entdecken.»

Fast sein gesamter Job konnte in Telearbeit erledigt werden. Wenn er also kein Seminar durchführen musste, war es egal, wo er sich befand. Im Lauf der Zeit wurde das Vertrauen seines Arbeitgebers größer und Fabian verbrachte mehr und mehr Zeit unterwegs.

Fabian dachte, er hätte seinen Traumjob gefunden. Nicht dass es ein leichter Job war – oft wurde aus den vertraglich vereinbarten 40 Stunden eher eine 70-Stunden-Woche. Er wachte morgens auf, nahm seinen Laptop vom Nachttisch und fing an zu arbeiten, egal, wo er sich gerade befand. Abends lief der gleiche Prozess in umgekehrter Reihenfolge. Das ist natürlich immer die Gefahr bei Telearbeit, weil man jederzeit und von überall arbeiten kann – und wenn man nicht aufpasst, arbeitet man tatsächlich irgendwann jederzeit und überall.

«Irgendwann kam ich an den Punkt, an dem ich wieder ins Gleichgewicht kommen, wieder mehr reisen und mehr Abenteuer erleben wollte. Im Dezember 2012 nahm ich meinen gesamten Jahresurlaub, um als Führer und Dolmetscher für einen kranken Freund zu arbeiten, der an den Amazonas reisen und einen Schamanen aufsuchen wollte. Dort, in einer Holzhütte im Dschungel, als ich dem Regen lauschte, der auf das hölzerne Dach prasselte, kam mir die Erkenntnis: Hier ist der Ort, wo ich das Leben am intensivsten spüre, unterwegs, auf der Suche nach dem Unbekannten.»

Also sprach Fabian mit Zendesk über eine Reduzierung seiner Arbeitszeit, um mehr Gelegenheit zum Reisen zu haben. Zu seiner Überraschung schlug man ihm stattdessen vor, eine eigene Firma zu gründen. Ein Unternehmen für Online-Lösungen, das mit Zendesk-Technologie und Zendesk-Kunden arbeitete. Zendesk war sogar bereit, eine Reihe der von Fabian betreuten Kunden mit ihm ziehen zu lassen. Helpando.it war geboren. «Es ist nicht eine von diesen typischen Geschichten über digitale Nomaden, die ab und zu eine Webseite erstellen oder ein Grafikdesign-Projekt erledigen und ansonsten in Bali am Strand liegen und Cocktails schlürfen. Inzwischen beschäftigt Halpando.it zehn freie Mitarbeiter und unterstützt Klienten in den USA bei der Implementierung der Zendesk-Technologie – von Banken bis hin zu Techno-Startups wie Skyscanner, Fox oder Spil Games. Und wir alle arbeiten von unterwegs aus.»

Fabian ist so begeistert davon, Unternehmer zu sein und flexibel arbeiten zu können, dass er sich mit zwei Freunden einen alten Landrover gekauft hat und nun Helpando von der Straße aus managt, während er für sein neues Projekt StartupDiaries.org durch Südamerika fährt. Sie planen, Freiberufler, Startup-Unternehmer und Lifestyle-Unternehmer zu treffen und deren Lebensweise zu dokumentieren. «Die Art, wie wir arbeiten, verändert sich. Immer mehr Menschen arbeiten unabhängig von Zeit, Ort und Unternehmensorganisationen, schaffen sich eine alternative Lebensweise, die besser für unsere Seele, unsere Familie und möglicherweise auch für unseren Planeten ist. Ich möchte dazu beitragen, für diesen Lebensstil zu werben, damit wir alle ihn schneller verwirklichen können.»

Fallstudie – Bryce Pedersen, Marketingmanager

Kompetenz: Markenmanagement
Wochenarbeitszeit: 40+ Stunden
Ort: Berlin
Genau wie Fabian und Zendesk, so sind auch Bryce und das internationale Unternehmen, für das er arbeitet, ein gutes Vorbild für die Beziehungen zwischen Arbeitgeber und Arbeitnehmer im digitalen Zeitalter. Bryce arbeitet für CastLabs, ein Startup im Bereich Video Streaming. CastLabs sind so fortschrittlich, dass sie von ihren Angestellten nicht verlangen, in irgendeiner ihrer Niederlassungen auf der Welt physisch präsent zu sein. Sie haben Angestellte überall auf der Welt und die meisten Meetings finden über Skype statt. Auf diese Weise wurde auch Bryce eingestellt. «Da saß ich, ein Kanadier, der in Berlin lebt, und hatte über Skype ein Bewerbungsgespräch mit dem deutschen Geschäftsführer in Brasilien. Ich hatte den Mann nie getroffen und kannte von ihm nur ein Bild, das ich im Internet gefunden hatte. So kam ich zum ersten Mal in meinem Berufsleben mit dieser neuen Mentalität in Berührung, dass für Arbeitsplätze geografische Grenzen vollkommen irrelevant sind.»

Man ermutigt die Angestellten herumzureisen und wann immer möglich ihre Kollegen kennenzulernen. In den Städten, in denen CastLabs Büros unterhalten, haben sie sogar Wohnungen angemietet, damit Angestellte auf der Durchreise einen Platz haben, an dem sie absteigen können. Wie bei vielen Startups im Technologiesektor haben die Mitarbeiter viel zu tun und müssen oft lange arbeiten, aber die Entscheidung, wann und von wo aus sie das tun, liegt bei ihnen. «Unsere Firmenkultur unterscheidet sich von dem, was gegenwärtig die Norm ist. Wir haben einen extrem niedrigen Grad an Mikromanagement, was eine Menge an individueller Verantwortung zur Folge hat. Ich glaube, dass das Empowerment der Angestellten einen psychologischen Effekt hat, von dem das Unternehmen profitiert: Oft führt es dazu, dass wir uns mehr anstrengen, um einen Qualitätsstandard zu erreichen, mit dem wir selbst zufrieden sind. Ich glaube nicht, dass man diese Leistung ohne weiteres von Leuten in einem normalen Bürojob bekommt.»

Auch Bryce war bereit, auf der Suche nach Chancen umzuziehen. Er arbeitete in Kanada, Dublin, London und jetzt in Berlin. Einer der Gründe, warum Bryce immer gefragt ist, liegt sicher darin, dass er es ausgezeichnet schafft, eine Spezialisierung mit mehreren gefragten allgemeineren Fähigkeiten zu kombinieren. «Marketing ist mein Kerngebiet, aber ich habe mir auch beigebracht, wie man programmiert und Grafikdesign-Software benutzt. Ich könnte zwar nicht einen hochspezialisierten Programmentwickler oder einen Designer in einer Werbeagentur ersetzen, aber ich kann Teile ihrer Arbeit erledigen, zum Beispiel Webseiten gestalten. Dadurch steigt mein Wert für meinen Arbeitgeber. Abgesehen davon ist es natürlich für jemanden, der für ein Softwareunternehmen arbeitet, wie ich es tue, bei der Zusammenarbeit mit den Entwicklerkollegen ziemlich nützlich, wenn man etwas vom Programmieren versteht.»

Bryce weiß, dass Startups von Natur aus instabil sind, darum hat er Wert darauf gelegt, sich als Experte in der Streaming-Video-Branche zu positionieren; er hat Artikel für Fachzeitschriften geschrieben und ist regelmäßig zu Branchenkonferenzen gefahren. «Jobsicherheit wie vor 50 Jahren existiert nicht mehr, also ist es wichtig, innerhalb seiner Branche mobil zu sein und zu netzwerken. Es ist nicht leicht, einen Job zu finden, der wirklich Spaß macht. Manche finden vielleicht nie einen. Aber die Arbeit nimmt einen so großen Teil des Lebens ein, darum denke ich, dass die ganze Unsicherheit und Anstrengung sich lohnen, wenn man etwas findet, das einen wirklich glücklich macht. Für die Arbeit in ein anderes Land zu ziehen, ist leichter, als viele Menschen glauben. Es erfordert ein wenig Beinarbeit, doch wenn man die Arbeitsplatzsuche über sein Heimatland hinaus ausweitet, bieten sich viel mehr Möglichkeiten. Wenn du bereit bist zu reisen, liegt dir eine Welt voller Chancen zu Füßen.»

Freiberufler im digitalen Zeitalter

Zu meiner Zeit bei Microsoft gab es dort zwei Arten von Beschäftigten – Vollzeitangestellte und freie Mitarbeiter. Wir Vollzeitmitarbeiter standen in der Hierarchie oben. Wir arbeiteten offiziell für Microsoft, konnten auf die Firmenpartys gehen, eine Microsoft-Rente beziehen, verbilligte Aktien und Firmenprodukte erwerben und all die anderen Vergünstigungen genießen, die dazu gehörten, für ein Unternehmen zu arbeiten, das vor einigen Jahren zum besten Arbeitgeber Großbritanniens gewählt wurde. Unter uns Festangestellten rangierte eine kleine Armee von freien Mitarbeitern, die bei Zeitarbeitsfirmen wie Manpower oder Brook Street angestellt waren. Diese Leute machten die gleiche Arbeit wie die Festangestellten, bekamen aber nur sehr wenige von den Microsoft-Sozialleistungen. Sie konnten nicht auf die Microsoft-Partys gehen, verbilligte Produkte kaufen oder die Unternehmensrente beziehen.

Freie statt festangestellte Mitarbeiter zu beschäftigen hat für Microsoft mehrere Vorteile. Erstens gelten für sie viel kürzere Kündigungsfristen, zweitens muss man nicht die ganzen Sozialleistungen bezahlen und drittens kann man in seiner Bilanz viel höhere Gewinne pro Mitarbeiter ausweisen. Freie Mitarbeiter gelten in den Augen des Aktienmarkts nämlich nicht als Mitarbeiter, sondern lediglich als eine kurzfristige Verbindlichkeit.

Ob es für die freien Mitarbeiter sinnvoll ist, solche Stellen anzunehmen, hängt weitgehend davon ab, was ihre langfristigen Ziele sind (ich weiß, dass viele von ihnen über die ungleiche Behandlung frustriert waren) und was sie mit den rund 50 % mehr Lohn machen, den sie bekommen. Einige freie Mitarbeiter, denen nach jahrelanger Beschäftigung eine feste Stelle verweigert worden war, hatten vor Gericht auf eine Festanstellung geklagt. Manchen gefielen die Flexibilität und der höhere Lohn, der mit diesen Stellen einherging, andere ärgerten sich über den niedrigeren Status und die fehlende Jobsicherheit.

Der Vorteil des Daseins als freier Mitarbeiter ist, dass man den Marktwert einer bestimmten Kompetenz optimal ausnutzen kann, indem man nur diese spezifische Kompetenz verkauft. Man kann sich bei der Arbeit ausschließlich auf sein eigenes kleines Rädchen konzentrieren, ohne sich über das Wohlergehen der großen Maschine Gedanken machen zu müssen. Die Maschine gehört jemand anderem.

Dank Internet gibt es heutzutage auch noch eine weitere Art von freiem Mitarbeiter – den Telearbeiter. Dabei handelt es sich um freie Mitarbeiter, die von individuellen Auftraggebern oder Unternehmen, mit denen sie in aller Regel zu keinem Zeitpunkt in persönlichen Kontakt treten, für noch kürzere Zeiträume verpflichtet werden. Vielfach arbeiten sie nur einmal eine Stunde lang für ein Unternehmen, etwa um einen Fehler auf dessen Website zu beheben. Oder sie werden für ein paar Stunden pro Woche engagiert, um Kundenmails zu beantworten oder Texte für die Webseite zu verfassen, manchmal jahrelang. Das Internet und ganz besonders Seiten wie Upwork und Elance fördern diese Art von ultraflexiblem Dienstverhältnis. Wenn Sie ein Talent haben, sei es in Microsoft Excel oder Datenpflege, als Grafikdesigner, Programmierer oder Autor, dann können Sie auf diesen Portalen ein Profil erstellen, und Menschen auf der ganzen Welt können Sie engagieren. Ihr Einsatz ist nichts weiter als ein wenig Zeit für den Setup und das Bieten auf Projekte, die Ihnen zusagen. Sie brauchen keine Webseite, keine Visitenkarten, kein Büro und keine finanziellen Mittel, um loszulegen und ihre ersten Kunden zu finden.

Für viele Menschen kann diese Art der Beschäftigung ein Zwischenschritt sein. Eine Möglichkeit zu arbeiten, während sie kleine Kinder betreuen müssen, eine Möglichkeit zu arbeiten, während sie reisen, oder vielleicht ein erstes festes Einkommen, das sie finanziell unterstützt, während sie sich ihr eigenes Internetbusiness aufbauen. Wofür vielleicht nicht mehr nötig ist, als einen Weg zu finden, den gleichen Service, den man auf dieser Telearbeits-Plattform anbietet, zu standardisieren, um ihn in einer wiederholbaren und skalierbaren Weise verkaufen zu können.

Als freier Mitarbeiter im digitalen Zeitalter bestehen

1. Vermehren Sie die Jahre, in denen Sie gefragt sind

Der Marktwert einer Kompetenz verändert sich im Lauf der Zeit. Während ein Angestellter nicht mehr als ein- oder zweimal im Jahr um eine Gehaltserhöhung bitten kann, kann man als freier Mitarbeiter sein Honorar theoretisch jedes Mal neu festsetzen, wenn man den Klienten wechselt. Sie können das höchstmögliche Honorar für diese spezielle Kompetenz erzielen, weil Sie immer wieder kurzfristige Verträge abschließen und mit jedem Mal Ihre Entlohnung aufs Neue der Nachfrage und Ihrer verbesserten Marktposition anpassen können. Doch dessen ungeachtet verkaufen sich viele freie Mitarbeiter unter Wert. «Ich verlangte von meinen Klienten einen absolut lumpigen Honorarsatz, weil ich Angst hatte, nicht mehr wert zu sein. Seit ich meinen Satz angehoben habe, ist mein Geschäft in jeder Hinsicht besser geworden», erklärt der Webdesigner Tyler Galpin.[15]

Wenn Ihre Finanzen unter Kontrolle sind, haben Sie so ausgezeichnete Chancen, während der Jahre, in denen Ihre Schaffenskraft auf dem Höhepunkt ist, fleißig Rücklagen zu bilden, damit Sie weniger arbeiten oder von

Ihren Ersparnissen leben können, während Sie sich weiterbilden, um neue Kompetenzen zu erwerben, die aktuell gefragt sind.

2. *Nehmen Sie Auszeiten, um sich weiterzubilden*

Für Vollzeitangestellte ist es normalerweise kein Problem, am Arbeitsplatz weitergebildet zu werden oder den Arbeitgeber davon zu überzeugen, für eine Weiterbildung zu bezahlen – schließlich investiert er damit in die langfristige Nützlichkeit seines Angestellten. Doch als externer Dienstleister zahlt man Ihnen ein höheres Honorar aufgrund der Kompetenzen, die Sie bereits haben. Es ist anzunehmen, dass das Unternehmen bereits genügend Allrounder in seiner Belegschaft hat, weshalb freie Mitarbeiter meist für bestimmte hochspezialisierte und hochwertige Tätigkeiten herangezogen werden, für die das Unternehmen in diesem Moment Bedarf hat. Wäre der Bedarf regelmäßig, hätte man einen festangestellten Mitarbeiter für diese Funktion. Der Auftraggeber erwartet, dass Sie hereinkommen und sofort produktiv sind. Das bedeutet, dass Sie zwischen Ihren Jobs hart arbeiten müssen, um dafür zu sorgen, dass Sie auf dem neuesten Stand der Branche bleiben und gefragte Spezialkompetenzen besitzen.

Weil Sie Freiberufler sind, erwartet man auch nicht von Ihnen, dass Sie für jede Lücke in Ihrem Lebenslauf eine Erklärung haben. Sie können diese Lücken nutzen, um zu reisen oder um sich weiterzubilden.

3. *Finden Sie eine Balance zwischen Kundenprojekten und eigenen Projekten*

Die Arbeit als freier Mitarbeiter kann für jemanden, der vorhat, sein eigenes Unternehmen zu gründen, ein perfekter Zwischenschritt sein. Vollzeitarbeit lässt meist nicht genug freie Stunden für eine Unternehmensgründung nebenher. Wenn man jedoch seine Arbeitszeit auf ein paar Tage pro Woche reduziert oder Freiberufler wird, kann es gelingen. Kundenprojekte können die finanzielle Basis liefern, wenn Sie gerade genug arbeiten, um über die Runden zu kommen, und den Rest Ihrer Zeit in den Aufbau Ihres eigenen Unternehmens oder Ihrer nächsten Karriere investieren. Ich kenne eine

Übersetzerin hier in Berlin, die auch eine angehende Romanautorin ist. Jeden Monat schaut sie auf ihr Bankkonto und entscheidet, ob sie es sich leisten kann, an ihrem Roman weiterzuarbeiten oder nicht. Wenn nicht, nimmt sie sich den Monat vom Schreiben frei und macht stattdessen freiberufliche Übersetzerarbeit. Ist die finanzielle Situation für einige Monate gesichert, kehrt sie wieder zu ihrem Roman zurück.

4. Machen Sie Telearbeit

Richtig gemacht ist dies ein Arbeitsmodell, das extrem kompatibel damit ist, für eine Familie zu sorgen. Sie können entscheiden, wie viele Stunden pro Tag Sie arbeiten können, und gerade genug Arbeit annehmen, um diese Zeit zu füllen. Wenn Sie Arbeit annehmen, bei der Sie nicht physisch anwesend sein müssen, können Sie oft zu Zeiten arbeiten, die Sie sich rund um Ihre familiären Pflichten einrichten können, und von wo aus sie wollen. Ich engagierte einmal einen indischen Programmierer namens Akshay, der mehrere Jahre in den USA gelebt hatte, aber nach Indien zurückgekehrt war, wo er Projekte aus Europa und den USA annehmen und gleichzeitig von den niedrigen indischen Lebenshaltungskosten profitieren konnte. Er verdiente in Dollar, aber er lebte für Rupien, mit der Folge, dass er viel mehr Zeit mit seiner Familie verbringen konnte.

5. Sie sind Ihr Netzwerk

Die Glücksoberfläche ist umso wichtiger, wenn Sie am Ende eines jeden kurzfristigen Projekts eine neue Chance brauchen. Wenn Sie über einen längeren Zeitraum in einem Job bleiben, haben Sie die Chance, in Ihrer Branche ein Standing aufzubauen, aber wenn Sie regelmäßig zwischen Projekten hin und herspringen, ist es für Sie schwerer, nachzuweisen, welchen Wert Sie beigetragen haben. «Es ist klar, dass diese freien, wissensreichen, dynamischen, projektbasierten Jobs der Zukunft sehr erfüllend sein können. Doch weil sie fragmentiert sind, weil so viele daran beteiligt sind und sich die Kompetenzbereiche beständig verändern, können sie Sie auch praktisch unsichtbar machen», sagt Gratton. Darum ist es für Freiberufler von entscheidender Bedeutung, dass sie exzellente Netzwerker sind, dass sie beständig daran arbeiten, ihr Netzwerk zu vergrößern und ihre Talente bekannt zu machen, lange bevor sie das nächste Projekt benötigen. «Die überwiegende Mehrheit der Aufträge kommt von Freunden und Bekannten, die andere Freunde und Bekannte, denen sie vertrauen, einstellen», sagt Karrierecoach Matt Youngquist.[16]

Fallstudie – Manuel Meurer, freier Programmierer

Kompetenz: Ruby-on-Rails-Programmierer
Jahre als Freiberufler: 5
Wöchentlich berechnete Stunden: 20
Ort: Berlin
Manuel lebt in Berlin und arbeitet drei Tage die Woche für ein großes Medienunternehmen als freier Programmierer. Er nutzt keine Telearbeits-Seiten wie Upwork oder Elance, sondern findet seine Kunden meist durch Netzwerken und Mundpropaganda. Die Programmiersprache, mit der er arbeitet, heißt Ruby on Rails und ist momentan bei den vielen Startups der Stadt sehr stark nachgefragt.

Dank dieser großen Nachfrage können freiberufliche Ruby-on-Rails-Programmierer um die 500 Euro pro Tag verdienen. In einer Stadt, in der man mit 1500 Euro im Monat sehr bequem leben kann, ist es daher kaum sinnvoll, als angestellter Programmierer zu arbeiten und für das gleiche Geld ein Vielfaches der Zeit investieren zu müssen.

Manuel arbeitet gerne an den Projekten seiner Kunden, doch vor allem ist er daran interessiert, sein eigenes Unternehmen aufzubauen. Also nutzt er sein Freiberufler-Einkommen als finanzielle Basis und widmet die beiden restlichen Wochentage seiner Website ProductWidgets.com, die den Besuchern auf sie zugeschnittene Produkte seiner Partnerunternehmen empfiehlt. In Berlin arbeiten viele Programmierer auf diese Weise. Arbeit für Kunden deckt die Lebenshaltungskosten, sie nehmen nur so viele Aufträge an, wie dafür nötig sind. Den Rest ihrer Zeit stecken sie in den Aufbau ihres eigenen Dings, mit dem langfristigen Ziel, die Arbeit als Freiberufler überflüssig zu machen.

Manuel ist sich bewusst, dass der derzeitige Boom von Ruby on Rails nicht ewig anhalten wird; er war schon in der Vergangenheit Experte für damals populäre Programmiersprachen wie php oder Java, die inzwischen weniger gefragt sind. Momentan konzentriert er sich völlig auf Ruby on Rails. Auf diese Weise kann sein derzeitiger Expertenstatus den maximalen Profit generieren und er ist in der Lage, auf den Markt zu reagieren. Sobald die Honorare zu fallen beginnen, weil eine neue Technologie zum De-facto-Standard bei den Berliner Startup-Unternehmen wird oder weil immer mehr Ruby-on-Rails-Spezialisten den Markt überschwemmen, kann er sich einer neuen Technologie zuwenden.

Ein weiterer wichtiger Aspekt des Daseins als Freiberufler liegt für Manuel darin, dass er bei der Auswahl seiner Auftragsarbeiten wählerisch sein kann. «Kürzlich sollte ich an einem Projekt eines großen Telekommunikationsunternehmens teilnehmen. Das Kick-off-Meeting dauerte einen ganzen Tag lang und ich lernte verschiedene Abteilungen des Unternehmens kennen. Dieses Unternehmen hatte über einen Zeitraum von drei Jahren hinweg mehr als 100 Millionen Euro in ein großes IT-Projekt investiert, das sich nun festgefahren hatte. Mein Job sollte es sein, das Projekt mit einem kleinen IT-Team zu übernehmen und die Belegschaft des Unternehmens in die Nutzung des neuen Systems einzuweisen. Auf dem Papier klang das wie ein gutes Projekt, mit einem ziemlich großen Budget.» Doch als ich ihn am Abend nach dem Kick-off-Meeting sah, hatte er seine Meinung geändert. Offenbar hatte er den ganzen Tag damit zugebracht, als Schiedsrichter in einem Zank zwischen verschiedenen Abteilungen zu fungieren.

«Team A hasste Team B, bei dessen Mitgliedern sie die Schuld für das Scheitern des Projekts sahen. Team B machte seinerseits Team A verantwortlich. Keiner der potenziellen Nutzer wollte sich in ein neues System einarbeiten, alle waren aktiv gegen seine Einführung. Das Management-Team war bereit, die Schuld bei jedem anderen zu suchen als bei sich selbst.»

Alle waren der Meinung, man sollte das alte System, jenes System, dessen Entwicklung 100 Millionen Euro gekostet hatte, komplett aufgeben und einfach von vorne anfangen. Doch damit hätte man zugegeben, dass man 100 Millionen Euro verschwendet hatte, deshalb sagte man Manuel, sein neues System solle an das alte angekoppelt werden. Es müsse das alte System nicht wirklich *nutzen* – dieses war inzwischen ohnehin veraltet und irrelevant –, es sollte nur damit *verbunden* sein, damit das Management-Team dem Vorstand vormachen konnte, die riesige Investition sei ihr Geld wert gewesen und dieses neue System würde das alte System in irgendeiner sinnvollen Weise nutzen, was völlig frei erfunden war.

Manuel lehnte den Auftrag dankend ab. An diesem Abend feierten wir bei einem Bier seine Entscheidung. «Der heutige Tag hat mich daran erinnert, was es bedeutet, Angestellter zu sein», sagte er. «Die Möglichkeit, zu Projekten wie diesem nein zu sagen, ist genau der Grund, warum ich Freiberufler geworden bin. Dieses Projekt ist ein Himmelfahrtskommando.»

Fallstudie – Frederik Eichelbaum, Futurologe

Kompetenz: Strategie, Futurismus, Komposition
Jahre als Freiberufler: 5
Wöchentlich berechnete Stunden: 30
Ort: Berlin

Manchmal trifft man Menschen, bei denen man sich nur sehr schwer vorstellen kann, dass sie in einem normalen Angestelltenverhältnis arbeiten könnten. Ihre Interessen sind zu breit gefächert und sie flattern zwischen vielen verschiedenen Ideen und Disziplinen hin und her wie eine betrunkene Wespe auf einer Blumenwiese. Wenn sie nicht das seltene Glück haben, eine extrem abwechslungsreiche Vollzeitstelle zu finden, würde die Festlegung auf eine einzige Profession ihre vielfältigen Interessen einengen.

Frederik Eichelbaum ist einer dieser Menschen. Fred interessiert sich für so ziemlich alles, vor allem aber für Musik, Literatur, Naturwissenschaften und Zukunftsforschung (das ist auch, was er studiert hat). Er ist ein echter Renaissancemensch, versiert in vielen verschiedenen Disziplinen, ohne in einer davon ein echter Spezialist zu sein.

«Die Vorstellung von finanzieller Sicherheit und stabilem Einkommen fand ich nie besonders anziehend. Das klassische hypothekenfinanzierte Haus, die Altersvorsorge, die Karriere als eine wie mit dem Lineal gezogene Linie kleiner Fortschritte, die zu einem klar definierten Berufsbild führen. Ich will nicht, dass mein Leben so strukturiert ist, und das muss es auch nicht sein.»

Zur Zeit jongliert Fred mit mehreren Projekten. Er arbeitet freiberuflich stundenweise als Kurator für einen Veranstalter von Technologiekonferenzen namens *hy!*. Ein paar weitere Stunden am Tag widmet er dem Schreiben von Forschungsberichten über das Potenzial neuer technologischer Erkenntnisse. Diese Berichte gehen über eine digitale Recherchefirma namens Hypermorgen, die er mit ein paar ehemaligen Kommilitonen gegründet hat, an die Forschungs- und Entwicklungsabteilungen großer deutscher Konzerne.

Daneben bleibt ihm noch genug Zeit für den Versuch, sein eigenes Unternehmen zu gründen. Da er in Berlin lebt und den Zufluss von gut ausgebildeten Ausländern nach Berlin sieht, witterte er eine Chance. «Viele Ausländer ziehen nach Deutschland, ohne die Sprache zu können, deshalb brauchen sie Hilfe beim Orientieren und im Umgang mit Behörden. Oft sind sie schockiert, wie schlecht der Kundenservice hier ist. Darum habe ich Zipster.co gegründet, ein kleines Unternehmen, das qualifizierte deutschsprachige Virtual Assistants anbietet.»

Was mich an der Art und Weise beeindruckt, in der Fred seine Arbeit strukturiert, ist nicht nur die Tatsache, dass er seinen Alltag sehr abwechslungsreich gestaltet, was verhindert, dass er sich langweilt, sondern besonders auch, dass alle seine Projekte wechselseitig voneinander profitieren.

Seine Arbeit bei Hypermorgen bringt ihn mit einer Menge interessanter Menschen in Kontakt, die er dann für *hy!*-Konferenzen buchen kann. Die Menschen, die diese Konferenzen besuchen und dort Vorträge halten, sind oft die perfekte Zielgruppe für einen der Telearbeiter von Zipster. Je weiter sein Netzwerk anwächst, desto mehr Nutzen haben alle seine Projekte davon.

Fred ist ein gutes Beispiel dafür, wie man mit dem Kombinieren verschiedener Allroundfähigkeiten – ohne dass man sich auf ein Interessengebiet beschränken muss – dennoch ein verlässliches monatliches Einkommen erzielen kann und obendrein noch genügend Freizeit hat, sich seinen Hobbys zu widmen.

«Natürlich ist dieser Weg anfangs ein ganzes Stück härter, doch wenn es erst einmal am Laufen ist, dann bekommt man wirklich etwas zurück. Man beginnt eine innere Kraft zu spüren und trifft seine Entscheidungen nicht mehr auf der Basis von Angst. Das ist für mich ein unschätzbarer psychologischer Vorteil, für den ich gerne auf das Geld verzichte, das ich hätte verdienen können, wenn ich mir vor Jahren eine normale Beschäftigung gesucht hätte. Mir gefällt, wie abwechslungsreich meine Tage sind und dass ich meine Interessen verfolgen kann, egal, in welche verrückte Richtung sie mich führen.»

Fallstudie – Siobhan Gallagher, freiberufliche Lektorin

Kompetenz: Textkorrektur; Lektorat; Überarbeitung/Ghostwriting
Jahre als Freiberufler: 7
Wöchentlich berechnete Stunden: 25–30
Ort: Martizay (Frankreich)
Im Jahr 2012 beschloss ich, meinen ersten Roman im Selbstverlag zu veröffentlichen. Aber anstatt zu versuchen, alles selbst zu machen, outsourcte ich alle relevanten Arbeiten über Upwork an Telearbeiter. Ich engagierte einen Grafikdesigner für das Buchcover, einen Setzer für das Layout, einen

Konvertierungsspezialisten für all die verschiedenen E-Book-Formate und zu guter Letzt Siobhan, eine Lektorin und Korrektorin. Siobhan ist US-Amerikanerin und lebt in Frankreich auf dem Land. Vorher hatte sie für eine Reihe von Fortune-100-Unternehmen und eine Maklerfirma an der Wall Street gearbeitet, doch die Arbeitsbedingungen in den Konzernen und die vielen unbezahlten Überstunden hatten sie ziemlich desillusioniert. «Mehr mit weniger erreichen», lautete das Mantra der Branche, was Managersprech ist für «Mehr arbeiten für das gleiche Geld».

Was sie von ihren Kolleginnen unterschied, waren ihre Fähigkeiten als Lektorin. Lektorieren ist eine oft übersehene, aber dennoch entscheidend wichtige Tätigkeit. Siobhan stellte fest, dass auf jeder Position, die sie innehatte, im Laufe der Zeit ihr Aufgabenbereich immer weiter aufgebläht wurde und dass sie zunehmend genervt war von den Bürointrigen und der Vetternwirtschaft der Organisationen. Das Ergebnis war, dass die Arbeit zu einer lästigen Pflicht wurde und dass sie immer weniger Zeit damit verbrachte, die Arbeit zu tun, die ihr Spaß machte und in der sie gut war.

Desillusioniert beschloss sie, der Welt der US-amerikanischen Großunternehmen den Rücken zu kehren und sich lieber der Art von Schreiben zu widmen, die ihr Freude bereitete. Doch diese eine radikale Veränderung in ihrem Leben war ihr noch nicht genug – sie verkaufte ihr Haus, ihr Auto sowie den größten Teil ihrer Besitztümer und brach alle Zelte hinter sich ab. Drei Jahre lang zog sie mit zwei kleinen Hunden in Europa herum, bis sie sich schließlich in der französischen Provinz niederließ. Dort fand sie ein Haus, das sie in bar bezahlen konnte, und sie konnte für einen Bruchteil des Geldes leben, das sie in den USA gebraucht hatte. Allerdings konnte sie sich nicht leisten, mit Mitte 40 in den Ruhestand zu gehen. Darum hatte sie nun ein kleines Problem: «Es ist unmöglich, hier in Frankreich einen Job zu bekommen, wenn man nicht fließend Französisch spricht, und das kann ich nicht», gibt sie zu. «Für mich war es entscheidend, ein globales Netzwerk zu haben, mit dem ich genügend Kunden finden kann, um ein vernünftiges Einkommen zu verdienen.»

Ein Freund, der Professor an der Universität Wien ist, gab ihr den Tipp mit der Telearbeits-Plattform Upwork. Ein paar Stunden später war sie so weit, dass sie dort ihre Dienste als Autorin und Lektorin anbieten konnte, und so fand ich sie. «Es gibt so ein reiches Angebot an Arbeit bei Upwork», sagte sie. «Seit ich meinen Fuß in die Tür bekommen und anfangs für einen Spottpreis gearbeitet habe, um mir einen Namen zu machen, konnte ich meinen Stundensatz innerhalb von vier Jahren um das Sechsfache steigern. Niemand hat sich deswegen beschwert; stattdessen hat sich die Qualität meiner Kunden dramatisch verbessert. Ich habe prominente Kunden gewonnen, denen ich ohne Upwork nie über den Weg gelaufen wäre.»

Mit ihr an meinem ersten Buch zu arbeiten, war eine Freude. Ihre Erfahrung zeigte sich in allem, was sie lektorierte. Die Geschichten, die ich ihr schickte, kamen sauberer, schlanker und witziger zurück. Bei einigen ließ sie sogar ihren eigenen Humor einfließen. Jedes Mal, wenn sie bei Upwork ein Projekt abschließt, sind ihre Kunden aufgefordert, ihre Arbeit öffentlich zu bewerten. Ihre Leistungen waren so gut und so konstant, dass sie inzwischen auf Monate hinaus ausgebucht ist und mehr für Verlage als für individuelle Autoren arbeitet. Was noch besser ist: Es gibt keine Bürointrigen, keine Meetings, kein stundenlanges Pendeln nach New York, kein Personalmanagement und keinen Chef. Sie allein gibt den Ton an. Sie entscheidet, welche Projekte sie annehmen möchte, welche Fristen realistisch sind und wie viel Geld sie möchte. Zwar ist ihre Arbeitszeit vermutlich genauso lang wie zuvor, doch sie ist viel glücklicher dabei – diese Stunden machen mehr Spaß, weil sie das tut, was sie gerne tut und worin sie gut ist. Sie ist nicht finanziell von einem Unternehmen abhängig; ihr Einkommen ist über Hunderte von Menschen verteilt, die wie ich ihre Dienste in Anspruch nehmen. Je höher ihre durchschnittliche Bewertung bei Upwork ausfällt (sie liegt von Anfang an konstant zwischen 4,98 und den maximal erreichbaren 5,0), um so höher ist der Stundensatz, den sie verlangen kann. Und die Flexibilität ist beneidenswert. Sie kann reisen, wann sie will und so lange sie will – sei es durch Europa oder in die USA, um die Familie zu besuchen –, und dabei arbeiten. «Mein Leben ist mobil, keine Frage», gibt sie zu. «Ich muss meinen Urlaub nicht jedes Jahr in ein oder zwei kostbare Wochen quetschen, wie ich es in den USA tun musste. Jetzt verbringe ich drei oder vier Monate jeden Winter in Portugal und unternehme oft Reisen, um fünf oder sechs Wochen an allen möglichen Orten in Europa zu verbringen, deswegen ist die Möglichkeit, von überall aus arbeiten zu können, für mich mehr als ein Vorteil, sie ist unverzichtbar. Ich könnte es mir niemals leisten, so oft und so lange zu reisen, wie ich es tue, wenn ich nicht die Freiheit und die Möglichkeit hätte zu arbeiten, wann ich es will. Alles, was ich brauche, ist das Internet.»

Siobhan ist mittlerweile eine der gefragtesten Lektorinnen bei Upwork, und sie liebt die Flexibilität ihres neuen Lebensstils. «Ich kann mir gar nicht mehr vorstellen, etwas anderes zu machen.»

Schluss

Vielleicht kennen Sie die folgende hübsche Geschichte schon. Es geht um ein Experiment, bei dem fünf Affen in einen Raum gesetzt werden. Eine Banane hängt von der Decke, direkt über einer Stehleiter. Jedes Mal, wenn einer der Affen versucht, die Leiter hochzuklettern, werden alle Affen mit eiskaltem Wasser aus einer Sprinkleranlage besprüht.

Die Affen lernen: Wenn jemand die Leiter berührt, bedeutet das eiskaltes Wasser für alle.

Als Nächstes entfernen die Forscher einen der Affen und ersetzen ihn durch einen neuen. Dieser neue geht natürlich schnurstracks auf die Leiter zu. Sofort wird er von den anderen Affen verprügelt. Er hat keine Ahnung, warum, aber er lernt, dass es am besten ist, die Finger von dieser Leiter zu lassen.

Die Forscher tauschen weiter Affen aus … bis sie am Ende fünf Affen haben, die einander verprügeln, um zu verhindern, dass einer von ihnen die Leiter berührt. Und kein einziger von ihnen weiß, warum.

Ich denke, diese nette kleine Geschichte illustriert wunderbar einen Aspekt unserer menschlichen Natur. Wir sind alle Affen, die in einem Raum freigelassen wurden, den wir nicht verstehen, und die anderen Affen, die mit uns in diesem Raum sind, schreiben uns vor, wie wir uns zu verhalten haben. Als Kinder greifen wir nach der Leiter – ob es nun darum geht, sich beim Spielen im Park schmutzig zu machen, im Piratenkostüm in die Schule zu gehen, den Nachtisch vor der Hauptspeise zu essen, oder andere Beispiele von harmloser Neugier oder Trotz – und die großen Affen erklären uns, dass wir die Finger davon lassen sollen, dass die Dinge nicht so funktionieren, dass diese spezielle Leiter tabu ist. Dass wir die natürliche Ordnung der Dinge durcheinanderbringen.

Dann, wenn wir älter werden, erweitert sich unser Horizont und unsere Eltern sind nicht mehr das allwissende Affenorakel, das sie einst für uns waren. Doch statt ihrer gibt es nun eine Reihe neuer Gatekeeper – Altersgenossen, Lehrer, Freunde, Politiker, Nachbarn, Stars, Chefs, Kollegen, die Polizei. Von all diesen Menschen lernen wir, wie die Welt funktioniert, wo unser Platz darin ist, welche Leitern wir anfassen dürfen und welche nicht.

Was völlig in Ordnung wäre, wenn diese Instanzen denn alle wirklich eine Ahnung hätten. Aber oft haben sie ebenso wenig eine Ahnung wie die Affen in unserer Geschichte. Was sie uns erzählen, ist überholt, falsch, anekdotisch, ein Ammenmärchen – wenn es nicht sogar noch arglistiger ist: der Versuch, den Status quo zu verteidigen, der ihnen ihre derzeitige Position garantiert und uns, die wir unter ihnen stehen, unterdrückt. Das, was sie uns als wissenschaftliche Tatsache verkaufen wollen, ist in Wirklichkeit eher ein Kunstgriff. Es erfordert Mut zuzugeben, dass es keine höhere Macht gibt, keinen tieferen Sinn, keine versteckte Logik, keine optimale Lösung, keine richtige Entscheidung, keinen einzig richtigen Weg. Wenige Menschen bringen es über sich zuzugeben, wie wenig Kontrolle sie über ihr Leben haben, und viele weitere sind bereit, bis zum letzten Atemzug zu kämpfen, um uns vom Gegenteil zu überzeugen.

Sollen sie es ruhig versuchen.

Unsere Generation hat unbestreitbar Probleme, doch die Wahrheit ist, dass wir trotzdem das große Glück haben, viel leichter als frühere Generationen aus der Plackerei eines Bürojobs ausbrechen zu können. Wir können uns umschauen, Erfahrungen machen, reisen, im Ausland leben, unser eigenes Unternehmen gründen, uns Kompetenzen erarbeiten, eine sinnstiftende Arbeit finden, uns selbst bilden und vermarkten. Wir können arbeiten, wie wir es wollen, wann wir wollen und von wo aus wir wollen. Auf einem Boot. In einem Park. Vom Kamm einer Sanddüne. Einen Kilometer oder eintausend Kilometer von unserem Geburtsort entfernt. Wir können mit den Menschen arbeiten, die wir persönlich treffen, oder mit weit entfernten Avataren auf unserem Computerbildschirm. Und schließlich und endlich können wir auch – wenn wir es wollen – unser eigener Chef werden.

Wir haben eine Vielzahl von Möglichkeiten. Allerdings sehen sie weder so aus noch sind sie so verteilt wie die Möglichkeiten, die früheren Generationen zur Verfügung standen. Und es sind auch nicht die Gatekeeper früherer Generationen, die über ihre Zuteilung entscheiden. Die Welt hat sich verändert, allerdings haben es noch nicht alle Entscheidungsträger mitbekommen. Es wird wahrscheinlich niemand vorbeikommen, um uns zu erwählen. Aber das macht nichts, denn wenn wir wollen, können wir uns selbst erwählen. Darum geht es in diesem Buch.

Das ist natürlich keine leichte Entscheidung. Es braucht Mut, verlangt Opfer und die Bereitschaft, die eigene Komfortzone zu verlassen, das Selbstvertrauen, sich jeder einzelnen Chance in unserem Leben zu stellen, gelassen mit unserem Scheitern umzugehen und in unseren Erwartungen realistisch zu bleiben. Unsere persönliche Freiheitsformel zu berechnen und zu optimieren, damit wir phasenweise billig leben können, und nicht zuzulassen, dass unser Einkommen unnötigerweise unseren Lebensstil diktiert. So lange wie möglich im Spiel zu bleiben, nicht um ein Ziel zu erreichen, sondern einem System zu folgen, das unsere Talente maximiert, aber gleichzeitig auch dem glücklichen Zufall in einer unfairen und chaotischen Welt den nötigen Raum lässt zu entscheiden, wohin dieses Talent uns führen wird.

Ich glaube, dass es zwar Grund für großen Optimismus gibt, gleichzeitig aber auch ernste Gründe zur Sorge, dass der technische Fortschritt die Beschäftigungsrate zumindest kurzfristig senken wird. Und dass die zunehmende Automatisierung die Schere zwischen einigen wenigen hochqualifizierten, hochbezahlten Hightech-Jobs und vielen niedrig qualifizierten, schlecht bezahlten Jobs ohne Arbeitsplatzsicherheit immer weiter öffnet. Was die Ratschläge in diesem Buch nur noch dringlicher macht. Wenn wir nicht umsichtig vorgehen oder die entsprechenden Schritte unternehmen, um uns unseren eigenen Job zu schaffen oder uns von der Masse abzusetzen, dann werden wir am Ende das Nachsehen haben in einem Spiel mit immer kleiner werdenden Gewinnchancen.

Und doch treffe ich überall auf der Welt Menschen, die die Zeichen der Zeit verstanden haben. Die schon seit Jahren Bescheid wissen. Einige von ihnen habe ich in diesem Buch portraitiert. Menschen, die mit Konventionen brechen, aussteigen, ihre Ansprüche zurückschrauben, verkaufen, aus der hedonistischen Tretmühle aussteigen und ihr Leben neu programmieren, um es schlanker, flexibler und zukunftssicherer zu machen. Menschen, die sich Stück für Stück das Leben einrichten, das sie immer wollten, bis sie sagen können: «*Heute war wirklich mein Tag …*»

Greifen Sie nach Ihrer Leiter. Auch wenn wir alle dabei nass werden.

Danke, dass Sie dieses Buch gelesen haben, und viel Glück!

Anmerkungen

Teil 1 – Verstehen

1 Charles M. Blow, *The Self(ie) Generation*, The New York Times, 7.3.2014 (http://www.nytimes.com/2014/03/08/opinion/blow-the-self-ie-generation.html)

2 Stephanie Blankenburg, *‹Mini-jobs› Don't Work in Germany, and They Won't Work in Britain*, The Guardian, 21.8.2012 (http://www.theguardian.com/commentisfree/2012/aug/21/mini-jobs-germany-britain)

3 Sarah Marsh und Holger Hansen, *INSIGHT – The Dark Side of Germany's Jobs Miracle*, Reuters, 8.2.2012 (http://www.reuters.com/article/2012/02/08/germany-jobs-idUSL5E8D738E20120208)

4 *Foreigners No Burden on German Welfare System*, Deutsche Welle, 27.11.2014 (http://www.dw.de/foreigners-no-burden-on-german-welfare-system/a-18092079)

5 Hajo Holst u. a., *The Strategic Use of Temporary Agency Work – Functional Change of a Non-standard Form of Employment*, International Journal of Action Research, Volume 6, Issue 1, 2010 (http://www.soziologie.uni-jena.de/soziologie_multimedia/Downloads/LSDoerre/IJAR_1_10_Holst+etal-p-1491.pdf)

6 Reinhard Bispinck und Thorsten Schulten, *Trade Union Responses to Precarious Employment in Germany*, WSI-Diskussionspapier Nr. 178, Dezember 2011 (http://www.boeckler.de/pdf/p_wsi_disp_178.pdf)

7 Organisation for Economic Co-operation and Development (OECD), *Taking the Measure of Temporary Employment*, OECD Employment Outlook, 2002 (http://www.oecd.org/employment/emp/17652675.pdf)

8 *Only One in Every Forty Net Jobs since the Recession Is for a Full-time Employee Says TUC*, Trades Union Congress, 12.11.2014 (https://www.tuc.org.uk/economic-issues/labour-market-and-economic-reports/only-one-every-forty-net-jobs-recession-full-time)

9 Hans-Böckler-Stiftung, *Atypisch ist fast normal*, Böckler impuls, 25.9.2014 (http://www.boeckler.de/impuls_2014_14_1.pdf)

10 Jeremy Rifkin, *The End of Work – The Decline of the Global Labor Force and the Dawn of the Post-Market Era*, New York, 1995

11 David Rotman, *How Technology Is Destroying Jobs*, MIT Technology Review, 12.6.2013

(http://www.technologyreview.com/featuredstory/515926/how-technology-is-destroying-jobs/)

12 Board of Governors of the Federal Reserve System (US), *Industrial Production Index* [INDPRO], Federal Reserve Bank of St. Louis (https://research.stlouisfed.org/fred2/series/INDPRO/)

13 US. Bureau of Labor Statistics, *All Employees: Manufacturing* [MANEMP], Federal Reserve Bank of St. Louis (https://research.stlouisfed.org/fred2/series/MANEMP/)

14 Caroline Baum, *So Who's Stealing China's Manufacturing Jobs?*, Bloomberg, 14.10.2003 (http://www.bloomberg.com/apps/news?pid=newsarchive&sid=aRI4bAft7Xw4)

15 Charles Sizemore, *Will Technology Make Us All Jobless?*, Forbes, 10.11.2013 (http://www.forbes.com/sites/moneybuilder/2013/10/11/will-technology-make-us-all-jobless/)

16 Ray Kurzweil, *The Law of Accelerating Returns*, Kurzweil Accelerating Intelligence, 7.3.2001 (http://www.kurzweilai.net/the-law-of-accelerating-returns)

17 Ray Kurzweil, *The Law of Accelerating Returns*, Kurzweil Accelerating Intelligence, 7.3.2001 (http://www.kurzweilai.net/the-law-of-accelerating-returns)

18 Internet Live Stats (http://www.internetlivestats.com/internet-users/)

19 Ray Kurzweil, *The Singularity Is Near: When Humans Transcend Biology*, New York, 2005, S. 85

20 *VW Looks to Robots to Replace Retiring Boomers*, The Local, 6.10.2014 (http://www.thelocal.de/20141006/vw-says-more-robots-will-replace-retiring-boomers)

21 George Dvorsky, *How Universal Basic Income Will Save Us from the Robot Uprising*, io9, 31.10.2014 (http://io9.com/how-universal-basic-income-will-save-us-from-the-robot-1653303459)

22 Bernard Condon und Paul Wiseman, *Millions of Middle-Class Jobs Killed by Machines in Great Recession's Wake*, Huffington Post Business, 23.1.2013 (http://www.huffingtonpost.com/2013/01/23/middle-class-jobs-machines_n_2532639.html)

23 Bernard Condon und Paul Wiseman, *AP IMPACT: Recession, Tech Kill Middle-Class Jobs*, Associated Press, 23.1.2013 (http://news.yahoo.com/ap-impact-recession-tech-kill-middle-class-jobs-051306434--finance.html)

24 Erik Brynjolfsson und Andrew McAfee, *Race Against the Machine: How the Digital Revolution Is Accelerating Innovation, Driving Productivity, and Irreversibly Transforming Employment and the Economy*, Lexington, Mass., 2012

25 Bernard Condon und Paul Wiseman, *Millions of Middle-Class Jobs Killed by Machines in Great Recession's Wake*, Huffington Post Business, 23.1.2013 (http://www.huffingtonpost.com/2013/01/23/middle-class-jobs-machines_n_2532639.html)

26 Sarah Marsh und Holger Hansen, *INSIGHT – The Dark Side of Germany's Jobs Miracle*, Reuters, 8.2.2012 (http://www.reuters.com/article/2012/02/08/germany-jobs-idUSL5E8D738E20120208)

27 *Technology Isn't Working*, The Economist, 4.10.2014 (http://www.economist.com/news/

special-report/21621237-digital-revolution-has-yet-fulfil-its-promise-higher-productivity-and-better)

28 John Brockman, *The Technium: A Conversation with Kevin Kelly*, Edge.org, 2.3.2014 (https://edge.org/conversation/the-technium)

29 *What the Internet Cannot Do*, The Economist, 17.8.2000 (http://www.economist.com/node/317881)

30 Kevin Kelly, *What Technology Wants*, New York, 2010

31 Tom Vanderbilt, *The Call of the Future*, The Wilson Quarterly, 8.10.2014 (http://wilsonquarterly.com/stories/the-call-of-the-future/)

32 U.S. Senate Committee on Homeland Security & Governmental Affairs, *Exhibit #1a: Offshore Profit Shifting and the U.S. Tax Code – Part 2 (Apple Inc.)*, 21.3.2013 (http://www.hsgac.senate.gov/download/?id=CDE3652B-DA4E-4EE1-B841-AEAD48177DC4)

33 Vanessa Houlder, *‹Dutch Sandwich› Grows as Google Shifts € 8.8bn to Bermuda*, Financial Times, 10.10.2013 (http://www.ft.com/intl/cms/s/0/89acc832–31cc-11e3-a16d-00144feab7de.html#axzz3O3LdpWWW)

34 House of Commons Committee of Public Accounts, *Tax Avoidance – Google*, 10.6.2013 (http://www.publications.parliament.uk/pa/cm201314/cmselect/cmpubacc/112/112.pdf)

35 House of Commons Committee of Public Accounts, *Tax Avoidance – Google*, 10.6.2013 (http://www.publications.parliament.uk/pa/cm201314/cmselect/cmpubacc/112/112.pdf)

36 Simon Neville und Jill Treanor, *Starbucks to Pay £20m in Tax over Next Two Years after Customer Revolt*, The Guardian, 6.12.2012 (http://www.theguardian.com/business/2012/dec/06/starbucks-to-pay-10m-corporation-tax)

37 Die genaue Höhe der Finanzhilfen für den Bankensektor im Rahmen des Troubled Asset Relief Program (TARP) fiel jeweils unterschiedlich aus. In Deutschland wurde ein Finanzmarkt-Stabilisierungsfonds mit einer Größe von 480 Milliarden Euro ins Leben gerufen. In Großbritannien belief sich die Hilfe auf rund 500 Milliarden Pfund, in Frankreich auf 360 Milliarden Euro. Quelle: Elizabeth Warren, *Taking Stock: What Has the Troubled Asset Relief Program Achieved?*, Darby, Pa., 2010, S. 17

38 Anthony Browne, *Banks Must Be Allowed to Fail*, The Telegraph, 14.5.2013 (http://www.telegraph.co.uk/finance/comment/10055069/Banks-must-be-allowed-to-fail.html)

39 Karlsson u. a., *CEO Succession 2007: The Performance Paradox*, Strategy & Leadership, 51 : 76–89, 2008, zitiert bei Torsten Wulf u. a., *Performance over the CEO Lifecycle – A Differentiated Analysis of Short and Long Tenured CEOs*, HHL – Leipzig Graduate School of Management Working Paper No. 88, 1.6.2010 (http://www.hhl.de/fileadmin/texte/publikationen/arbeitspapiere/hhlap0088.pdf)

40 Austin Carr, *The Real Story Behind Jeff Bezo's Fire Phone Debacle and What It Means for Amazon's Future*, Fast Company, 6.1.2015 (http://www.fastcompany.com/3039887/under-fire)

41 Jay Greene, *Amazon's Tax Maneuvers Stir Up Storm in U.K.*, The Seattle Times, 23.8.2014

(http://www.seattletimes.com/special-reports/amazonrsquos-tax-maneuvers-stir-up-storm-in-uk/)

42 *Amazon Workers in Germany Strike Again,* Deutsche Welle, 30.5.2014 (http://www.dw.de/amazon-workers-in-germany-strike-again/a-17671569)

43 Tom Bergin, *Amazon Criticized over Low German Tax Bill,* Reuters, 12.7.2013 (http://www.reuters.com/article/2013/07/12/net-us-amazon-germany-tax-idUSBRE96B0HO20130712)

44 Oliver Wright, *Revealed: Amazon Earns More through Government Grants than It Pays in Tax,* The Independent, 16.5.2013 (http://www.independent.co.uk/money/tax/revealed-amazon-earns-more-through-government-grants-than-it-pays-in-tax-8617919.html)

45 Lawrence Latif, *Amazon is Criticised over €3m German Tax Bill,* The Inquirer, 15.7.2013 (http://www.theinquirer.net/inquirer/news/2282344/amazon-is-criticised-over-eur3m-german-tax-bill)

46 Das setzt natürlich voraus, dass dieser Laden seine Steuern lokal entrichtet. Eine unzulässige Vereinfachung, wenn es sich um einen der großen Markenläden handelt, von denen nicht wenige sich der gleichen Steuervermeidungstricks bedienen wie Amazon.

47 *Amazon zahlt jetzt in Deutschland Steuern,* Zeit online, 24.5.2015 (http://www.zeit.de/wirtschaft/unternehmen/2015-05/amazon-deutschland-steuer)

48 Carole Cadwalladr, *My Week as an Amazon Insider,* The Guardian, 1.12.2013 (http://www.theguardian.com/technology/2013/dec/01/week-amazon-insider-feature-treatment-employees-work)

49 Oliver Wright, *Revealed: Amazon Earns More through Government Grants than It Pays in Tax,* The Independent, 16.5.2013 (http://www.independent.co.uk/money/tax/revealed-amazon-earns-more-through-government-grants-than-it-pays-in-tax-8617919.html)

50 Carole Cadwalladr, *My Week as an Amazon Insider,* The Guardian, 1.12.2013 (http://www.theguardian.com/technology/2013/dec/01/week-amazon-insider-feature-treatment-employees-work)

51 Eine Studie des Institute for Local Self-Reliance kommt zu dem Ergebnis, dass Ladengeschäfte in den USA 47 Angestellte pro 10 Millionen Dollar Umsatz brauchen. Amazon benötigt nur 14 – Stacy Mitchell, *The Truth about Amazon and Job Creation,* Institute for Local Self-Reliance, 29.7.2013 (http://www.ilsr.org/amazonfacts/)

52 Ulrike Dauer, *German Amazon Workers on Strike,* Market Watch, 22.9.2014 (http://www.marketwatch.com/story/german-amazon-workers-on-strike-2014-09-22-184852716)

53 Eva Krafczyk, *Poland Takes up German Slack for Amazon,* Deutsche Welle, 16.12.2014 (http://www.dw.de/poland-takes-up-german-slack-for-amazon/a-18134306)

54 2013 beschäftigte Amazon in Deutschland 14 000 Zeitarbeiter – Sarah Sloat, *Amazon Wage Dispute Spreads beyond Germany,* The Wall Street Journal, 16.12.2013 (http://www.wsj.com/articles/SB10001424052702304173704579262192842185528)

55 Simon Head, *Mindless: Why Smarter Machines Are Making Dumber Humans,* New York 2013

56 Deepa Seetharaman, *Amazon Has Installed 15,000 Warehouse Robots to Deal with Increased*

Holiday Demand, Reuters, 1.12.2014 (http://uk.businessinsider.com/r-amazon-rolls-out-kiva-robots-for-holiday-season-onslaught-2014-12?r=US)

Teil 2 – Vorbereiten

1 Eine Studie von Sheena Iyengar und Mark Lepper fand heraus, dass Menschen angesichts einer größeren Auswahl mit einer geringeren Wahrscheinlichkeit überhaupt etwas kauften und dass sie, wenn sie sich zwischen 24 oder 30 Wahlmöglichkeiten entschieden hatten, mit ihrer Wahl weniger zufrieden waren, als wenn sie nur zwischen sechs Varianten zu wählen hatten. Ich empfehle *Anleitung zur Unzufriedenheit* von Barry Schwartz, wenn Sie mehr über dieses Phänomen wissen wollen. Quelle: Sheena Iyengar und Mark Lepper, *When Choice Is Demotivating: Can One Desire too Much of a Good Thing?* Journal of Personality and Social Psychology 79 (2000), S. 995–1006 (https://faculty.washington.edu/jdb/345/345%20Articles/Iyengar%20%26%20Lepper%20(2000).pdf)

2 JWT Intelligence Report, *Fear of Missing Out*, 1.5.2011 (http://www.jwtintelligence.com/production/FOMO_JWT_TrendReport_May2011.pdf)

3 David McRaney, *You Are Not so Smart*, New York, 2011

4 Ola Svenson, *Are We All Less Risky and More Skillful than our Fellow Drivers?*, Acta Psychologica 47 (2): 143–148, 1981 (http://heatherlench.com/wp-content/uploads/2008/07/svenson.pdf)

5 Patricia Cross, *Not Can but Will College Teachers Be Improved?*, New Directions for Higher Education 17 : 1–15, 1977

6 Constantine Sedikides u. a., *Behind Bars but above the Bar: Prisoners Consider Themselves More Prosocial than Non-Prisoners*, British Journal of Social Psychology (2014)

7 Cynthia Klein und Marie Helweg-Larsen, *Perceived Control and the Optimistic Bias: A Meta-analytic review*, Psychology and Health, 17, S. 437–446, 18.9.2001 (http://users.dickinson.edu/~helwegm/PDFVersion/Perceived_control_and_the_optimistic.pdf)

8 Mark Alicke u. a., *Personal Contact, Individuation, and the Better-than-Average Effect*, Journal of Personality and Social Psychology, 1.4.1995 (http://www.researchgate.net/profile/Mark_Alicke/publication/232581252_Personal_contact_individuation_and_the_better-than-average_effect/links/00b49532afd340791b000000)

9 Brian Smith, *The Future of Pharma: Evolutionary Threats and Opportunities*, Farnham, 2012, S. 9

10 Amy Crawford, *Why the Best Success Stories Often Begin with Failure*, Smithsonian Magazine, 1.2.2013 (http://www.smithsonianmag.com/innovation/why-the-best-success-stories-often-begin-with-failure-3851517/?no-ist=&inf_contact_key=67d1446d8242439aaeb5040ece423bc570f06d80a668a3329792ee3765da1d0d&page=1)

11 Die Zitate sind sinngemäß dem folgenden Interview entnommen: *What It's Like to Fail*, Priceonomics, 18.11.2013 (http://priceonomics.com/what-its-like-to-fail/)

Anmerkungen

12 Andreas Rentsch, *Die Insolvenz als Chance*, Sächsische Zeitung, 28.8.2010 (http://www.sz-online.de/nachrichten/die-insolvenz-als-chance-248869.html)

13 Ich weiß nicht, wo diese Geschichte herkommt – ich habe sie bei dem Unternehmer und Autor Derek Sivers entdeckt – https://sivers.org/horses

14 David Heinemeier Hanssen, *Ambition Can Be Poison*, Signal vs Noise, 24.6.2013 (https://signalvnoise.com/posts/3547-ambition-can-be-poison)

15 Tim Urban, *Why Generation Y Yuppies Are Unhappy*, Huffington Post, 15.11.2013 (http://www.huffingtonpost.com/wait-but-why/generation-y-unhappy_b_3930620.html)

16 Daniel Gilbert, *Stumbling on Happiness*, New York, 2007

17 Medvec u. a., *When Less Is More: Counterfactual Thinking and Satisfaction among Olympic Medalists*, Journal of Personality and Social Psychology, Oktober 1995, 69(4), S. 603–610

18 Daniel Gilbert, *Stumbling on Happiness*, New York, 2007

19 Oliver Burkeman, *This Column Will Change your Life: The Truth about Happiness*, The Guardian, 12.10.2013 (http://www.theguardian.com/lifeandstyle/2013/oct/12/happiness-reality-expectations-oliver-burkeman)

20 Daniel Gilbert, *Stumbling on Happiness*, New York, 2007

21 Keith Stanovich, *Reconceptualizing Intelligence: Dysrationalia as an Intuition Pump*, Educational Researcher, Mai 1994, 23, S. 11–21 (http://www.researchgate.net/profile/Keith_Stanovich/publication/240801398_Reconceptualizing_Intelligence_Dysrationalia_as_an_Intuition_Pump/links/540606c50cf2bba34c1e3b7e.pdf)

22 Josh Kaufman, *The Personal MBA*, New York, 2010

23 Philip Brickman u. a., *Lottery Winners and Accident Victims: Is Happiness Relative?*, Journal of Personality and Social Psychology, 1978, Vol. 36, No. 8, S. 917–927 (http://psy2.ucsd.edu/~n-christenfeld/Happiness_Readings_files/Class%203%20-%20Brickman%201978.pdf)

24 Richard E. Lucas u. a., *Reexamining Adaptation and the Set Point Model of Happiness: Reactions to Changes in Marital Status*, Journal of Personality and Social Psychology, 2003, Vol. 84, No. 3, S. 527–539 (http://www.apa.org/pubs/journals/releases/psp-843527.pdf)

25 Ed Diener u. a., *Beyond the Hedonic Treadmill Revising the Adaptation Theory of Well-Being*, American Psychologist, May–June 2006 (http://www.wisebrain.org/papers/BeyondHedonicTreadmill.pdf)

26 Dimitris Ballas und Danny Dorling, *Measuring the Impact of Major Life Events upon Happiness*, International Journal of Epidemiology 2007, 36, S. 1244–1252 (http://ije.oxfordjournals.org/content/36/6/1244.full.pdf)

27 Nattavudh Powdthavee, *Putting a Price Tag on Friends, Relatives, and Neighbours: Using Surveys of Life Satisfaction to Value Social Relationships*, The Journal of Socio-Economics, Vol. 37, Issue 4, August 2008, S. 1459–1480 (http://www.powdthavee.co.uk/resources/valuing_social_relationships_15.04.pdf)

28 Philip Brickman u. a., *Lottery Winners and Accident Victims: Is Happiness Relative?*, Journal of

Personality and Social Psychology, 1978, Vol. 36, No. 8, S. 917–927 (http://psy2.ucsd.edu/~nchristenfeld/Happiness_Readings_files/Class%203%20-%20Brickman%201978.pdf)

29 Maria Konnikova, *No Money, No Time,* The New York Times, 13.6.2014 (http://opinionator.blogs.nytimes.com/2014/06/13/no-clocking-out/)

30 Sam Bakkila, *Why You Should Never Have Taken that Prestigious Internship,* Policy.Mic, 14.6.2013 (http://mic.com/articles/48829/why-you-should-never-have-taken-that-prestigious-internship)

31 Natürlich wird der Wert meiner Freiheitsformel jedes Jahr mit der Inflation ein wenig größer. Entsprechend lag sie in den vergangenen Jahren etwas niedriger als 999,84 €. Und ich bin sicher, dass ich bald, mit der nächsten Erhöhung meiner Krankenversicherung, die 1000-€-Grenze durchbrechen werde.

32 Steve Pavlina, *Let the Old World Collapse,* 8.4.2013 (http://www.stevepavlina.com/blog/2013/04/let-the-old-world-collapse/)

Teil 3 – Handeln

1 Jason Roberts, *How to Increase your Luck Surface Area,* Codus Operandi, 2010 (http://www.codusoperandi.com/posts/increasing-your-luck-surface-area)

2 Thomas Piketty, *Capital in the Twenty-First Century,* Cambridge, Mass., 2014, S. 25

3 Matthew Yglesias, *Thomas Piketty Doesn't Hate Capitalism: He Just Wants to Fix It,* Vox.com, 24.4.2014 (http://www.vox.com/2014/4/24/5643780/who-is-thomas-piketty)

4 Michael Sauga, *The Zombie System: How Capitalism Has Gone off the Rails,* Spiegel Online International, 23.10.2014 (http://www.spiegel.de/international/business/capitalism-in-crisis-amid-slow-growth-and-growing-inequality-a-998598.html)

5 Matthew Yglesias, *Thomas Piketty Doesn't Hate Capitalism: He Just Wants to Fix It,* Vox.com, 24.4.2014 (http://www.vox.com/2014/4/24/5643780/who-is-thomas-piketty)

6 Thomas L. Friedman, *Need a Job? Invent It,* The New York Times, 30.3.2013 (http://www.nytimes.com/2013/03/31/opinion/sunday/friedman-need-a-job-invent-it.html)

7 Der Begriff des Lifestyle-Unternehmens, das nicht auf Wachstum und Expansion ausgerichtet ist, sondern vor allem mit möglichst wenig Aufwand ein stabiles Einkommen generieren soll, weil es dem Besitzer nicht darum geht, möglichst reich und erfolgreich zu werden, sondern einfach nur darum, einen bestimmten, selbstgewählten Lebensstil zu finanzieren, findet auch im Deutschen zunehmend Verwendung (Anm. d. Übers.).

8 Es könnte auch die Plattform eines Fremdanbieters sein, auf der wir unser Produkt oder unsere Dienstleistung anbieten. Aber in der Regel haben wir in diesem Fall keine Möglichkeit, den gesamten Purchase Funnel zu optimieren, und müssen uns darauf verlassen, dass diese Plattform gut funktioniert.

9 Ein Pseudonym – Christian möchte lieber nicht namentlich genannt werden.

Anmerkungen

10 Der Customer Lifetime Value (CLV) ist der durchschnittliche Gesamtbetrag, den ein Kunde im Verlauf seines gesamten geschäftlichen Lebens bei Ihnen ausgibt.

11 Die Customer Acquisition Cost (CAC) ist der Betrag, den Sie ausgeben müssen, um einen Kunden für sich zu gewinnen.

12 Jack hat in seinem Blog jackkinsella.ie einen Artikel mit detaillierten Tipps zum Thema passives Einkommen veröffentlicht (http://www.jackkinsella.ie/2014/04/24/on-passive-income.html)

13 Meghan Casserly, *The Secret Power of the Generalist – and How They'll Rule the Future*, Forbes, 7.10.2012 (http://www.forbes.com/sites/meghancasserly/2012/07/10/the-secret-power-of-the-generalist-and-how-theyll-rule-the-future/)

14 Vikram Mansharamani, *All Hail the Generalist*, Harvard Business Review, 4.6.2012 (https://hbr.org/2012/06/all-hail-the-generalist/)

15 Nicole Foster, *Freelancing Advice from 6 Very Successful Designers*, Millo.co (http://millo.co/freelancing-advice-from-successful-designers)

16 Wendy Kaufman, *A Successful Job Search: It's All about Networking*, National Public Radio (NPR), 3.2.2011 (http://www.npr.org/2011/02/08/133474431/a-successful-job-search-its-all-about-networking)